高等职业教育测绘地理信息类“十三五”规划教材

工程测量技术

主　编　张　博

副主编　石玉东　关春先　魏　强

主　审　谷云香

图书在版编目(CIP)数据

工程测量技术/张博主编．—武汉：武汉大学出版社，2019.8
高等职业教育测绘地理信息类“十三五”规划教材
ISBN 978-7-307-20992-3

Ⅰ.工…　Ⅱ.张…　Ⅲ.工程测量—高等职业教育—教材　Ⅳ.TB22

中国版本图书馆 CIP 数据核字(2019)第 132225 号

责任编辑：杨晓露　　责任校对：汪欣怡　　版式设计：马　佳

出版发行：**武汉大学出版社**　(430072　武昌　珞珈山)
(电子邮箱：cbs22@ whu.edu.cn 网址：www.wdp.com.cn)
印刷：湖北民政印刷厂
开本：787×1092　1/16　印张：15.5　字数：377 千字　插页：1
版次：2019 年 8 月第 1 版　2019 年 8 月第 1 次印刷
ISBN 978-7-307-20992-3　定价：39.00 元

前　言

工程测量技术是水利工程类、土建施工类、市政工程类、工程管理类等专业的一门实践性较强的专业学习领域课程，教学目的是培养学生具有测量学的基础理论和基本技能，具有在工程勘察、规划、施工与竣工以及运营管理等各阶段进行工程测量工作和正确使用测绘信息的能力。同时，也为学生学习有关后续课程和从事专业技术工作奠定基础。

本教材体现了“校企合作、工学结合”特色：中国水利水电第六工程局有限公司魏强高级工程师参与了本教材的编写工作，并通读了全书，提出了许多宝贵的意见和建议，使本教材更加符合生产实际的需要。

本教材按项目教学的要求编写，同时也吸取了以往高职教材的优点；充分考虑了现阶段高职院校学生的实际情况，也充分考虑了工程建设单位对高职院校毕业生的具体要求；充分考虑了工程建设现状，也充分考虑了各高职院校的测绘设备和测绘软件的使用情况等。编写时力争使本教材满足各高职院校的教学要求，从而适应现阶段的高等职业技术教育。

本教材的编写，紧密结合高职培养目标，以培养学生操作仪器的基本能力、测绘地形图和工程测量等的职业能力以及提高学生从业综合素养为主，力争做到课程标准与职业标准的对接；理论以够用为度，叙述力求深入浅出、通俗易懂，内容安排力求结合生产实践，并参照我国现行规范，写作上力求理论分析与生产实践相结合，教学过程中可采用项目教学法、现场教学法、案例教学法等多种教学方法，做到教学过程与生产过程的对接。

本教材既介绍了常规的测量仪器如水准仪、经纬仪，也介绍了现代的测量仪器如全站仪、电子垂准仪、GPS 接收机；既介绍了常规的测量方法如经纬仪导线、经纬仪测绘法，也介绍了现代的测量方法如全站仪导线测量、GPS 控制测量、全站仪数字化测图；既介绍了常规仪器在工程测量中的应用，也介绍了现代测量仪器的应用。总之，本教材体现了“校企合作、工学结合”的特色，内容上紧密结合生产实际的需要，仪器和方法上与生产实际保持同步，使教材具有先进性，能够较好地适应现阶段高等职业教育的需要，满足各高职院校的教学要求。

本教材由张博(辽宁生态工程职业学院)任主编，石玉东(辽宁生态工程职业学院)、关春先(辽宁生态工程职业学院)、魏强(中国水利水电第六工程局有限公司)任副主编。教材编写工作由张博主持，集体讨论，分工负责。第一部分课程导入由张博编写；第二部分学习项目中项目 1“水准测量”、项目 2“角度测量”、项目 3“距离测量”由石玉东编写，项目 4“控制测量”中任务 4.1“导线测量”、任务 4.2“交会测量”、任务 4.3“三角高程测量”由关春先编写，项目 4“控制测量”中任务 4.4“GPS 控制测量”由魏强编写，项目 5“大比例尺地形图测绘”由关春先编写，项目 6“施工测设”、项目 7“线路工程测量”、项目 8“建筑工程测量”由张博编写。各项目、任务分别编写完成后，由张博对一些项目、任务予以补充、修改，并负责统稿定稿。最后由谷云香(辽宁生态工程职业学院)统审全书。

本教材可作为高等职业技术院校水利工程类专业、土建施工类专业、市政工程类专业、工程管理类专业的通用教材，建议以60学时外加3周实习作为基本教学学时。

本教材在编写过程中，参阅了大量文献(包括纸质版文献和电子版文献)，引用了同类书刊中的一些资料；引用了《南方测绘CASS地形地籍成图系统使用手册》《拓普康GPT-330全站仪用户手册》的部分内容。在此，谨向有关作者和单位表示感谢！同时对武汉大学出版社为本书的出版所做的辛勤工作表示感谢！

限于作者水平，书中不妥和遗漏之处在所难免，恳请读者批评指正。

目　录

第一部分　课程导入

第二部分　学习项目

第一部分　课程导入

第1章 测量学概念

1.1 测量学概念

测量学是研究如何确定地面点的平面位置和高程，将地球表面的地物地貌以及其他信息绘制成图，以及确定地球形状和大小的一门科学。

测量学也称测绘学，它的表现形式包括测定和测设两种。

测定是对既有对象的测量，测图属于测定的范畴。测图就是指使用测量仪器和工具，用一定的测绘程序和方法将地面上局部区域的各种固定性物体(地物)以及地面的起伏形态(地貌)，按一定的比例尺和特定的图例符号缩绘成地形图。

测设又称放样，就是把图上设计好的建筑物(构筑物)的平面位置和高程，用一定的测量仪器和方法标定到实地上去的工作。因为测设是直接为施工服务的，故通常称为"施工测设"。

放样是测图的逆过程。测图是将地面上地物、地貌的点位相关位置测绘在图纸上，转换为图面符号之间的位置。放样则是将设计图纸上的点位测设到地面上，两者测量过程相反，如图1.1所示。

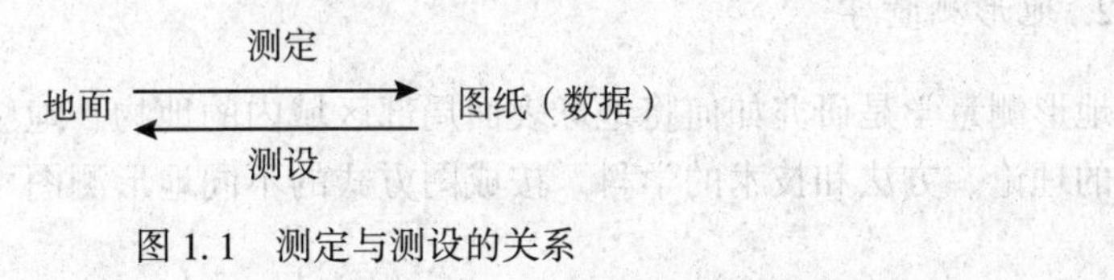

图1.1 测定与测设的关系

测量学的主要任务包括以下三个方面：

1. 定位

定位包括地面点的平面位置和高程的确定工作，也就是测定；还包括图上设计好的点的平面位置和高程标定到实地上的工作，也就是测设。

2. 绘图

将地球表面的固定物体和地表的起伏状态测绘成图，包括地图、地形图以及断面图等。

3. 确定地球的形状和大小，为地球科学提供必要的数据和资料

随着科技的进步与社会的发展，现代测绘学是指空间数据的测量、分析、管理、储存和显示的综合研究，这些空间数据来源于地球卫星、空载和船载的传感器以及地面的各种测量仪器。通过信息技术，利用计算机的硬件和软件对这些空间数据进行处理和使用。因此，测绘学的现代概念可以概括为：现代测绘学是研究与地球有关的基础空间信息的采集、处理、分析、显示、管理和利用的科学和技术。它的研究内容和科学地位则是确定地球和其他实体的形状和重力场及空间定位，利用各种测量仪器、传感器及其组合系统获取地球及其他实体与地理空间分布有关的信息，制成各种地形图、专题图和建立地理、土地等空间信息系统，为研究地球的自然和社会现象，解决人口、资源、环境和灾害等社会可持续发展中的重大问题以及为国民经济和国防建设提供技术支撑和数据保障。

1.2　测量学分类

根据研究的具体对象及任务的不同，测量学可分为以下几个主要分支学科：

1. 大地测量学

大地测量学是研究和确定地球形状、大小、重力场、整体与局部运动和地表面点的几何位置以及它们的变化的理论和技术的学科。其基本任务是建立国家大地控制网，测定地球的形状、大小和重力场，为地形测图和各种工程测量提供基础起算数据；为空间科学、军事科学及研究地壳变形、地震预报等提供重要资料。按照测量手段的不同，大地测量学分为常规大地测量学、卫星大地测量学及物理大地测量学等。

2. 地形测量学

地形测量学是研究如何将地球表面局部区域内的地物、地貌及其他有关信息测绘成地形图的理论、方法和技术的学科。按成图方式的不同地形测图可分为模拟化测图和数字化测图。

3. 摄影测量与遥感学

摄影测量与遥感学是研究利用电磁波传感器获取目标物的影像数据，从中提取语义和非语义信息，并用图形、图像和数字形式表达的学科。其基本任务是通过对摄影像片或遥感图像进行处理、量测、解译，以测定物体的形状、大小和位置进而制作成图。根据获得影像的方式及遥感距离的不同，本学科又分为地面摄影测量学、航空摄影测量学和航天遥感测量等。

4. 工程测量学

工程测量学是研究在工程建设的规划设计、施工和运营管理各阶段中进行测量工作的理论、方法和技术的学科。按工程测量所服务的工程种类，也可分为建筑工程测量、线路测量、桥梁与隧道测量、矿山测量、城市测量和水利工程测量等。

工程建设按进行程序可以分为规划设计、施工和运营管理三个阶段，每个阶段都离不开测量工作。规划设计阶段的测量主要是提供地形资料，取得地形资料的方法是在所建立的控制测量的基础上进行地面测图或航空摄影测量，施工兴建阶段测量的主要任务是按照设计要求在实地准确地标定建筑物各部分的平面位置和高程，作为施工的依据；运营管理阶段的测量，包括竣工测量以及为监视工程安全状况的变形观测与维修养护等测量工作。

5. 地图制图学

地图制图学是研究模拟和数字地图的基础理论、设计、编绘、复制的技术、方法以及应用的学科。它的基本任务是利用各种测量成果编制各类地图，其内容一般包括地图投影、地图编制、地图整饰和地图制印等分支。

测绘学科的现代发展促使测绘学中出现若干新学科，例如卫星大地测量(或空间大地测量)，遥感测绘(或航天测绘)，地图制图与地理信息工程，等等。正因为如此，测绘学科已从单一学科走向多学科的交叉，其应用已扩展到与空间分布信息有关的众多领域，显示出现代测绘学正由传统意义上的测量与绘图向近年来刚刚兴起的一门新兴学科——地球空间信息科学跨越和融合。

1.3　测量学发展

测量学和所有的自然科学一样，是人类长期与大自然斗争，同时为解决实际生产的需要，经过多次反复的实践而逐步发展起来的。

1. 我国测量学的发展

公元前两千多年，夏禹治水时就已发明和使用了“准、绳、规、矩”四种测量仪器和方法；春秋战国时期，已有利用磁石制成的最早的指南工具“司南”；1973 年从长沙马王堆出土的西汉初期的《地形图》及《驻军图》，为目前发现的我国最早的地图，图上有山脉、河流、居民地、道路和军事要素等；魏晋时期的刘徽著有《海岛算经》，论述了有关测量和计算海岛距离及高度的方法；西晋的裴秀提出了绘制地图的 6 条原则，即《制图六体》，是世界上最早的制图理论；到了宋代，沈括曾绘制《天下州县图》，还在《梦溪笔谈》中记述了有关磁偏角的现象，比哥伦布发现磁偏角早了大约 400 年；元代朱思本绘制了《舆地图》；明代郑和绘制了《郑和航海图》；清康熙年间编制了清朝的全国地图《皇舆全览图》等。

中华人民共和国成立后，我国测绘事业有了很大的发展。建立和统一了全国坐标系统和高程系统；建立了遍及全国的大地控制网、国家水准网、基本重力网和卫星多普勒网；完成了国家大地网和水准网的整体平差；完成了国家基本图的测绘工作；完成了珠穆朗玛峰和南极长城站的地理位置和高程的测量；配合国民经济建设进行了大量的测绘工作。

2. 现代测绘科学的发展

20 世纪 40 年代自动安平水准仪问世，标志着水准测量自动化的开端；1973 年试制成功能保证视线水平并使观测者在同一位置进行前后视读数的水准仪；1990 年研制出数字水准仪，可以做到读数记录全自动化。

1961 年，第一台激光测距仪诞生，它以发射激光进行测距，实现了远距离测量，并且大大提高了测距精度；1968 年产生了电子经纬仪，它采用光栅来代替刻度分划线，以电信号的方式获得数据，并自动记录在存储载体上；随着电子测角技术的出现，20 世纪 70 年代又出现了轻小型、自动化、多功能的电子速测仪，根据测角方法的不同分为半站型电子速测仪和全站型电子速测仪；全站型电子速测仪就是由电子测角、电子测距、电子计算和数据存储单元等组成的三维坐标测量系统，测量结果能自动显示，并能与外围设备交换信息的多功能测量仪器，通常简称为全站仪。

1957 年第一颗人造地球卫星上天，1966 年开始进行人卫大地测量观测；20 世纪 80 年代开始发射 GPS 卫星，在 90 年代完成全部发射任务。

近年来由于"3S"技术(GPS 全球定位系统、GIS 地理信息系统、RS 遥感)、激光技术和电子计算机在测绘上的广泛应用，测绘科学发展迅速，对人造卫星观测成果的综合利用和研究，利用卫星遥测资料来绘制各类专业图件，快速、高精度地进行资源调查和勘测，成为当今测绘工作者的一个新的重要任务。

总之，测量学是一门既古老又年轻的科学，它有辉煌的历史，也有广阔的发展空间和美好的未来。

1.4　测量学作用

测量工作是各项工程建设、资源开发、国防建设的基础性、超前性工作。测量学的应用范围很广。在城乡建设规划、国土资源的合理利用、农林牧渔业的发展、环境保护以及地籍管理等工作中，必须进行土地测量和测绘各种类型、各种比例尺的地形图，以供规划和管理使用。在地质勘探、矿产开发、水利、交通等国民经济建设中，则必须进行控制测量、矿山测量和线路测量，并测绘大比例尺地形图，以供地质普查和各种建筑物设计施工用。在国防建设中，除了为军事行动提供军用地图外，还要为保证火炮射击的迅速定位和导弹等武器发射的准确性，提供精确的地心坐标和精确的地球重力场数据。在研究地球运动状态方面，测量学提供大地构造运动和地球动力学的几何信息，结合地球物理的研究成果，解决地球内部运动机制问题等。

归纳起来，测量学在国民经济和国防建设中的主要作用包括以下几个方面：

(1)提供一系列点的大地坐标、高程和重力值，为科学研究、地形图测绘和工程建设服务。

(2)提供各种比例尺地形图和地图，作为规划设计、工程施工和编制各种专用地图的基础。

(3)准确测绘国家陆海边界和行政区划界线，以保证国家领土完整和邻邦友好相处。

(4)为地震预测预报、海底资源勘测、灾情监测调查、人造卫星发射、宇宙航行技术等提供测量保障。

(5)为现代国防建设和确保现代化战争的胜利提供测绘保障。

第2章　测量学基本知识

2.1　地球的形状和大小

地球的自然表面是很不规则的，其上有高山、深谷、丘陵、平原、江湖、海洋等，最高的珠穆朗玛峰高出海平面8844.43m，最深的太平洋马里亚纳海沟低于海平面11022m，其相对高差不足20km，与地球的平均半径6371km相比，是微不足道的，就整个地球表面而言，陆地面积仅占29%，而海洋面积占了71%。因此，我们可以设想地球的整体形状是被海水所包围的球体，即设想将一静止的海洋面扩展延伸，使其穿过大陆和岛屿，形成一个封闭的曲面，如图2.1所示。静止的海水面称作水准面。由于海水受潮汐风浪等影响而时高时低，故水准面有无穷多个，其中无潮汐和风浪等因素干扰的多年平均海水面称作大地水准面。由大地水准面所包围的形体称为大地体。通常用大地体来代表地球的真实形状和大小。

水准面的特性是处处与铅垂线相垂直。同一水准面上各点的重力位相等，故又将水准面称为重力等位面，它具有几何意义及物理意义。水准面和铅垂线就是实际测量工作所依据的面和线。由于地球内部质量分布不均匀，致使地面上各点的铅垂线方向产生不规则变化，所以，大地水准面是一个不规则的无法用数学式表述的曲面，在这样的面上是无法进行测量数据的计算及处理的。因此人们进一步设想，用一个与大地体非常接近的又能用数学式表述的规则球体即旋转椭球体来代表地球的形状，如图2.2所示，它是由椭圆NESW绕短轴NS旋转而成的。旋转椭球体的形状和大小由椭球基本元素确定，即

长半轴为a；短半轴为b；扁率为$\alpha=(a-b)/a$。

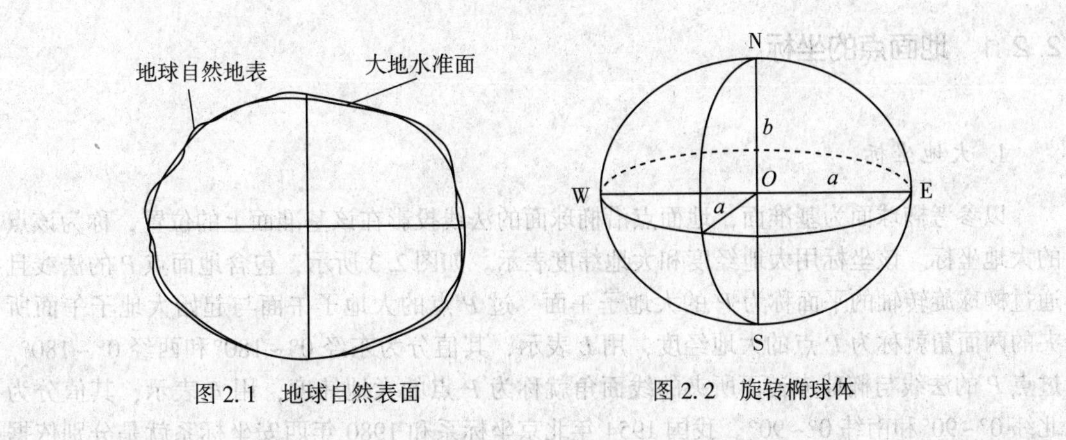

图2.1　地球自然表面　　图2.2　旋转椭球体

某一国家或地区为处理测量成果而采用与大地体的形状大小最接近，又适合本国或本

地区要求的旋转椭球，这样的椭球体称为参考椭球体。确定参考椭球体与大地体之间的相对位置关系，称为椭球体定位。参考椭球体面只具有几何意义而无物理意义，它是严格意义上的测量计算基准面。

几个世纪以来，许多学者分别测算出了许多椭球体元素值，表2.1列出了几个著名的椭球体。我国的1954年北京坐标系采用的是克拉索夫斯基椭球，1980年国家大地坐标系采用的是1975国际椭球，而全球定位系统(GPS)采用的是WGS-84椭球。

由于参考椭球的扁率很小，可将参考椭球简化成圆球，其半径 $R=(a+a+b)/3=6371\text{km}$。由于地球的半径非常大，在较小的区域内，还可以将地球表面简化成平面，将此平面称为水平面。

表2.1　**地球椭球**

椭球名称	长半轴 a (m)	短半轴 b (m)	扁率 α	计算年代和国家	备　注
贝赛尔	6377397	6356079	1∶299.152	1841 德国	
海福特	6378388	6356912	1∶297.0	1910 美国	1942年国际第一个推荐值
克拉索夫斯基	6378245	6356863	1∶298.3	1940 苏联	中国1954年北京坐标系采用
1975国际椭球	6378140	6356755	1∶298.257	1975国际第三个推荐值	中国1980年国家大地坐标系采用
WGS-84	6378137	6356752	1∶298.257	1979国际第四个推荐值	美国GPS采用

2.2　地面点位置的表示方法

2.2.1　地面点的坐标

1. 大地坐标

以参考椭球面为基准面，地面点沿椭球面的法线投影在该基准面上的位置，称为该点的大地坐标。该坐标用大地经度和大地纬度表示。如图2.3所示，包含地面点 P 的法线且通过椭球旋转轴的平面称为 P 的大地子午面。过 P 点的大地子午面与起始大地子午面所夹的两面角就称为 P 点的大地经度，用 L 表示，其值分为东经 $0°\sim180°$ 和西经 $0°\sim180°$。过点 P 的法线与椭球赤道面所夹的线面角就称为 P 点的大地纬度，用 B 表示，其值分为北纬 $0°\sim90°$ 和南纬 $0°\sim90°$。我国1954年北京坐标系和1980年西安坐标系就是分别依据两个不同的椭球建立的大地坐标系。

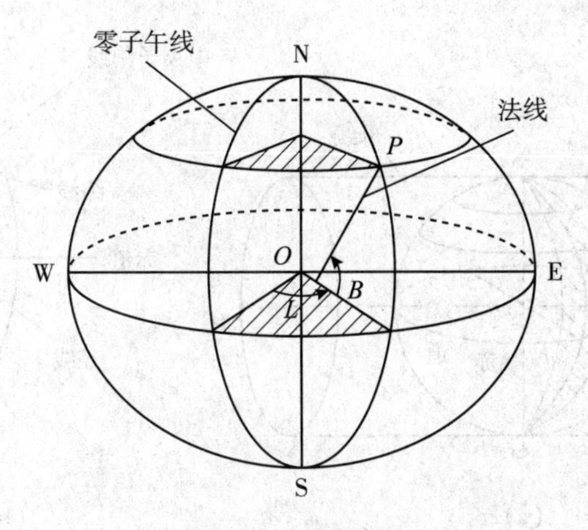

图 2.3 大地坐标

2. 高斯平面直角坐标

当测区范围较大时，要建立平面坐标系，就不能忽略地球曲率的影响，为了解决球面与平面这对矛盾，则必须采用地图投影的方法将球面上的大地坐标转换为平面直角坐标。目前我国采用的是高斯投影，高斯投影是由德国数学家、测量学家高斯提出的一种横轴等角切椭圆柱投影，该投影解决了将椭球面转换为平面的问题。从几何意义上看，就是假设一个椭圆柱横套在地球椭球体外并与椭球面上的某一条子午线相切，这条相切的子午线称为中央子午线。假想在椭球体中心放置一个光源，通过光线将椭球面上一定范围内的物象映射到椭圆柱的内表面上，然后将椭圆柱面沿一条母线剪开并展成平面，即获得投影后的平面图形，如图 2.4(a)所示。该投影的经纬线图形有以下特点：

(1)投影后的中央子午线为直线，无长度变化。其余的经线投影为凹向中央子午线的对称曲线，长度较球面上的相应经线略长。

(2)赤道的投影也为一直线，并与中央子午线正交。其余的纬线投影为凸向赤道的对称曲线。

(3)经纬线投影后仍然保持相互垂直的关系，说明投影后的角度无变形。

高斯投影没有角度变形，但有长度变形和面积变形，离中央子午线越远，变形就越大，为了对变形加以控制，测量中采用限制投影区域的办法，即将投影区域限制在中央子午线两侧一定的范围，这就是所谓的分带投影，如图 2.4(b)所示。投影带一般分为 6°带和 3°带两种，如图 2.5 所示。

6°带投影是从英国格林尼治起始子午线开始，自西向东，每隔经差 6°分为一带，将地球分成 60 个带，其编号分别为 1，2，…，60。每带的中央子午线经度可用式(2-1)计算：

$$L_n = (6n - 3)° \tag{2-1}$$

式中，n 为 6°带的带号。6°带的最大变形在赤道与投影带最外一条经线的交点上，长度变形为 0.14%，面积变形为 0.27%。

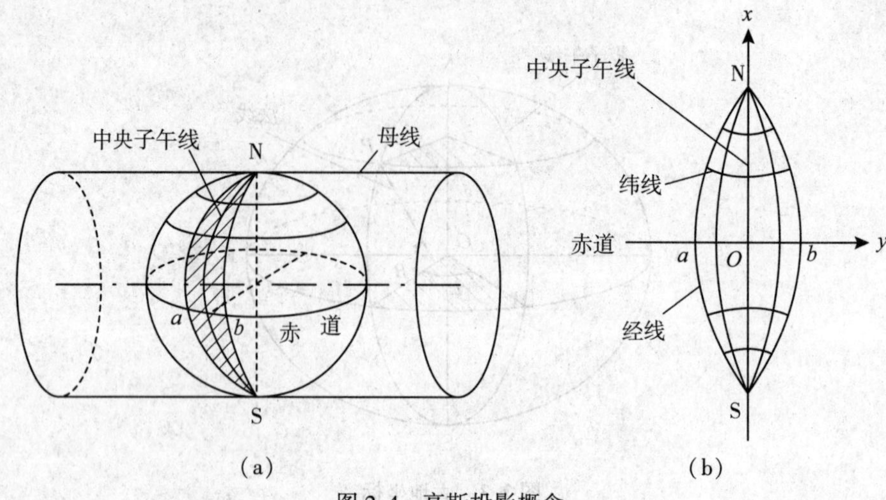

（a）　　　　（b）

图 2.4　高斯投影概念

3°投影带是在 6°带的基础上划分的。每 3°为一带，共 120 带，其中央子午线在奇数带时与 6°带中央子午线重合，每带的中央子午线经度可用式(2-2)计算：

$$L'_n = 3°n' \tag{2-2}$$

式中，n'为 3°带的带号。3°带的边缘最大变形现缩小为长度 0.04%，面积 0.14%。

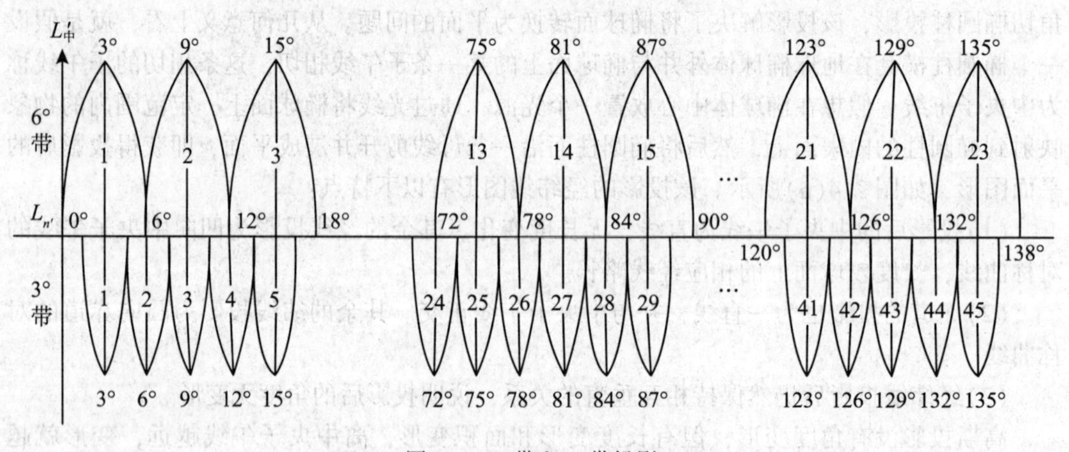

图 2.5　6°带和 3°带投影

我国领土位于东经 72°~136°，共包括了 11 个 6°投影带，即 13~23 带；22 个 3°投影带，即 24~45 带。沈阳位于 6°带的第 18 带，中央子午线经度为 123°。

通过高斯投影，将中央子午线的投影作为纵坐标轴，用 x 表示，将赤道的投影作为横坐标轴，用 y 表示，两轴的交点作为坐标原点，由此构成的平面直角坐标系称为高斯平面直角坐标系。如图 2.6 所示。对应于每一个投影带，就有一个独立的高斯平面直角坐标系，区分各带坐标系则利用相应投影带的带号。

在每一投影带内，y 坐标值有正有负，这对计算和使用均不方便，为了使 y 坐标都为正值，故将纵坐标轴向西平移 500km(半个投影带的最大宽度不超过 500km)，并在 y 坐标前加上投影带的带号。如图 2.6 中的 A 点位于 18 投影带，其自然坐标为 $X=3395451\text{m}$，$Y=-82261\text{m}$，它在 18 带中的高斯通用坐标则为 $x=3395451\text{m}$，$y=18417739\text{m}$。

我国 1954 年北京坐标系和 1980 年西安坐标系就是用高斯通用坐标表示地面点的位置。

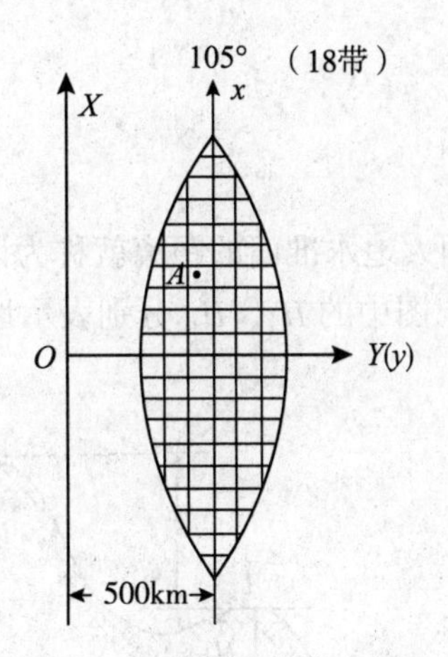

图 2.6 高斯平面直角坐标系

3. 独立测区的平面直角坐标系

当测区的范围较小时，可将测区范围内的水准面用水平面来代替，在此水平面上选定一点 O 作为坐标原点而建立平面直角坐标系统。坐标原点选在测区的西南角，以避免坐标出现负值；纵轴为 X，表示南北方向，向北为正，向南为负；横轴为 Y，表示东西方向，向东为正，向西为负；象限按顺时针方向排列。如图 2.7 所示。

4. 测量上的平面直角坐标系与数学上的平面直角坐标系的异同点

测量上的平面直角坐标系(图 2.7)与数学上的平面直角坐标系(图 2.8)相比，既有不同点，也有相同点。

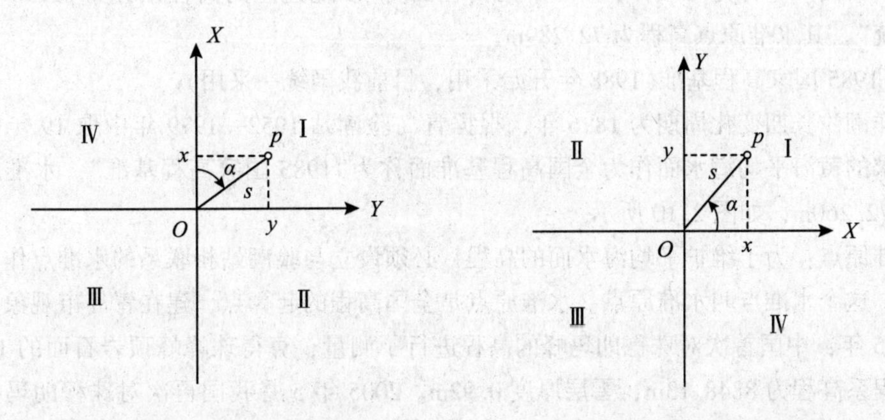

图 2.7 测量上的平面直角坐标系　　图 2.8 数学上的平面直角坐标系

不同点：(1)测量上取南北方向为纵轴(X轴)，东西方向为横轴(Y轴)；

(2)角度方向顺时针度量，象限顺时针排列。

相同点：数学中的三角公式在测量计算中可直接应用。

2.2.2　地面点的高程

1. 绝对高程

地面任一点沿铅垂线方向到大地水准面的距离就称为该点的绝对高程或海拔，简称高程，用H表示，如图2.9所示，图中的H_A、H_B分别表示地面上A、B两点的高程。

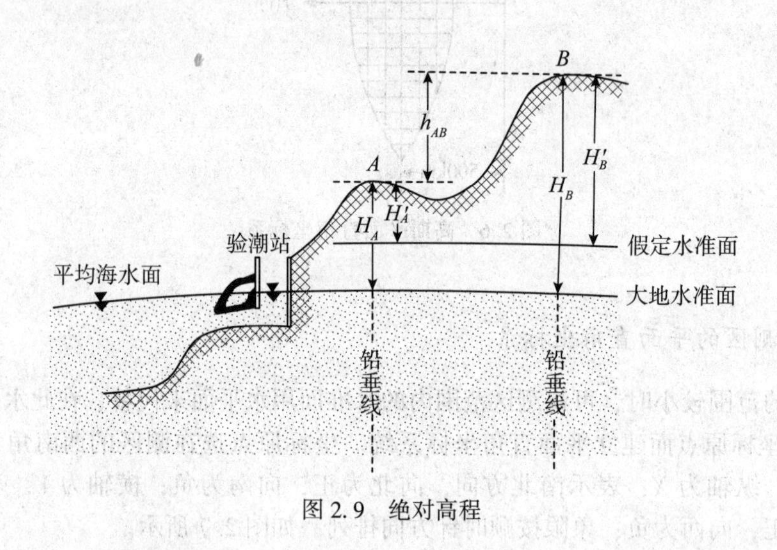

图2.9　绝对高程

我国采用的绝对高程系统有：

(1)1956年黄海高程系统(1959年开始采用)。

我国以青岛验潮站1950—1956年7年间的验潮资料推求的黄海平均海水面作为我国的高程基准面——称为“1956年黄海平均高程面”。以此建立的高程系称为“1956年黄海高程系统”。其水准原点高程为72.289m。

(2)1985国家高程基准(1988年开始采用，目前我国统一采用)。

海洋潮汐长期变化周期为18.6年，根据青岛验潮站1952—1979年中取19年的验潮资料推求的黄海平均海水面作为全国高程基准面称为“1985国家高程基准”。水准原点的高程为72.260m，如图2.10所示。

水准原点：为了维护平均海水面的高程，必须设立与验潮站相联系的水准点作为高程起算点，这个水准点叫水准原点。水准原点是全国高程的起算点，建在青岛市观象山。

1975年，中国首次对珠穆朗玛峰的高程进行了测量，算得珠峰峰顶岩石面的1956年黄海高程系高程为8848.13m，雪层厚度0.92m。2005年5月我国再次对珠穆朗玛峰的高程进行了精确测量，算得珠峰峰顶岩石面的1985年国家高程基准高程为8844.43m，雪层

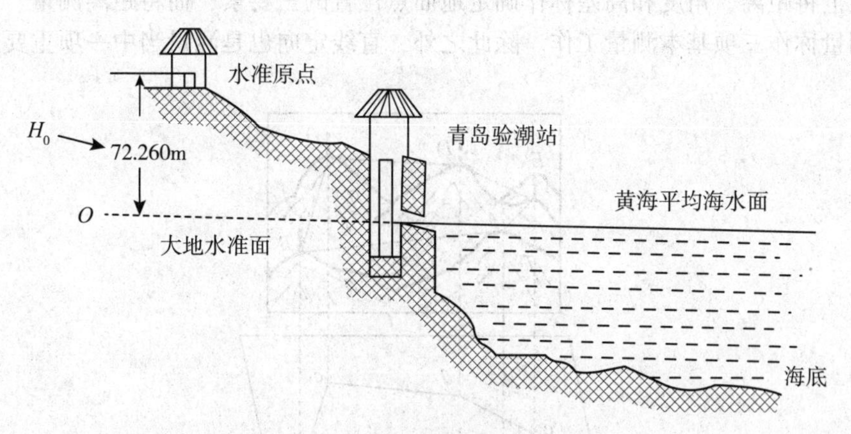

图 2.10　1985 国家高程基准示意图

厚度 3.50m。

2. 相对高程

当测区附近暂没有国家高程点可联测时，也可临时假定一个水准面作为该区的高程起算面。地面点沿铅垂线至假定水准面的距离，称为该点的相对高程或假定高程。如图 2.9 中的 H'_A、H'_B 分别为地面上 A、B 两点的假定高程。

地面上两点之间的高程之差称为高差，用 h 表示，例如，A 点至 B 点的高差可写为：

$$h_{AB} = H_B - H_A = H'_B - H'_A \tag{2-3}$$

由上式可知，高差有正、有负，并用下标注明其方向；两点的绝对高程之差与相对高程之差相等。

2.2.3　测量的基本工作

确定地面点的位置是测量工作的一项最重要的内容之一，由上述可知，测量工作中地面点的位置就是用地面点的坐标和高程确定。我们把地面点的坐标(x, y)以及高程 H 称为地面点的三维坐标。所以，地面点位置的确定就是测量地面点三维坐标的工作。

如图 2.11 所示，A、B、C、D、E 为地面上高低不同的一系列点，构成空间多边形 *ABCDE*，图下方为水平面。从 A、B、C、D、E 分别向水平面作铅垂线，这些垂线的垂足在水平面上构成多边形 *abcde*，水平面上的各点就是空间相应各点的正射投影；水平面上多边形的各边就是各空间斜边的正射投影；水平面上的角就是包含空间两斜边的两面角在水平面上的投影。地形图就是将地面点正射投影到水平面上后再按一定的比例尺缩绘至图纸上而成的。由此看出，地形图上各点之间的相对位置是由水平距离 D、水平角 β 和高差 h 决定的，若已知其中一点的坐标(x, y)和过该点的标准方向及该点高程 H，则可借助 D、β 和 h 将其他点的坐标和高程算出。因此，欲确定地面点的三维坐标，要测量的基本要素有距离(水平距离或斜距)、角度(水平角和竖直角)、高差以及直线的方向。

习惯上将距离、角度和高差称作确定地面点位置的三要素，而将距离测量、角度测量和高程测量称作三项基本测量工作。除此之外，直线定向也是测量当中一项重要的工作。

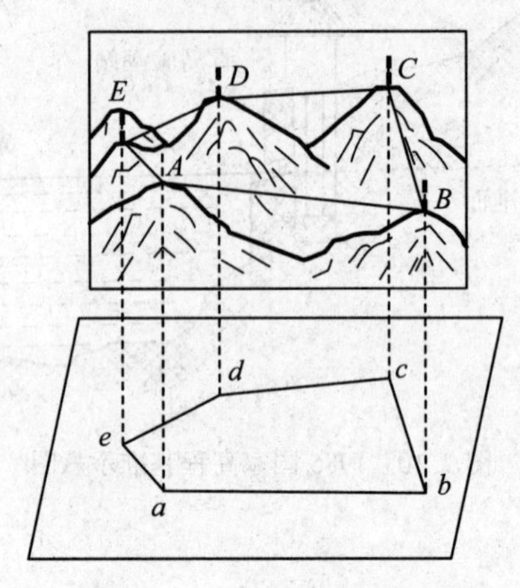

图 2.11　测量的基本工作图

2.3　用水平面代替水准面的限度

用水平面代替水准面，只有当测区范围很小，地球曲率影响未超过测量和制图的容许误差，且可以忽略不计时，才可以把大地水准面看作水平面。下面讨论，测区范围多大时，才可以用水平面代替水准面。

1. 用水平面代替水准面对距离的影响

如图 2.12 所示，地面上 A、B 两点在大地水准面上的投影点是 a、b，用过 a 点的水平面代替大地水准面，则 B 点在水平面上的投影为 b'。设 ab 的弧长为 D，ab'的长度为 D'，球面半径为 R，D 所对圆心角为 θ，则以水平长度 D'代替弧长 D 所产生的误差 ΔD 为：

$$\Delta D = D' - D = R\tan\theta - R\theta = R(\tan\theta - \theta) \tag{2-4}$$

将 $\tan\theta$ 用级数展开，并取前两项，得到：

$$\Delta D = R\left(\theta + \frac{1}{3}\theta^3 - \theta\right) = \frac{1}{3}R\theta^3 \tag{2-5}$$

又因 $\theta=\dfrac{D}{R}$，则

$$\Delta D = \frac{D^3}{3R^2} \tag{2-6}$$

$$\frac{\Delta D}{D} = \frac{D^2}{3R^2} \tag{2-7}$$

取地球半径 $R=6371\text{km}$，并以不同的距离 D 值代入式(2-6)和(2-7)，则可求出距离误差 ΔD 和相对误差 $\Delta D/D$，如表 2.2 所示。

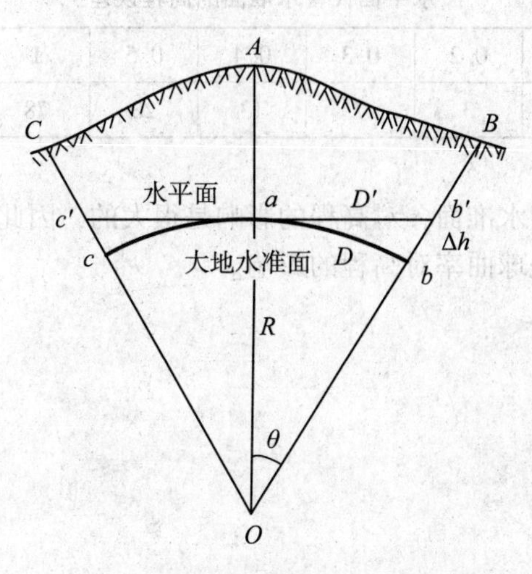

图 2.12 用水平面代替水准面的影响

表 2.2 水平面代替水准面的距离误差和相对误差

距离 D/km	距离误差 ΔD/mm	相对误差 $\Delta D/D$
10	8	1：1220000
20	128	1：200000
50	1026	1：49000
100	8212	1：12000

结论：从表 2.2 中可以看出，距离为 10km 时产生的相对误差为 1/122 万，小于目前最精密测距的允许误差 1/100 万。所以，在半径为 10km 的范围内进行距离测量时，可以用水平面代替水准面，而不必考虑地球曲率对距离的影响。在精度要求不高的测量工作中，半径可以扩大到 20km。

2. 用水平面代替水准面对高程的影响

如图 2.12 所示，地面点 B 的绝对高程为 H_B，用水平面代替水准面后，B 点的高程为 H'_B，H_B 与 H'_B 的差值，即为水平面代替水准面产生的高程误差，用 Δh 表示，则

$$(R+\Delta h)^2 = R^2 + D'^2 \tag{2-8}$$

$$\Delta h = \frac{D'^2}{2R+\Delta h} \tag{2-9}$$

上式中，可以用 D 代替 D'，Δh 相对于 $2R$ 很小，可略去不计，则

$$\Delta h = \frac{D^2}{2R} \tag{2-10}$$

以不同的距离 D 值代入式 2-10，可求出相应的高程误差 Δh，如表 2.3 所示。

表2.3　　**水平面代替水准面的高程误差**

距离 D/km	0.1	0.2	0.3	0.4	0.5	1	2	5	10
Δh/mm	0.8	3	7	13	20	78	314	1962	7848

结论：用水平面代替水准面，对高程的影响是很大的，因此，在进行高程测量时，即使距离很短，也应顾及地球曲率对高程的影响。

第3章 测量误差基本知识

3.1 测量误差的概念

在实际的测量工作中，大量实践表明，当对某一未知量进行多次观测时，不论测量仪器有多精密，观测进行得多么仔细，所得的观测值之间总是不尽相同，这种差异都是由于测量中存在误差的缘故。测量所获得的数值称为观测值，由于观测中误差的存在而往往导致各观测值与其真实值(简称为真值)之间存在差异，这种差异称为测量误差(或观测误差)。用 L 代表观测值，X 代表真值，则误差=观测值 L-真值 X，即

$$\Delta = L - X \tag{3-1}$$

这种误差通常又称为真误差。

3.2 测量误差的来源

由于任何测量工作都是由观测者使用某种仪器、工具，在一定的外界条件下进行的，所以，观测误差来源于以下三个方面：观测者的视觉鉴别能力和技术水平；仪器、工具的精密程度；观测时外界条件的好坏。通常我们把这三个方面综合起来称为观测条件。观测条件将影响观测成果的精度：若观测条件好，则测量误差小，测量的精度就高；反之，则测量误差大，精度就低；若观测条件相同，则可认为精度相同。在相同观测条件下进行的一系列观测称为等精度观测；在不同观测条件下进行的一系列观测称为不等精度观测。

由于在测量的结果中含有误差是不可避免的，因此，研究误差理论的目的不是为了去消灭误差，而是要对误差的来源、性质及其产生和传播的规律进行研究，以便解决测量工作中遇到的一些实际问题。例如，在一系列的观测值中，如何确定观测量的最可靠值，如何来评定测量的精度，以及如何确定误差的限度等。所有这些问题，运用测量误差理论均可得到解决。

3.3 测量误差的分类

测量误差按其性质可分为系统误差和偶然误差两类。

1. 系统误差

在相同的观测条件下，对某一未知量进行一系列观测，若误差的大小和符号保持不变，或按照一定的规律变化，这种误差称为系统误差。例如水准仪的视准轴与水准管轴不

平行而引起的读数误差，与视线的长度成正比且符号不变；经纬仪因视准轴与横轴不垂直而引起的方向误差，随视线竖直角的大小而变化且符号不变；距离测量尺长不准产生的误差随尺段数成比例增加且符号不变。这些误差都属于系统误差。

系统误差主要来源于仪器工具上的某些缺陷，来源于观测者的某些习惯的影响。例如，有些人习惯把读数估读得偏大或偏小；也有来源于外界环境的影响，如风力、温度及大气折光等的影响。

系统误差的特点是具有累积性，对测量结果影响较大，因此，应尽量设法消除或减弱它对测量结果的影响。方法有两种：一是在观测方法和观测程序上采取一定的措施来消除或减弱系统误差的影响。例如在水准测量中，保持前视和后视距离相等，来消除视准轴与水准管轴不平行所产生的误差；在测水平角时，采取盘左和盘右观测取其平均值，以消除视准轴与横轴不垂直所引起的误差。另一种是找出系统误差产生的原因和规律，对测量结果加以改正。例如在钢尺量距中，可对测量结果加尺长改正和温度改正，以消除钢尺长度的影响。

2. 偶然误差

在相同的观测条件下，对某一未知量进行一系列观测，如果观测误差的大小和符号没有明显的规律性，即从表面上看，误差的大小和符号均呈现偶然性，这种误差称为偶然误差。例如在水平角测量中照准目标时，可能稍偏左也可能稍偏右，偏差的大小也不一样；又如在水准测量或钢尺量距中估读毫米数时，可能偏大也可能偏小，其大小也不一样，这些都属于偶然误差。

产生偶然误差的原因很多，主要是由于仪器或人的感觉器官能力的限制，如观测者的估读误差、照准误差等，以及环境中不能控制的因素，如不断变化着的温度、风力等外界环境所造成。

偶然误差在测量过程中是不可避免的，从单个误差来看，其大小和符号没有一定的规律性，但对大量的偶然误差进行统计分析，就能发现在观测值内部却隐藏着一种必然的规律，这给偶然误差的处理提供了可能性。

测量成果中除了系统误差和偶然误差以外，还可能出现错误(有时也称之为粗差)。错误产生的原因较多，可能由作业人员疏忽大意、失职而引起，如大数读错、读数被记录员记错、照错了目标等；也可能是仪器自身或受外界干扰发生故障引起的；还有可能是容许误差取值过小造成的。错误对观测成果的影响极大，所以在测量成果中绝对不允许有错误存在。发现错误的方法是：进行必要的重复观测，通过多余观测条件进行检核验算；严格按照国家有关部门制定的各种测量规范进行作业等。

在测量的成果中，错误可以发现并剔除，系统误差能够加以改正，而偶然误差是不可避免的，它在测量成果中占主导地位，所以测量误差理论主要是处理偶然误差的影响。下面详细分析偶然误差的特性。

3.4　偶然误差的特性

偶然误差的特点是具有随机性，所以它是一种随机误差。偶然误差就单个而言具有随机性，但在总体上具有一定的统计规律，是服从于正态分布的随机变量。

在测量实践中，根据偶然误差的分布，我们可以明显地看出它的统计规律。例如在相同的观测条件下，观测了217个三角形的全部内角。已知三角形内角之和等于180°，这是三内角之和的理论值即真值 X，实际观测所得的三内角之和即观测值 L。由于各观测值中都含有偶然误差，因此各观测值不一定等于真值，其差即真误差 Δ。

由式(3-1)计算可得217个内角和的真误差，按其大小和一定的区间(本例为 $d\Delta=3''$)，分别统计在各区间正负误差出现的个数 k 及其出现的频率 k/n($n=217$)，列于表3.1中。

从表3.1中可以看出，该组误差的分布表现出如下规律：小误差出现的个数比大误差多；绝对值相等的正、负误差出现的个数和频率大致相等；最大误差不超过27″。

实践证明，对大量测量误差进行统计分析，都可以得出上述同样的规律，且观测的个数越多，这种规律就越明显。

表3.1　　三角形内角和真误差统计表

误差区间 $d\Delta$	正误差		负误差		合计	
	个数 k	频率 k/n	个数 k	频率 k/n	个数 k	频率 k/n
0″~3″	30	0.138	29	0.134	59	0.272
3″~6″	21	0.097	20	0.092	41	0.189
6″~9″	15	0.069	18	0.083	33	0.152
9″~12″	14	0.065	16	0.073	30	0.138
12″~15″	12	0.055	10	0.046	22	0.101
15″~18″	8	0.037	8	0.037	16	0.074
18″~21″	5	0.023	6	0.028	11	0.051
21″~24″	2	0.009	2	0.009	4	0.018
24″~27″	1	0.005	0	0	1	0.005
27″以上	0	0	0	0	0	0
合　计	108	0.498	109	0.502	217	1.000

根据上述分析，可以总结出偶然误差具有如下4个特性：

(1)有限性：在一定的观测条件下，偶然误差的绝对值不会超过一定的限值；

(2)集中性：即绝对值较小的误差比绝对值较大的误差出现的概率大；

(3)对称性：绝对值相等的正误差和负误差出现的概率相同；

(4)抵消性：当观测次数无限增多时，偶然误差的算术平均值趋近于零。即

$$\lim_{n\to\infty}\frac{[\Delta]}{n}=0 \tag{3-2}$$

式中：$[\Delta]=\Delta_1+\Delta_2+\cdots+\Delta_n=\sum_{i=1}^{n}\Delta_i$。

3.5　算术平均值原理

在相同的观测条件下，对某一未知量进行一系列观测，其观测值分别为L_1，L_2，…，L_n，该量的真值设为X，各观测值的真误差为Δ_1，Δ_2，…，Δ_n，则$\Delta_i = L_i - X$（$i=1$，2，…，n），将各式取和再除以次数n，得

$$\frac{[\Delta]}{n} = \frac{[L]}{n} - X \tag{3-3}$$

即

$$\frac{[L]}{n} = \frac{[\Delta]}{n} + X \tag{3-4}$$

根据偶然误差的第四个特性有

$$\lim_{n\to\infty} \frac{[L]}{n} = X \tag{3-5}$$

所以

$$\lim_{n\to\infty} \frac{[\Delta]}{n} = 0 \tag{3-6}$$

由此可见，当观测次数n趋近于无穷大时，算术平均值就趋向于未知量的真值。当n为有限值时，算术平均值最接近于真值，因此在实际测量工作中，将算术平均值作为观测的最后结果，增加观测次数可提高观测结果的精度。

3.6　评定精度的指标

研究测量误差理论的主要任务之一，是要评定测量成果的精度。精度就是指一组观测值的精确程度，与误差分布的密集或分散程度有关。凡是在零附近分布较为密集的，表示该组观测精度较高；反之分布较为分散的，则表示该组观测精度较低。在实际测量问题中，需要有一个数字特征反映误差分布的离散程度，用它来评定观测成果的精度，这就是评定精度的指标。在测量中评定精度的指标有下列几种：

1. 中误差

设在相同观测条件下，对真值为X的一个未知量L进行n次观测，观测值结果为L_1，L_2，…，L_n，每个观测值相应的真误差为Δ_1，Δ_2，…，Δ_n。则以各个真误差之平方和的平均数的平方根作为精度评定的标准，用m表示，称为观测值中误差。

$$m = \pm\hat{\sigma} = \pm\sqrt{\frac{[\Delta\Delta]}{n}} \tag{3-7}$$

式中：n——观测次数；

m——观测值中误差（又称均方误差）；

$[\Delta\Delta]$——各个真误差Δ的平方总和。

上式表明了中误差与真误差的关系，中误差并不等于每个观测值的真误差，中误差仅是一组真误差的代表值，当一组观测值的测量误差愈大，中误差也就愈大，其精度就愈低；测量误差愈小，中误差也就愈小，其精度就愈高。

【例 3-1】有甲、乙两个小组各自用相同的条件观测了 6 个三角形的内角，得三角形的闭合差(即三角形内角和的真误差)分别为：

甲：+3″、+1″、−2″、−1″、0″、−3″；

乙：+6″、−5″、+1″、−4″、−3″、+5″。

试分析两个小组的观测精度。

【解】用中误差公式(3-7)计算得：

$$m_{甲} = \pm\sqrt{\frac{[\Delta\Delta]}{n}} = \pm\sqrt{\frac{3^2+1^2+(-2)^2+(-1)^2+0^2+(-3)^2}{6}} = \pm 2.0''$$

$$m_{乙} = \pm\sqrt{\frac{[\Delta\Delta]}{n}} = \pm\sqrt{\frac{6^2+(-5)^2+1^2+(-4)^2+(-3)^2+5^2}{6}} = \pm 4.3''$$

从上述两组结果中可以看出，甲组的中误差较小，所以观测精度高于乙组。

2. 相对误差

真误差和中误差都有符号，并且有与观测值相同的单位，它们被称为“绝对误差”。绝对误差可用于衡量那些诸如角度、方向等其误差与观测值大小无关的观测值的精度。但在某些测量工作中，绝对误差不能完全反映出观测的质量。例如，用钢尺丈量长度分别为 100m 和 200m 的两段距离，若观测值的中误差都是±2cm，不能认为两者的精度相等，显然后者要比前者的精度高，这时采用相对误差就比较合理。相对误差 K 等于误差的绝对值与相应观测值的比值。它是一个不名数，常用分子为 1 的分式表示，即

$$相对误差 = \frac{误差的绝对值}{观测值} = \frac{1}{T}$$

式中，当误差的绝对值为中误差 m 的绝对值时，K 称为相对中误差。

$$K = \frac{|m|}{D} = \frac{1}{\dfrac{D}{|m|}} \tag{3-8}$$

在上例中用相对误差来衡量，则两段距离的相对误差分别为 1/5000 和 1/10000，后者精度较高。

3. 极限误差和容许误差

由偶然误差的特性 1 可知，在一定的观测条件下，偶然误差的绝对值不会超过一定的限值。这个限值就是极限误差。在一组等精度观测值中，绝对值大于 m(中误差)的偶然误差，其出现的概率为 31.7%；绝对值大于 $2m$ 的偶然误差，其出现的概率为 4.5%；绝对值大于 $3m$ 的偶然误差，其出现的概率仅为 0.3%。

在测量工作中，要求对观测误差有一定的限值。若以 m 作为观测误差的限值，则将有近 32%的观测会超过限值而被认为不合格，显然这样要求过分苛刻。而大于 $3m$ 的误差出现的机会只有 3‰，在有限的观测次数中，实际上不大可能出现。所以可取 $3m$ 作为偶然误差的极限值，称极限误差，即

$$\Delta_{极} = 3m \tag{3-9}$$

当要求严格时，也可取两倍的中误差作为容许误差，即

$$\Delta_{容} = 2m \tag{3-10}$$

如果观测值中出现了大于所规定的容许误差的偶然误差，则认为该观测值不可靠，应舍去不用或重测。

3.7　误差传播定律

实际测量工作中，往往会碰到有些未知量是不可能或者是不便于直接观测的，而由一些可以直接观测的量，通过函数关系间接计算得出，这些量称为间接观测量。例如用水准仪测量两点间的高差 h，通过后视读数 a 和前视读数 b 来求得的，$h=a-b$。由于直接观测值中都带有误差，因此未知量也必然受到影响而产生误差。说明观测值的中误差与其函数的中误差之间关系的定律，叫做误差传播定律，它在测量学中有着广泛的用途。

设 z 是独立观测量 x_1，x_2，…，x_n的函数，即

$$z = f(x_1,\ x_2,\ \cdots,\ x_n) \tag{3-11}$$

式中：x_1，x_2，…，x_n为直接观测量，它们相应观测值的中误差分别为 m_1，m_2，…，m_n，观测值函数 z 的中误差为 m_z。

$$m_z = \pm\sqrt{\left(\frac{\partial f}{\partial x_1}\right)^2 m_1^2 + \left(\frac{\partial f}{\partial x_2}\right)^2 m_2^2 + \cdots + \left(\frac{\partial f}{\partial x_n}\right)^2 m_n^2} \tag{3-12}$$

式中 $\dfrac{\partial f}{\partial x_n}$ 为函数 z 分别对各变量 x_n的偏导数。

上式即为计算函数中误差的一般公式，按上式可导出几种常用的简单函数中误差的公式，如表 3.2 所列，计算时可直接应用。

表 3.2　**常用函数的中误差公式**

函　数　式	函数的中误差
倍数函数 $z = kx$	$m_z = km_x$
和差函数 $z = x_1 \pm x_2 \pm \cdots \pm x_n$	$m_z = \pm\sqrt{m_1^2 + m_2^2 + \cdots + m_n^2}$ 当 $m_1 = m_2 = \cdots = m_n$ 时 $m_z = m\sqrt{n}$
线性函数 $z = k_1x_1 \pm k_2x_2 \pm \cdots \pm k_nx_n$	$m_z = \pm\sqrt{k_1^2m_1^2 + k_2^2m_2^2 + \cdots + k_n^2m_n^2}$

知 识 检 验

1. 什么叫测量学？测量学有哪两种表现形式？测量学在国民经济和国防建设中的主要作用包括哪些方面？

2. 什么叫大地水准面？什么叫大地体？什么叫参考椭球体？

3. 高斯投影有哪些特点？高斯平面直角坐标系以什么作纵轴？以什么作横轴？

4. 测量上的平面直角坐标系与数学上的平面直角坐标系有哪些异同点？

5. 什么叫绝对高程？我国采用哪两种绝对高程系统？
6. 确定地面位置的三要素是什么？三项基本测量工作是什么？
7. 什么叫误差？误差分哪两种？偶然误差有哪些特性？
8. 评定精度有哪几种指标？

第二部分　学习项目

项目1 水准测量

项目描述

高程测量是确定地面点位置的基本测量工作之一，高程测量的目的是要获得地面点的高程，但一般只能直接测得两点间的高差，然后根据其中一点的已知高程推算出另一点的高程。高程测量通常采用的方法有：水准测量、三角高程测量和气压高程测量。

水准测量是测定两点间高差的主要方法，也是最精密的方法。水准测量按照精度不同，可分为一等水准测量、二等水准测量、三等水准测量、四等水准测量以及普通(等外)水准测量。水准测量广泛应用于国家等级水准网的加密以及工程施工的高程控制网建立。

三角高程测量通过测量两点间的水平距离或斜距和竖直角(或天顶距)，然后利用三角函数计算出两点间的高差。这种测量方法不受地形条件限制，传递高程迅速，按使用的仪器和测量原理不同，分为经纬仪三角高程测量和全站仪三角高程测量两种。经纬仪三角高程测量精度较低，已经很少采用；全站仪三角高程测量在短距离的高程测量中，已经能够达到三、四等水准测量的精度，广泛应用于工程测量中。

气压高程测量是根据大气压力随高度变化的规律，用气压计测定两点的气压差，进而推算高程的方法。其精度低于水准测量、三角高程测量，主要用于丘陵地和山区的勘测工作。

本项目介绍水准测量，三角高程测量将在项目4中学习。

本项目由3个任务组成，任务1.1“普通水准测量”的主要内容包括：水准测量原理、水准测量的仪器与工具、普通水准测量、水准测量的内业计算；任务1.2“四等水准测量”的主要内容包括：四等水准测量一般要求、四等水准测量的观测和记录、四等水准测量手簿的计算与检核、四等水准测量测站上的限差要求；任务1.3“DS3微倾水准仪的检验与校正”的主要内容包括：DS3微倾水准仪应满足的几何条件、DS3微倾水准仪的检验与校正、水准测量的误差来源及消减方法。

通过本项目的学习，使学生达到如下要求：熟悉使用水准仪及水准测量工具，了解水准仪的检验，掌握普通水准测量、四等水准测量方法，独立完成测量过程中的观测、记录、计算以及内业数据处理。

任务1.1　普通水准测量

1.1.1　水准测量原理

水准测量是利用水准仪①提供的水平视线，对竖立在两个地面点上的水准尺②进行读数，从而计算两点间的高差，进而推算高程的一种高程测量方法。

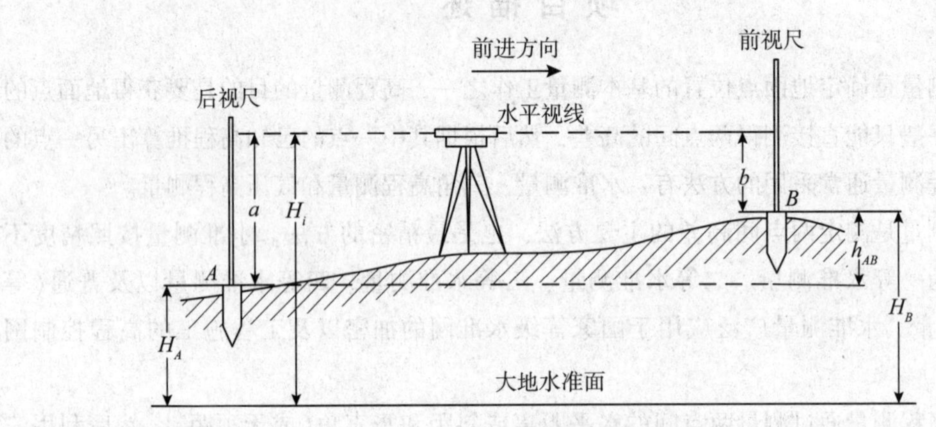

图1.1-1　水准测量原理示意图

如图1.1-1所示，在待测高差的A、B两点上，分别竖立水准尺，在A、B两点中间安置水准仪，根据水准仪提供的水平视线，在A点水准尺上的读数为a，在B点水准尺上的读数为b；若水准测量是沿着由A到B的方向前进(如图1.1-1中前进方向箭头指示)，则前进方向后面的A点称为后视点，其上竖立的水准尺称为后视尺，读数a称为后视读数；前进方向前面的B点称为前视点，其上竖立的水准尺称为前视尺，读数b称为前视读数。两点间的高差等于后视读数减去前视读数，即：

$$h_{AB} = a - b \tag{1.1-1}$$

高差有正(+)有负(-)，当B点高程大于A点高程时，前视读数b小于后视读数a，高差为正；当B点高程小于A点高程时，前视读数b大于后视读数a，高差为负。因此，水准测量的高差h必须冠以“+”“-”号。

如果A点高程已知为H_A，A、B点间高差为h_{AB}，则可推算待定点B的高程，即：

$$H_B = H_A + h_{AB} \tag{1.1-2}$$

这种计算高程的方法称为高差法。

如果令$H_i = H_A + a$，将其称为水平视线高程，简称视线高，则：

$$H_B = H_i - b = H_A + a - b \tag{1.1-3}$$

① 水准仪：在两个待测点间安置的一台能提供水平视线的用于水准测量的仪器。

② 水准尺：竖立在待测点上带有刻划的用于水准测量的标尺，又称水准标尺。

这种计算高程的方法称为视线高法，常用于工程测量中。

在实际工作中，当待测高差两点 A、B 相距较远或者高差较大时，仅安置一次仪器不能测得其间的高差，这时就需要分段连续测量。如图 1.1-2 所示，分别在两个相邻的立尺点中间安置水准仪和竖立水准尺，连续测量相邻两点间的高差，最后计算其代数和，求得 A、B 两点间的高差，这种测量方法称为连续水准测量。

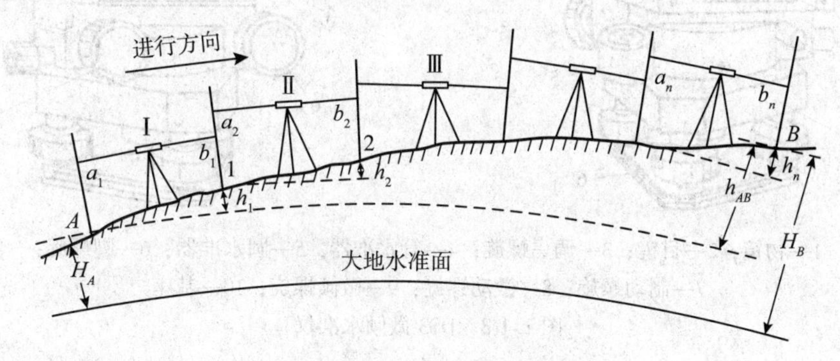

图 1.1-2　连续水准测量

在测量过程中，已知高程的水准点称为已知点，未知高程点称为待定点；安置水准仪的点称为测站点；除水准点外，用于传递高程而临时设立的立尺点称为转点；连续水准测量所经过的路线称为水准测量路线；水准路线上相邻两个水准点之间的线路称为测段，一条水准路线由若干个测段组成，一个测段可以观测多个测站。

如图 1.1-2 所示，要测量 A、B 两点之间的高差 h_{AB}，则在 A、B 之间增设 n 个测站，测得每站的高差：

$$h_i = a_i - b_i \quad (i = 1,\ 2,\ \cdots,\ n) \tag{1.1-4}$$

A、B 两点之间的高差为：

$$h_{AB} = \sum h_i = \sum a_i - \sum b_i \tag{1.1-5}$$

则根据已知点 A 求取 B 点高程为：

$$H_B = H_A + h_{AB} \tag{1.1-6}$$

1.1.2　水准测量的仪器与工具

水准仪分为微倾水准仪、自动安平水准仪、激光水准仪和数字水准仪等，按精度又区分为 DS05、DS1、DS3、DS10 等，其中“D”和“S”分别为“大地测量”和“水准仪”的汉语拼音第一个字母，05、1、3、10 等是以毫米为单位的每千米水准测量往、返测量高差中数的中误差，通常在书写时省略字母“D”，直接写为 S05、S1、S3 等。本项目重点介绍 DS3 微倾水准仪和自动安平水准仪。

1.1.2.1　DS3 微倾水准仪

图 1.1-3 所示为 DS3 微倾水准仪，微倾水准仪有微倾螺旋，旋转微倾螺旋可使望远镜连同管水准器作微量的倾斜，从而可使视线精确水平。它主要由望远镜、水准器和基座三

个部分组成。

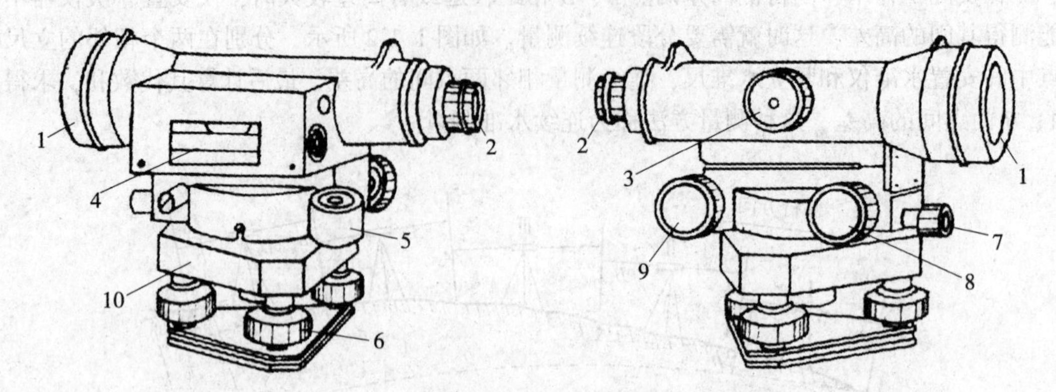

1—物镜；2—目镜；3—调焦螺旋；4—管水准器；5—圆水准器；6—脚螺旋；
7—制动螺旋；8—微动螺旋；9—微倾螺旋；10—基座

图 1.1-3　DS3 微倾水准仪

1. DS3 微倾水准仪的构造

1)望远镜

望远镜的作用是照准目标和对水准尺进行读数，如图 1.1-4(a)所示，望远镜主要由物镜、目镜、调焦透镜(对光透镜)和十字丝分划板组成。物镜和目镜都为复合透镜组，十字丝分划板上刻有两条互相垂直的长线，称为十字丝，如图 1.1-4(b)所示，竖直的一条称为纵丝(又称竖丝)，中间横的一条称为中丝(又称水平丝)。用望远镜瞄准目标或在水准尺上读数，均以十字丝的交点为准。物镜的光心与十字丝交点的连线为望远镜的视准轴，视准轴是水准仪进行水准测量的关键轴线，是用来瞄准和读数的视线。因此，观测时所谓的视线即为视准轴的延长线。横丝上、下对称的两根短线称为上、下丝，由于是用来测量距离的，因此又称为视距丝。十字丝分划板是由平板玻璃圆片制成的，其被装在望远镜筒上。

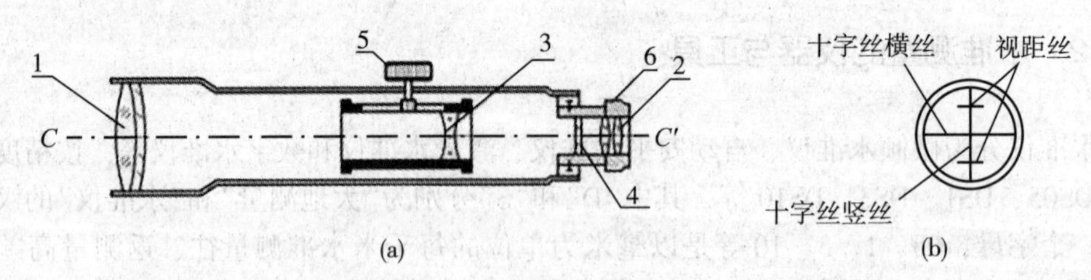

1—物镜；2—目镜；3—物镜调焦透镜；4—十字丝分划板；5—物镜调焦螺旋；6—目镜调焦螺旋

图 1.1-4　望远镜示意图

望远镜成像原理为：根据几何光学原理可知，目标 *AB* 经过物镜及对光透镜的作用，在十字丝附近成一倒立缩小的实像 *ab*，如图 1.1-5 所示。由于目标离望远镜的远近不同，借转动对光螺旋使对光透镜在镜筒内前后移动，即可使其实像落在十字丝平面上，再经过目镜的作用，将倒立的实像和十字丝同时放大，这时倒立的实像成为倒立而放大的虚像。其放大的虚像与用眼睛直接看到目标大小的比值，即为望远镜的放大率 V。国产 DS3 型水准仪望远镜的放大率一般约为 30 倍。

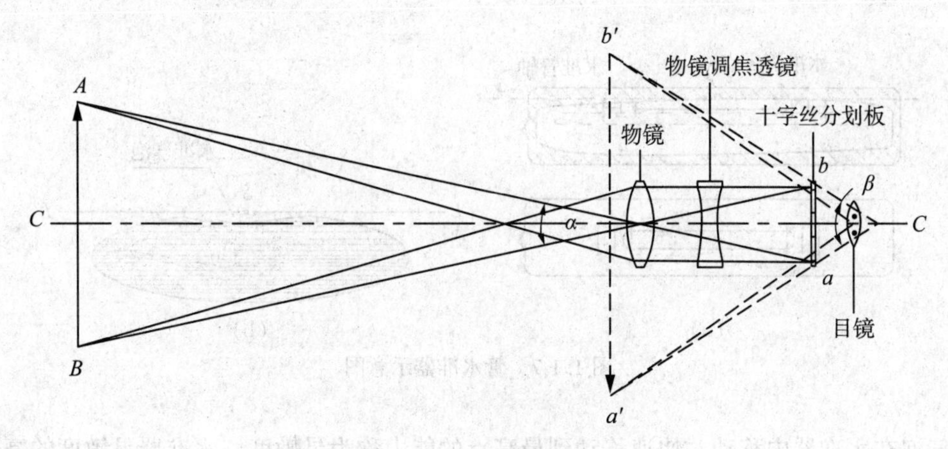

图 1.1-5　望远镜成像原理

2) 水准器

水准器是水准仪获得水平视线的主要部件。水准器是利用液体受重力作用后气泡居最高处的特性，使水准器的一条特定的直线位于水平或竖直位置的一种装置。水准器分为圆水准器和管水准器。

①圆水准器。

圆水准器是一个封闭的圆形玻璃容器，顶盖的内表面为一球面，如图 1.1-6 所示。容器内装有酒精或乙醚类液体，并留有一个圆气泡。玻璃盖的中央有一小圆圈，其圆心即为圆水准器的零点。连接零点与球面球心的直线称为圆水准轴。当圆水准器气泡的中心与水准器的零点达到重合时，则圆水准轴即成竖直状态。圆水准器在构造上，使其轴线与外壳下表面正交，所以当圆水准轴竖直时，外壳下表面处于水平位置。圆水准器的分划值，是顶盖球面上 2mm 弧长所对应的圆心角值，水准仪上圆水准器的角值为 8′至 15′，显然，圆水准器精度较低，在实际工作中，常将圆水准器用来概略整平，精度要求较高的整平，则用管水准器来进行。

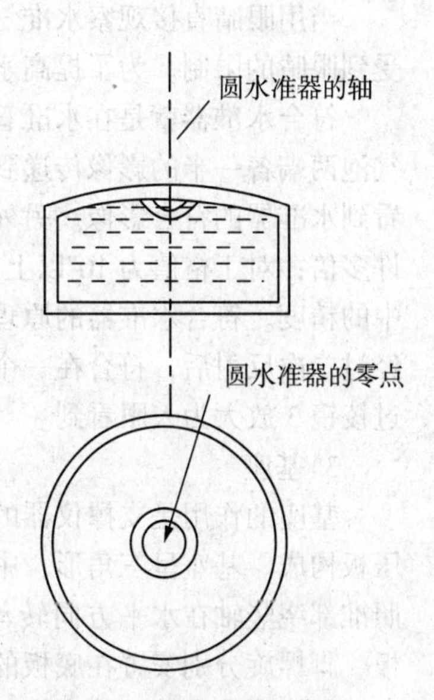

图 1.1-6　圆水准器示意图

②管水准器。

管水准器是一个内壁磨成一定曲率半径的封闭玻璃管，管内盛酒精或乙醚或两者混合的液体，并留有一气泡，又称水准管。如图 1.1-7(a) 所示。

在管水准器上刻有 2mm 间隔的分划线。分划线与中间的 S 点成对称状态，如图 1.1-7(b) 所示，S 点称为水准管的零点，零点附近无分划，零点与圆弧相切的切线 LL' 称为水准管的水准轴。根据气泡在管内占有最高位置的待性，当气泡中点位于管子的零点位置时，称气泡居中，也就是当管子的零点最高时，水准轴成水平位置。气泡中点的精确位置依气泡两端相对称的分划线位置确定。

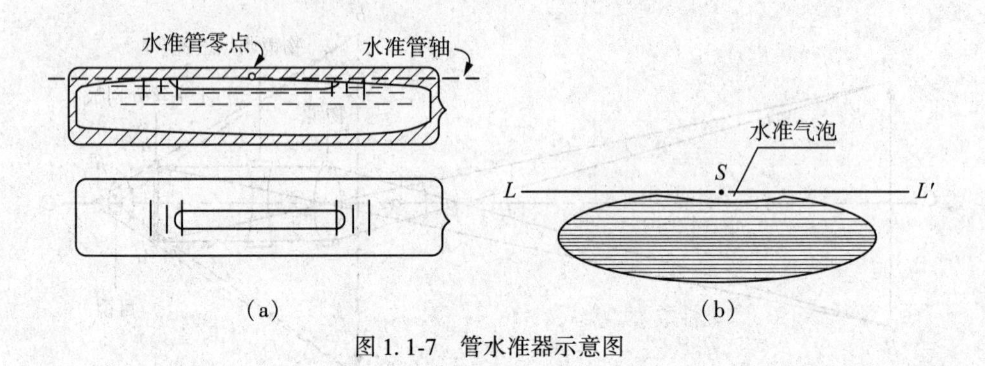

图 1.1-7 管水准器示意图

气泡在水准器内移动，快速移动到最高点的能力称为灵敏度。水准器灵敏度的高低与水准器的分划值有关。

水准器的分划值是指水准器上相邻两分划线(2mm)间弧长所对应的圆心角值的大小，用 τ 表示。若圆弧的曲率半径为 R，则分划值 τ 为：

$$\tau = \frac{2\text{mm}}{R} \cdot \rho \tag{1.1-7}$$

分划值与灵敏度的关系为：分划值越大，灵敏度越低；分划值越小，灵敏度越高。DS3 级仪器上的水准管的分划值一般为$\frac{20''}{2}$mm。

③符合水准器。

当用眼睛直接观察水准气泡两端相对于分划线的位置以衡量气泡是否居中时，其精度受到眼睛的限制。为了提高水准器整平的精度，并便于观察，一般采用符合水准器。

符合水准器就是在水准管的上方安置一组棱镜，通过光学系统的反射和折射作用，把气泡两端各一半的影像传递到望远镜内或目镜旁边的显微镜内，使观测者不移动位置便能看到水准器的符合影像。另外，由于气泡两端影像的偏离是将实际偏移值放大了一倍甚至许多倍，对于格值为 10″以上的水准器，其安平精度可提高 2~3 倍，从而提高了水准器居中的精度。符合水准器的原理见图 1.1-8，它是利用两块棱镜 1、2，使气泡的 a、b 两端经过二次反射后，符合在一个视场内。两块棱镜 1、2 的接触线 cc' 成为气泡的界线，再经过棱镜 3 放大为人眼看到。

3)基座

基座的作用是支撑仪器的上部并与三脚架连接，它主要由轴座、脚螺旋、底板和三角压板构成。基座呈三角形，中间是一个空心轴套，照准部的竖直轴就插在这个轴套内。当照准部绕竖轴在水平方向转动时，基座保持不动。基座下部安装了一块有弹性的三角底板。脚螺旋分别安置在底板的三个叉口内，底板的中央有一个螺母，用于和三脚架头上的中心螺旋连接，从而使水准仪连在三脚架上。

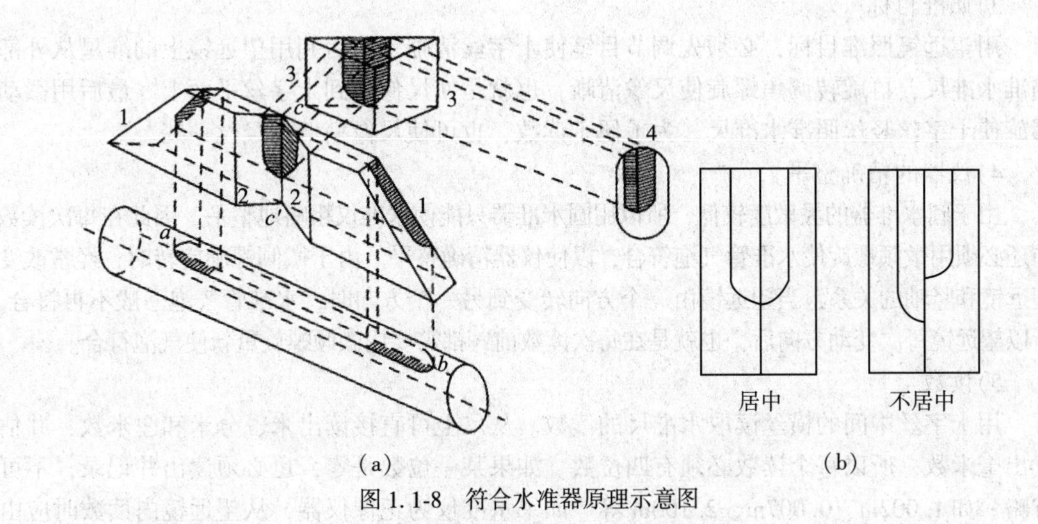

图 1.1-8　符合水准器原理示意图

2. DS3 微倾水准仪的使用

1) 安置水准仪

首先打开三脚架，安置三脚架要求高度适当、架头大致水平并牢固稳妥，在山坡上应使三脚架的两脚在坡下，一脚在坡上。然后把水准仪用中心连接螺旋连接到三脚架上，取水准仪时必须握住仪器的坚固部位，并确认已牢固地连接在三脚架上之后才可放手。

2) 仪器的粗略整平

仪器的粗略整平是用脚螺旋使圆水准器的气泡居中。不论圆水准器在任何位置，先用任意两个脚螺旋使气泡移到通过圆水准器零点并垂直于这两个脚螺旋连线的方向上，如图 1.1-9 所示，气泡自 a 移到 b，如此可使仪器在这两个脚螺旋连线的方向处于水平位置，然后单独用第三个脚螺旋使气泡居中，如此使原两个脚螺旋连线的垂线方向亦处于水平位置，从而使整个仪器置平。如仍有偏差可重复进行。操作时必须记住以下三条要领：

(1) 先旋转两个脚螺旋，然后旋转第三个脚螺旋；

(2) 旋转两个脚螺旋时必须作相对地转动，即旋转方向应相反；

(3) 气泡移动的方向始终和左手大拇指移动的方向一致。

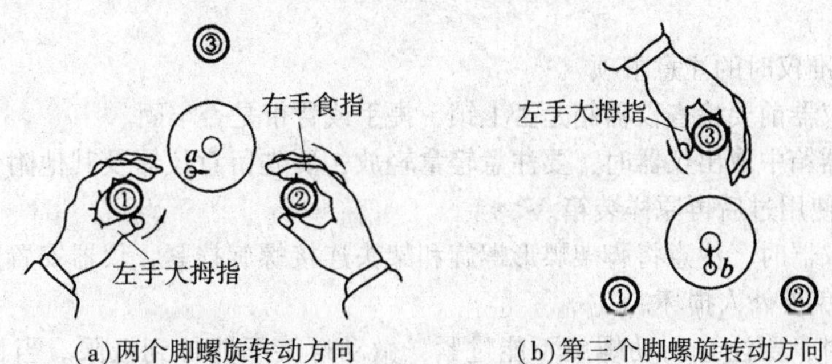

(a) 两个脚螺旋转动方向　　(b) 第三个脚螺旋转动方向

图 1.1-9　粗略整平方法

3)照准目标

用望远镜照准目标，必须先调节目镜使十字丝清晰。然后利用望远镜上的准星从外部瞄准水准尺，再旋转调焦螺旋使尺像清晰，也就是使尺像落到十字丝平面上。最后用微动螺旋使十字丝竖丝照准水准尺，为了便于读数，也可使尺像稍偏离竖丝一些。

4)仪器的精确整平

由于圆水准器的灵敏度较低，所以用圆水准器只能使水准仪粗略地整平。因此在每次读数前还必须用微倾螺旋使水准管气泡符合，以使仪器精确整平。由于微倾螺旋旋转时，经常改变望远镜和竖轴的关系，当望远镜由一个方向转变到另一个方向时，水准管气泡一般不再符合。所以望远镜每次变动方向后，也就是在每次读数前，都需要用微倾螺旋重新使气泡符合。

5)读数

用十字丝中间的横丝读取水准尺的读数。从尺上可直接读出米、分米和厘米数，并估读出毫米数，所以每个读数必须有四位数。如果某一位数是零，也必须读出并记录，不可省略，如1.002m、0.007m、2.100m等。如果水准仪为正像仪器，从望远镜内读数时应由下向上读；如果水准仪为倒像仪器，从望远镜内读数时应由上向下读，即由小数向大数读。图1.1-10为倒像仪器读数示例。

读数前应先认清水准尺的分划特点，特别应注意与注字相对应的分米分划线的位置。为了保证得出正确的水平视线读数，在读数前和读数后都应该检查气泡是否符合。

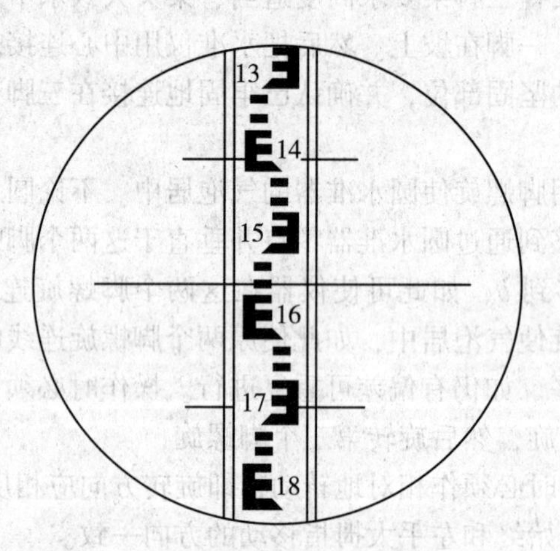

图1.1-10 水准尺上读数(读数为1.538)

6)使用水准仪时的注意事项

(1)搬运仪器前要检查仪器箱是否上锁，提手或背带是否牢固。

(2)从仪器箱中取出仪器时，要注意轻拿轻放，要先留意仪器及其他附件在箱中安放的位置，以便使用过后再原样装箱。

(3)安置仪器时，注意将脚架蝶形螺旋和架头连接螺旋拧紧，仪器安置后，需要人员进行看护，以免被外人损坏。

(4)操作时，要注意制动螺旋不能过紧，微动螺旋不能拧到极限。当目标偏离较远(微动螺旋不能调节正中)时，需要将微动螺旋反松(目标偏移更远)，打开制动螺旋重新照准。

(5)迁站时，如果距离较近，可将仪器侧立，左臂夹住脚架，右手托住仪器基座进行搬迁；如果距离较远，则应将仪器装箱搬运。

(6)在烈日或雨天进行观测时，应用伞遮住仪器，防止仪器被暴晒或被淋湿。

(7)测量结束后，仪器应进行擦拭后装箱，擦拭镜头需用专门的擦镜纸或脱脂棉。

(8)仪器的存放地点要保持阴凉、通风、安全，注意防潮并且防止碰撞。

1.1.2.2　自动安平水准仪

自动安平水准仪是一种不用水准管而能自动获得水平视线的水准仪，如图 1.1-11 所示。由于自动安平水准仪可以自动补偿使视线水平，所以在观测时只需将圆水准器气泡居中，十字丝中丝读取的标尺读数即为水平视线的读数。自动安平水准仪不仅加快了作业速度，而且能自动补偿对于地面的微小震动、仪器下沉、风力以及温度变化等外界因素影响引起的视线微小倾斜，从而保证测量精度，被广泛地应用在各种等级的水准测量中。

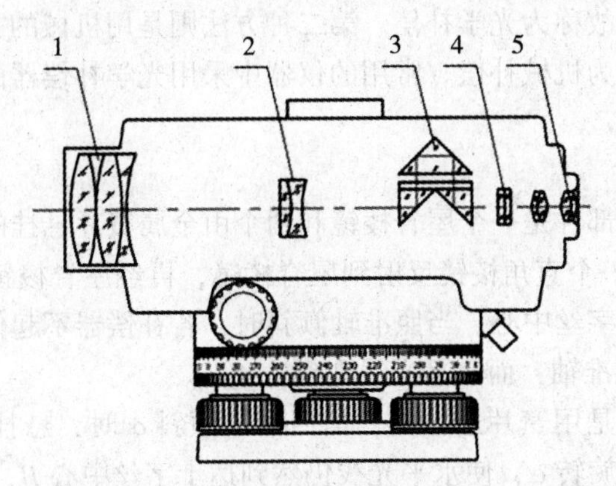

1—物镜；2—物镜调焦透镜；3—补偿器棱镜组；4—十字丝分划板；5—目镜

图 1.1-11　自动安平水准仪

1. 自动安平的原理

如图 1.1-12 所示，照准轴水平时，照准轴指向标尺的 a 点，即 a 点的水平线与照准轴重合；当照准轴倾斜一个小角 α 时，照准轴指向标尺的 a'，而来自 a 点过物镜中心的水平线不再落在十字丝的水平丝上。自动安平就是在仪器的照准轴倾斜时，采取某种措施使通过物镜中心的水平光线仍然通过十字丝交点。

通常有两种自动安平的方法：

(1)在光路中安置一个补偿器，当照准轴倾斜一个小角 α 时，使光线偏转一个 β 角，使来自 a 点过物镜中心的水平线落在十字丝的水平丝上。

由于 α、β 均很小，应有：

$$\alpha \cdot f = s \cdot \beta \tag{1.1-8}$$

式中，f 为物镜的焦距，α 为照准轴的倾斜角，β 为补偿角，α、β 均以弧度表示，则光线的补偿角为：

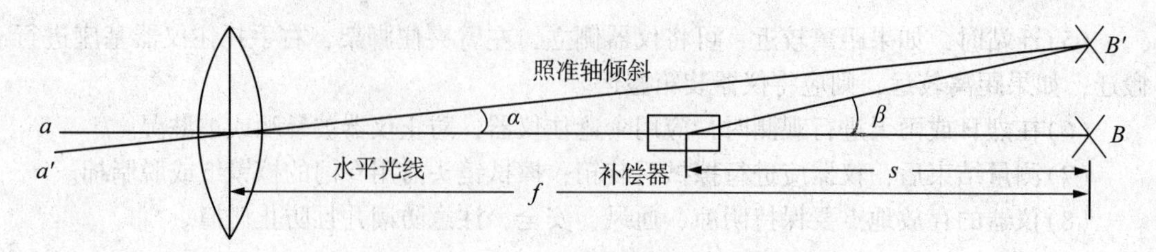

图 1. 1-12 自动安平原理

$$\beta = \frac{\alpha \cdot f}{s} \tag{1. 1-9}$$

(2)使十字丝自动地与 a 点的水平线重合而获得正确读数，即使十字丝从 B' 移动到 B 处，移动的距离为 $\alpha \cdot f$。

两种方法都达到了改正照准轴倾斜偏移量的目的。第一种方法要使光线偏转，需要在光路中加入光学部件，故称为光学补偿。第二种方法则是用机械的方法使十字丝在照准轴倾斜时自动移动，故称为机械补偿。常用的仪器中采用光学补偿器的较多。

2. 光学补偿器

光学补偿器的主要部件是一个屋脊棱镜和两个由金属簧片悬挂的直角棱镜。如图 1. 1-13(a)所示，光线经第一个直角棱镜反射到屋脊棱镜，再经屋脊棱镜三次折射后到第二个直角棱镜，最后到达十字丝中心。当照准轴倾斜时，若补偿器不起作用，则到达十字丝中心 B 的光线是倾斜的照准轴，而水平光线则到达 A。

由于两个直角棱镜是用簧片悬挂的，当照准轴倾斜 α 时，悬挂的两个直角棱镜在重力的作用下自动反方向旋转 α，使水平光线仍然到达十字丝中心 B，如图 1. 1-13(b)所示。

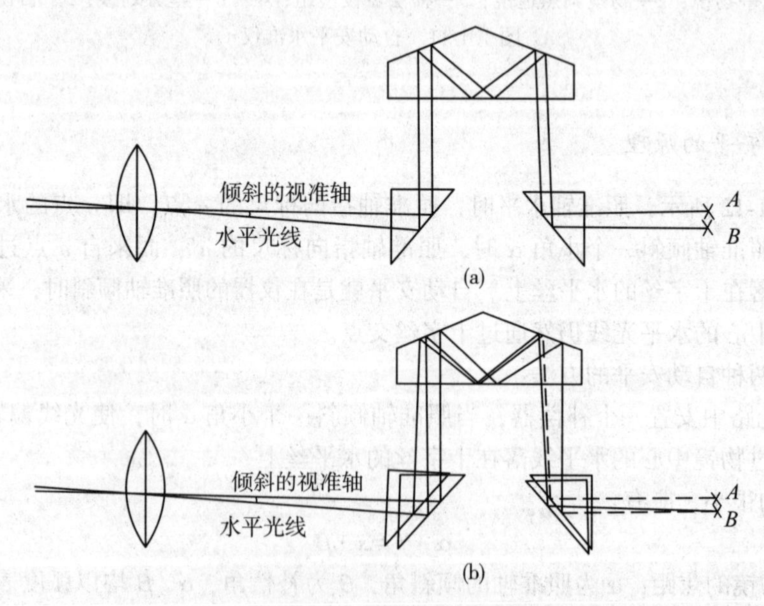

图 1. 1-13 补偿器补偿原理

自动安平水准仪的观测步骤与微倾水准仪相同，不同的是自动安平水准仪只需使圆水准器气泡居中即可。

3. 自动安平水准仪的使用

(1)用脚螺旋使圆水准器气泡居中，完成仪器的粗略整平，仪器精平由自动安平结构完成；

(2)用望远镜照准水准尺，即可用十字丝横丝读取水准尺读数，所得的就是水平视线读数。

由于补偿器有一定的工作范围，即存在能起到补偿作用的范围，所以使用自动安平水准仪时，要防止补偿器贴靠周围的部件，不处于自由悬挂状态。有的仪器在目镜旁有一按钮，它可以直接触动补偿器。读数前可轻按此按钮，以检查补偿器是否处于正常工作状态，也可以消除补偿器轻微的贴靠现象。如果每次触动按钮，水准尺读数变动后又能恢复原有读数，则表示工作正常。如果仪器上没有这种检查按钮，则可用脚螺旋使仪器竖轴在视线方向稍作倾斜，若读数不变则表示补偿器工作正常。由于要确保补偿器处于工作范围内，使用自动安平水准仪时应十分注意让圆水准器的气泡居中。

1.1.2.3　水准尺与尺垫

水准标尺简称“水准尺”。水准尺是进行水准测量的工具，与水准仪配合使用，要求尺长稳定，分划准确。常用的水准尺有塔尺和双面尺两种，如图 1.1-14 所示。塔尺多用于等外水准测量，其长度有 2m 和 5m 两种，由两节或三节套接在一起，尺的底部为零点，尺上黑白格相间，每格宽度为 1cm，有的为 0.5cm，每一米和分米处均有注记。双面水准尺多用于三、四等水准测量，其长度有 2m 和 3m 两种，且两根尺为一对；尺的两面均有刻划，一面为红白相间，称红面尺，另一面为黑白相间，称黑面尺(也称主尺)，两面的刻划均为 1cm，并在分米处注字。两根尺的黑面均由零开始；而红面，一根尺由 4.687m 开始至 6.687m 或 7.687m，另一根由 4.787m 开始至 6.787m 或 7.787m。

在进行水准测量时，为了减小水准尺下沉，保证测量精度，每根水准尺都附有一个尺垫，使用时先将尺垫牢固地踩入地面，再将标尺直立在尺垫的半球形的顶部，其形状如图 1.1-15 所示。根据水准测量等级高低，尺垫的大小和重量有所不同。注意：尺垫只用在转点上，已知点或待定点不能放尺垫。土质特别松软的地区应用尺桩进行测量。

使用标尺时应注意以下几点：

(1)使用双面水准标尺时，必须成对使用。例如，三、四等水准测量的普通水准标尺，就是红面起点为 4687mm 和 4787mm 的两个标尺为一对。

(2)观测时，特别是在读取中丝读数时应使水准标尺的圆水准器气泡居中。

(3)为保证同一标尺在前视与后视时的位置一致，在水准路线的转点上应使用尺垫。标尺立于尺垫球形顶上，保证在水准仪迁站后重放标尺时位置一致。

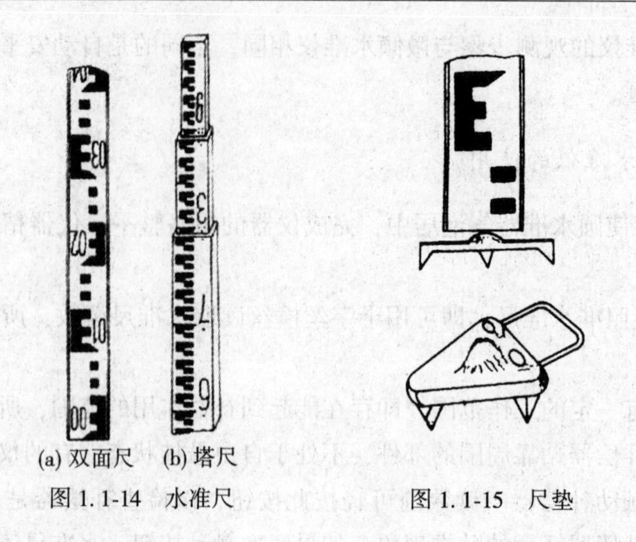

(a) 双面尺 (b) 塔尺

图 1.1-14 水准尺

图 1.1-15 尺垫

1.1.3 普通水准测量

1. 水准点和水准路线

1) 水准点

用水准测量的方法测定的高程控制点，称为水准点，用 BM 表示。水准点有永久性和临时性两种。国家等级水准点均为永久性水准点，如图 1.1-16(a)所示，永久性水准点多为混凝土制成的标石，标石顶部嵌有半球状的金属标志，作为高程测算的基准，深埋在地面冻结线以下。依据需要，水准点设置在稳定的墙角上，为墙上水准点，如图 1.1-16(b)所示。临时水准点可以利用露出地面的坚硬岩石、木桩等打入地下，在木桩顶部钉以半球形铁钉，如图 1.1-16(c)所示。

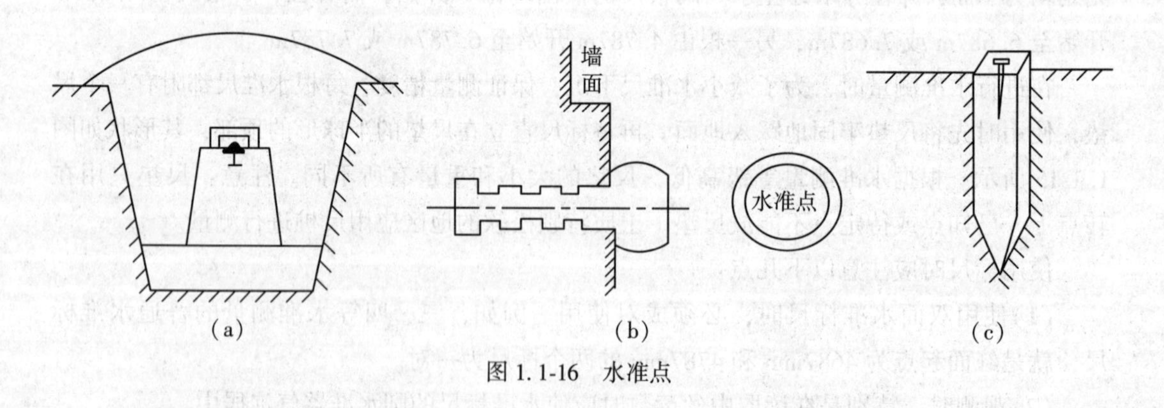

(a) (b) (c)

图 1.1-16 水准点

2) 水准路线

水准测量所经过的路线称为水准路线。根据布设形式和实际需求，水准路线的布设形式有以下三种：

(1)附合水准路线：从一已知高级水准点开始，沿一条路线推进施测，获取待定水准点的高程，最后传递到另一个已知的高级水准点上，这种形式的水准路线为附合水准路线，如图 1.1-17 所示。附合水准路线各段高差的和，理论上应等于两已知高级水准点之间的高差，据此可以检查水准测量是否存在错误或超过允许误差。

(2)闭合水准路线：从一已知高级水准点出发，沿一条路线进行施测，以测定待定水准点的高程，最后仍回到原来的已知点上，从而形成一个闭合环线，这种形式的水准路线为闭合水准路线，如图 1.1-18 所示。闭合水准路线各段高差的和理论上应等于零，据此可以检查水准测量是否存在错误或超过允许误差。

(3)支水准路线：从一个高级水准点出发，沿一条路线进行施测，以测定待定水准点的高程，其路线既不闭合又不附合，这种形式的水准路线为支水准路线，由于此种水准路线不能对测量成果自行检核，因此必须进行往测和返测，如图 1.1-19 所示。支水准路线往测与返测高差的代数和理论上应等于零。

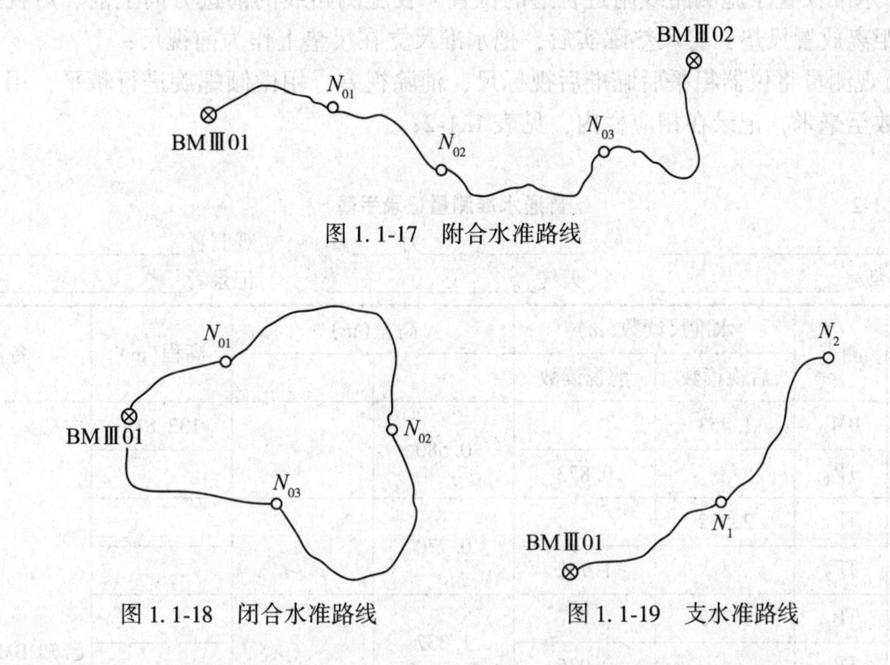

图 1.1-17　附合水准路线

图 1.1-18　闭合水准路线

图 1.1-19　支水准路线

由于起闭于一个高级水准点的闭合水准路线缺少检核条件，即当起始点高程有误时无法发现，因此，在未确认高级水准点的高程时不应当布设闭合水准路线；而对于无检核测量成果的支水准路线，只有在特殊条件下才能使用。因此，水准路线一般应当布设成附合路线。

2. 普通水准测量方法

1)普通水准测量技术要求

普通水准测量的主要技术要求见表 1.1-1。

表 1.1-1　　　　　　　　**普通水准测量的主要技术要求**

等级	路线长度（km）	水准仪	水准尺	视线长度（m）	观测次数		往返较差、附合或环线闭合差	
					与已知点联测	附合或环线	平地（mm）	山地（mm）
等外	≤5	DS3	单面	≤100	往返各一次	往一次	$\pm 40\sqrt{L}$	$\pm 12\sqrt{n}$

注：L 为水准路线长度，单位 km；n 为水准路线中测站总数。

2）普通水准测量观测程序

（1）将水准尺立于已知高程的水准点上作为后视；

（2）水准仪置于施测路线附近合适的位置，在施测路线的前进方向上前、后视距大致相等的距离放置尺垫，将尺垫踩实后，把水准尺立在尺垫上作为前视尺；

（3）观测员将仪器粗平后瞄准后视标尺，消除视差，用微倾螺旋进行精平，用中丝读后视读数至毫米，记录在相应栏内，见表 1.1-2；

表 1.1-2　　　　　　　　**普通水准测量记录手簿**

测区＿＿＿＿＿＿　　＿＿＿年＿＿月＿＿日　　观测者＿＿＿＿＿＿

仪器型号＿＿＿＿＿＿　　天气＿＿＿＿＿＿　　记录者＿＿＿＿＿＿

测站	测点	水准尺读数（m）		高差（m）		高程（m）	备注
		后视读数	前视读数	+	−		
1	BM_A	1.453		0.580		132.815	
	TP_1		0.873				
2	TP_1	2.532		0.770			
	TP_2		1.762				
3	TP_2	1.372		1.337			
	TP_3		0.035				已知 BM_A 点高程 132.815m
4	TP_3	0.874			0.929		
	TP_4		1.803				
5	TP_4	1.020			0.564		
	BM_B		1.584			134.009	
6	$\sum$	7.251	6.057	2.687	1.493		
	$\sum a - \sum b = +1.194$			$\sum h = +1.194$		$h_{AB} = H_B - H_A = +1.194$	

（4）调转望远镜，瞄准前视标尺，此时水准管气泡一般将会有少许偏离，将气泡调至

居中，用中丝读前视读数。记录员根据观测员的读数在手簿中记下相应数字，并立即计算高差。以上为第一个测站的全部工作。

(5)第一站工作结束之后，记录员指示后标尺员向前转移，并将仪器迁至第二测站。此时，第一测站的前视点便成为第二测站的后视点，依第一站相同的工作程序进行第二测站的工作。依次沿水准路线方向施测直至全部路线观测完为止。

(6)计算检核。

为了保证记录表中数据的正确，应对后视读数总和减前视读数总和、高差总和、B 点高程与 A 点高程之差进行检核，这三个数字应相等。

$$\sum a - \sum b = 7.251\text{m} - 6.057\text{m} = +1.194\text{m}$$

$$\sum h = 2.687\text{m} - 1.493\text{m} = +1.194\text{m}$$

$$H_B - H_A = 134.009\text{m} - 132.815\text{m} = +1.194\text{m}$$

(7)水准测量的测站检核。

①变换仪器高法：同一个测站上用两次不同的仪器高度，测得两次高差进行检核。要求：改变仪器高度应大于 10cm，两次所测高差之差不超过容许值(例如等外水准测量容许值为±6mm)，取其平均值作为该测站最后结果，否则须重测。

②双面尺法：分别对双面水准尺的黑面和红面进行观测。利用前、后视的黑面和红面读数，分别算出两个高差。如果不符值不超过规定的限差，取其平均值作为该测站最后结果，否则须重测。三、四等水准测量用双面尺法进行测站检核。

3)普通水准测量注意事项

(1)在水准点(已知点或待定点)上立尺时，不得放尺垫。

(2)水准尺应保持直立，不要左右倾斜，前后俯仰。

(3)在记录员未提示迁站前，后视点尺垫不能提动。

(4)前后视距应尽量保持一致，立尺时也可用步量。

(5)外业观测记录必须在手簿上进行。已编号的各页不得任意撕去，记录中间不得留下空页或空格。

(6)一切外业原始观测值和记事项目，必须在现场用铅笔直接记录在手簿中，记录的文字和数字应端正、整洁、清晰，杜绝潦草模糊。

(7)外业手簿中的记录和计算的修改以及观测结果的作废，禁止擦拭、涂抹与刮补，而应以横线或斜线正规画去，并在本格内的上方写出正确数字和文字。除计算数据外，所有观测数据的修改和作废，必须在备注栏内注明原因及重测结果记于何处。重测记录前需加“重测”二字。

在同一测站内不得有两个相关数字“连环更改”。例如：更改了标尺的黑面前两位读数后，就不能再改同一标尺的红面前两位读数，否则就叫连环更改。有连环更改记录应立即废去重测。

对于尾数读数有错误(厘米和毫米读数)的记录，不论什么原因都不允许更改，而应将该测站的观测结果废去重测。

(8)有正负意义的量，在记录计算时，都应带上“+”“-”号，正号不能省略，对于中丝读数，要求读记四位数，前后的 0 都要读记。

(9)作业人员应在手簿的相应栏内签名，并填注作业日期、开始及结束时刻、大气及观测情况和使用仪器型号等。

(10)作业手簿必须经过小组认真地检查(即记录员和观测员各检查一遍)，确认合格后，方可提交至上一级检查验收。

1.1.4 水准测量的内业计算

1. 高差闭合差及其允许值的计算

1)高差闭合差计算

由于水准测量受各种因素影响总会产生误差，致使所测高差与水准路线已知的理论值不符，从而产生一个差值，将此差值称为高差闭合差，以 f_h 表示。

对于附合水准路线：$f_h = \sum h_{测} - \sum h_{理} = \sum h_{测} - (H_{终} - H_{始})$ (1.1-10)

对于闭合水准路线：$f_h = \sum h_{测} - \sum h_{理} = \sum h_{测}$ (1.1-11)

对于支水准路线：$f_h = \sum h_{往} + \sum h_{返}$ (1.1-12)

2)高差闭合差允许值计算

如果高差闭合差不超过允许范围，则认为水准测量符合要求。

对于普通水准测量，有：

平地：
$$f_{h允} = \pm 40\sqrt{L} \quad (1.1\text{-}13)$$

山地：
$$f_{h允} = \pm 12\sqrt{n} \quad (1.1\text{-}14)$$

式中，$f_{h允}$ ——高差闭合差允许值，单位 mm；

L——水准路线长度，单位 km；

n——测站数。

对于其他各等级水准测量，参照各等级水准测量技术要求。

2. 高差闭合差的调整

对于附合或闭合水准路线，当高差闭合差在允许范围内时，可以进行调整，即给每段高差配赋一个相应的改正数 V_i，使所有改正数的和 $\sum V_i$ 与高差闭合差 f_h 大小相等，符号相反，从而消除高差闭合差。由于各站的观测条件相同，故认为各站产生的误差相等，所以每段改正数的大小应与测段长度(或测站数)成比例，符号与高差闭合差相反，即：

$$V_i = -\frac{f_h}{\sum L_i} \cdot L_i \quad (1.1\text{-}15)$$

按测站数成比例进行调整时，只需将式中的测段长度换成测站数即可。

计算出各段的改正数后，按代数法则加到各段实测高差中，求得各段改正后的高差。

对于支水准路线，当各段往返测高差符合要求时，计算出各段的平均高差。

$$h = \frac{h_{往} - h_{返}}{2} \quad (1.1\text{-}16)$$

3. 各待定点高程的计算

对于附合或闭合水准路线，须根据起点高程和各段改正后的高差，依次推算各点的高程，推算到终点时，应与终点的已知高程相等。

对于支水准路线，须根据起点高程和各段平均高差依次推算各点高程。由于终点没有已知高程可供检核，应反复推算，避免出现错误。

【例 1.1-1】如图为按普通水准测量要求施测的附合水准路线观测成果略图。BM-*A* 和 BM-*B* 为已知高程的水准点，图中箭头表示水准测量前进方向，路线上方数字为测得的两点间的高差（以 m 为单位），路线下方数字为该段路线的长度（以 km 为单位），试计算待定点 1、2、3 点的高程。

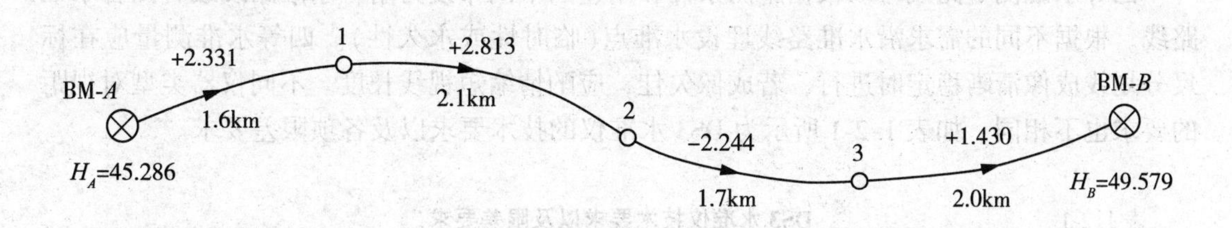

【解】：计算结果如表 1.1-3 所示。

表 1.1-3　**高程误差配赋表**

计算员________________　　　　　　　　　　检查员________________

点名	测段长度（km）	实测高差（m）	高差改正数（mm）	改正后高差（m）	高程（m）	备注
BM-*A*					45.286	已知点
	1.6	+2.331	−8	+2.323		
1					47.609	待定点
	2.1	+2.813	−11	+2.802		
2					50.411	待定点
	1.7	−2.244	−8	−2.252		
3					48.159	待定点
	2.0	+1.430	−10	+1.420		
BM-*B*					49.579	已知点
$\sum$	7.4	+4.330	−37			
辅助计算	$f_h = \sum h_{测} - (H_{终} - H_{始}) = 4.330 - 4.293 = 37(\text{mm})$， $f_{h允} = \pm 40\sqrt{L} = \pm 108(\text{mm})$					

任务1.2 四等水准测量

三、四等水准测量属于国家等级水准测量，除用于国家的高程控制加密外，通常直接用于地形测量和各种工程建设的高程控制。三、四等水准测量在测量方法、路线布设上与普通水准测量是大体相同的。只是在技术要求、观测顺序以及记录计算等方面有更具体的要求及规范。

1.2.1 四等水准测量一般要求

四等水准测量路线可以根据施测条件和用途的不同布设为附合水准路线或者闭合水准路线。根据不同的需求沿水准路线埋设水准点(临时性或永久性)。四等水准测量应在标尺分划线成像清晰稳定时进行，若成像欠佳，应酌情缩短视线长度。不同仪器类型对视距的要求也不相同，如表1.2-1所示为DS3水准仪的技术要求以及各项限差要求。

表1.2-1 **DS3水准仪技术要求以及限差要求**

等级	前后视距(m)	前后视距差(m)	前后视距累积差(m)	视线高度	黑红面读数差(mm)	黑红面高差之差(mm)	水准路线长度(km)	高差闭合差(mm)
三等	≤75	≤±2	≤±5	三丝能读数	≤±2	≤±3	≤±50	$\leqslant \pm 12\sqrt{L}$
四等	≤100	≤±3	≤±10		≤±3	≤±5	≤±16	$\leqslant \pm 20\sqrt{L}$

注：L为路线或测段的长度，单位为km。

1.2.2 四等水准测量的观测和记录

三、四等水准测量采用DS3水准仪和双面水准尺进行观测。三等水准测量观测顺序为后(黑)、前(黑)、前(红)、后(红)。四等水准测量一般观测顺序为后(黑)、后(红)、前(黑)、前(红)。为了抵消因磨损而造成的标尺零点差，每测段的测站数目应为偶数。

在每一测站上，先按步测的方法，在前后视距大致相等的位置安置水准仪；或者先安置仪器，概略整平后分别瞄准后视尺、前视尺，估读视距，如果后视距、前视距或前后视距差超限，应当前后移动水准仪或前视水准尺，以满足要求。

四等水准测量一个测站的观测和记录顺序为：

(1)照准后视尺黑面，按上丝、下丝、中丝顺序进行读数(正像仪器)，分别记入表1.2-2所示手簿中的(1)(2)(3)栏，并且对后视距进行计算；

(2)照准后视尺红面，读取红面中丝读数，记入手簿的(4)栏；

(3)照准前视尺黑面，按上丝、下丝、中丝顺序进行读数(正像仪器)，分别记入表1.2-2所示手簿中的(5)(6)(7)栏，并且对前视距进行计算；

(4)照准前视尺红面，读取红面中丝读数，记入手簿的(8)栏。

应当指出的是：如果使用微倾式水准仪，则在读取中丝读数时应当调节附合水准器使气泡影像重合。

1.2.3　四等水准测量手簿的计算与检核

每个测站的观测，记录与计算应同时进行，以便及时发现和纠正错误；测站上的所有计算工作完成，并且符合限差要求时方可迁站。测站上的计算项目有以下几个部分(表 1.2-2)。

表 1.2-2　　四等水准测量记录表格

测站与测点	后尺 上丝	前尺 上丝	方向及尺号	水准尺读数		K+黑-红 (mm)	高差中数 (m)	备注
	后尺 下丝	前尺 下丝						
	后视距	前视距						
	视距差 d (m)	累积差 $\sum d$ (m)		黑面	红面			
	(1)	(5)	后	(3)	(4)	(13)		
	(2)	(6)	前	(7)	(8)	(14)	(18)	
	(9)	(10)	后-前	(15)	(16)	(17)		
	(11)	(12)						
BM$_1$ 1 TP$_1$	1.570	0.738	后 7	1.374	6.161	0		
	1.197	0.362	前 6	0.541	5.229	-1	+0.832	
	37.3	37.6	后-前	+0.833	+0.932	+1		
	-0.3	-0.3						
TP$_1$ 2 TP$_2$	2.122	2.196	后 6	1.944	6.631	0		
	1.748	1.821	前 7	2.008	6.796	-1	-0.064	$K_1=4.787$ $K_2=4.687$
	37.4	37.5	后-前	-0.064	-0.165	+1		
	-0.1	-0.4						
TP$_2$ 3 TP$_3$	1.918	2.055	后 7	1.736	6.523	0		
	1.539	1.678	前 6	1.866	6.554	-1	-0.130	
	37.9	37.7	后-前	-0.130	-0.031	+1		
	+0.2	-0.2						
TP$_3$ 4 BM$_2$	1.965	2.141	后 6	2.832	7.519	0		
	1.706	1.871	前 7	2.007	6.793	+1	+0.826	
	25.9	26.7	后-前	+0.825	+0.726	-1		
	-0.8	-1.0						

1. 视距部分

(1)后视距(9)=((1)-(2))·100;

(2)前视距(10)=((5)-(6))·100;

(3)前后视距差(11)=后视距(9)-前视距(10);

(4)前后视距差累积差:

第一测站:前后视距差累积差(12)=视距差(11);

其他各站:前后视距差累积差(12)=本站(11)+前站(12)。

2. 高差部分

(1)后视标尺黑红面读数差(13)=(3)+K_1-(4)(K_1 为后视标尺红面起点刻划4.687或4.787);

(2)前视标尺黑红面读数差(14)=(7)+K_2-(8)(K_2 为前视标尺红面起点刻划4.787或4.687);

(3)黑面高差(15)=(3)-(7);

(4)红面高差(16)=(4)-(8);

(5)黑红面高差之差(17)=(15)-((16)±0.1)=(13)-(14);

(6)高差中数(18)=[(15)+((16)±0.1)]/2。

以上两式中的"±",当后视标尺红面起点刻划为4.687时,取"+",否则取"-"。

1.2.4 四等水准测量测站上的限差要求

(1)前、后视距差(11)项≤±3m;

(2)前、后视距累积差(12)项≤±10m;

(3)黑红面读数差(13)、(14)项≤±3mm;

(4)黑红面高差之差(17)项≤±5mm。

若测站有关观测值限差超限,在本站检查后发现应立即重测,若迁站后才检查发现,则应从固定点起重测。

任务1.3 DS3微倾水准仪的检验与校正

1.3.1 DS3微倾水准仪应满足的几何关系

DS3微倾水准仪有四条轴线,即视准轴、水准管轴、圆水准器轴和仪器竖轴,如图1.3-1所示,水准测量要求水准仪提供一条水平视线,故各轴线之间应满足的几何关系如下:

(1)圆水准器轴应平行于仪器的竖轴;

(2)十字丝的横丝应垂直于仪器的竖轴;

(3)水准管轴应平行于视准轴。

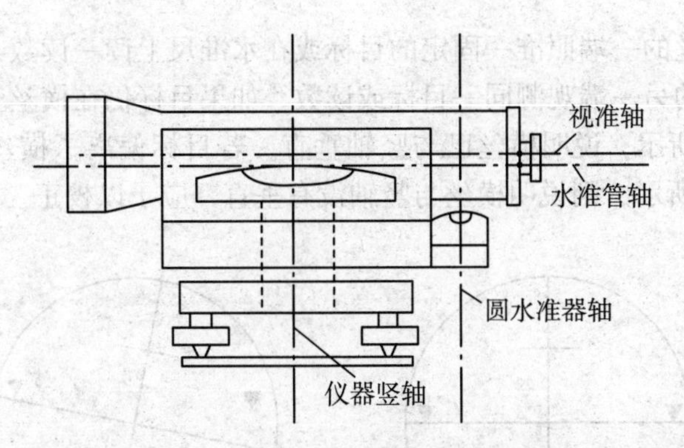

图 1.3-1　DS3 微倾水准仪的主要轴线

1.3.2　DS3 微倾水准仪的检验与校正

1. 圆水准器轴平行于仪器的竖轴

检验：安置水准仪，旋转脚螺旋使圆水准器气泡居中，然后将仪器上部在水平方向绕竖轴旋转 180°，若气泡仍居中，则表示圆水准器轴已平行于竖轴，若气泡偏离中央则需进行校正。

校正：用脚螺旋使气泡向中央方向移动偏离量的一半，然后拨圆水准器的校正螺旋使气泡居中。由于一次拨动不易使圆水准器校正得很完善，所以需重复上述的检验和校正，使仪器上部旋转到任何位置气泡都能居中为止，如图 1.3-2 所示。

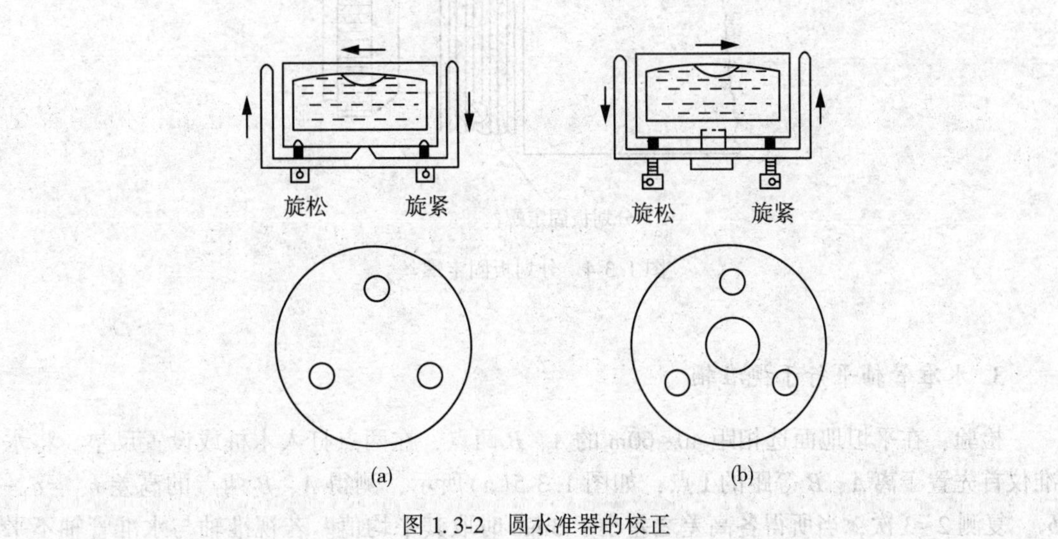

图 1.3-2　圆水准器的校正

2. 十字丝横丝垂直于仪器的竖轴

检验：先用横丝的一端照准一固定的目标或在水准尺上读一读数，然后用微动螺旋转动望远镜，用横丝的另一端观测同一目标或读数。如果目标仍在横丝上或水准尺上读数不变，如图 1. 3-3(a)所示，说明横丝已与竖轴垂直。若目标偏离了横丝或水准尺读数有变化，如图 1. 3-3(b)所示，则说明横丝与竖轴没有垂直，应予以校正。

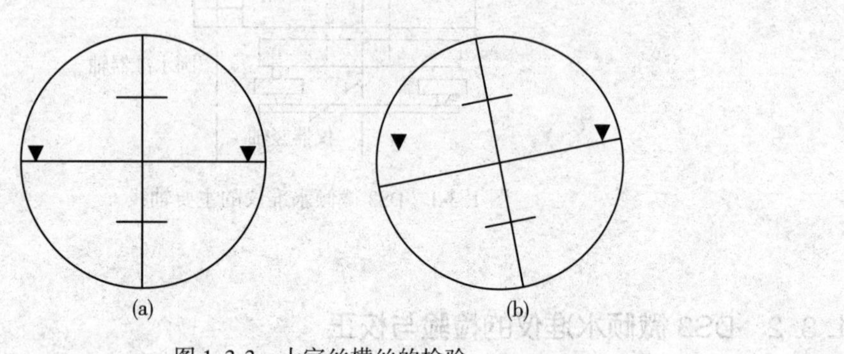

图 1. 3-3　十字丝横丝的检验

校正：打开十字丝分划板的护罩，可看到三个或四个分划板的固定螺丝，如图 1. 3-4 所示。松开这些固定螺丝，用手转动十字丝分划板座，反复试验使横丝的两端都能与目标重合或使横丝两端所得水准尺读数相同，则校正完成。最后旋紧所有固定螺丝。

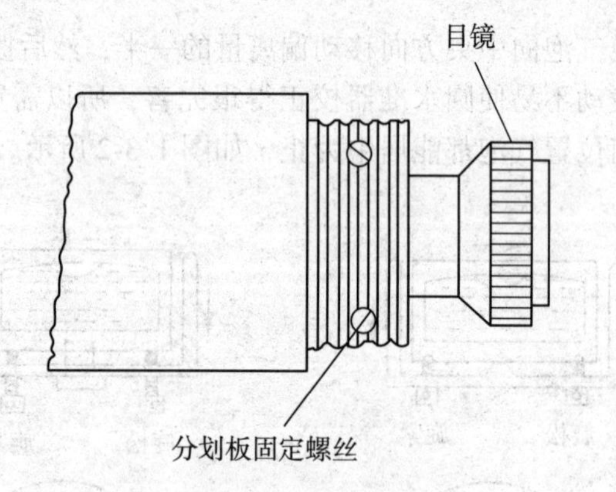

图 1. 3-4　分划板固定螺丝

3. 水准管轴平行于视准轴

检验：在平坦地面选相距 40~60m 的 A、B 两点，在两点打入木桩或设置尺垫。将水准仪首先置于离 A、B 等距的 I 点，如图 1. 3-5(a)所示，测得 A、B 两点的高差 $h_{\mathrm{I}} = a_1 - b_1$。复测 2~3 次，当所得各高差之差小于 3mm 时取其平均值。若视准轴与水准管轴不平行而构成 i 角，由于仪器至 A、B 两点的距离相等，因此由于视准轴倾斜，而在前、后视读数所产生的误差 Δ 也相等，所以所得的 h_{I} 是 A、B 两点的正确高差。然后把水准仪移

到 AB 延长线方向上靠近 B 的Ⅱ点，如图 1.3-5(b)所示，再次测 A、B 两点的高差，必须仍把 A 作为后视点，故得高差 $h_{Ⅱ}=a_2-b_2$。如果 $h_{Ⅱ}=h_{Ⅰ}$，则说明在测站Ⅱ所得的高差也是正确的，这也说明在测站Ⅱ观测时视准轴是水平的，故水准管轴与视准轴是平行的，即 $i=0$。如果 $h_{Ⅱ}\neq h_{Ⅰ}$，则说明存在 i 角的误差，如图 1.3-5(b)所示：

$$i=\frac{\Delta}{D}\cdot\rho \tag{1.3-1}$$

$$\Delta=a_2-b_2-h_{Ⅰ}=h_{Ⅱ}-h_{Ⅰ} \tag{1.3-2}$$

公式(1.3-2)中 Δ 即为仪器分别在Ⅱ和Ⅰ所测得的高差之差，D 为 A、B 两点间的距离，对于一般水准测量，要求 i 角不大于 20″，否则应进行校正。

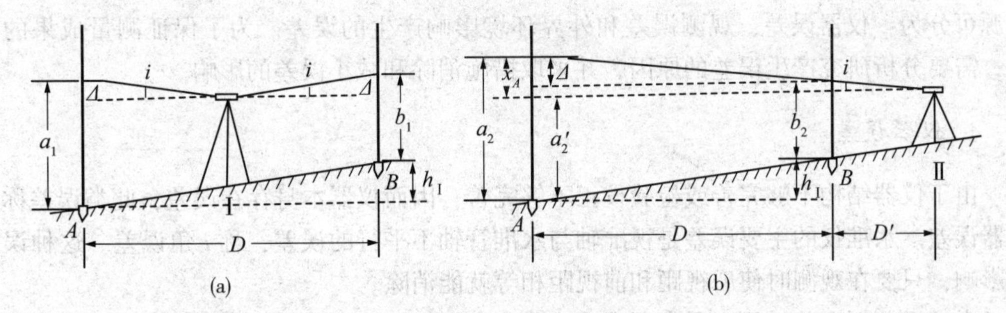

图 1.3-5　测站高差测量

校正：当仪器存在 i 角时，在远点 A 的水准尺读数 a_2 将产生误差 x_A，从图 1.3-5(b)可知：

$$x_A=\Delta\frac{D+D'}{D} \tag{1.3-3}$$

公式(1.3-3)中 D' 为测站Ⅱ至 B 点的距离，为使计算方便，通常使 $D'=\frac{1}{10}D$ 或 $D'=D$，则 x_A 相应为 1.1Δ 或 2Δ。也可使仪器紧靠 B 点，并假设 $D'=0$，则 $x_A=\Delta$，读数 b_2 可用水准尺直接量取桩顶到仪器目镜中心的距离。计算时应注意 Δ 的正负号，正号表示视线向上倾斜，与图上所示一致，负号表示视线向下倾斜。

为了使水准管轴和视准轴平行，用微倾螺旋使远点 A 的读数从 a_2 改变到 a_2'，$a_2'=a_2-x_A$。此时视准轴由倾斜位置改变到水平位置，但水准管也因随之变动而气泡不再符合。用校正针拨动水准管一端的校正螺旋使气泡符合，则水准管轴也处于水平位置从而使水准管轴平行于视准轴。水准管的校正螺旋如图 1.3-6 所示，校正时先松动左右两校正螺旋，然后拨上下两校正螺旋使气泡符合。拨动上下校正螺旋时，应先松一个再紧另一个逐渐改正。当最后校正完毕时，所有校正螺旋都应适度旋紧。

以上检验校正也需要重复进行，直到 i 角小于 20″为止。

1.3.3　水准测量的误差来源及消减方法

水准测量中由于仪器、人、环境等各种因素的影响，使测量成果中都带有误差，按其

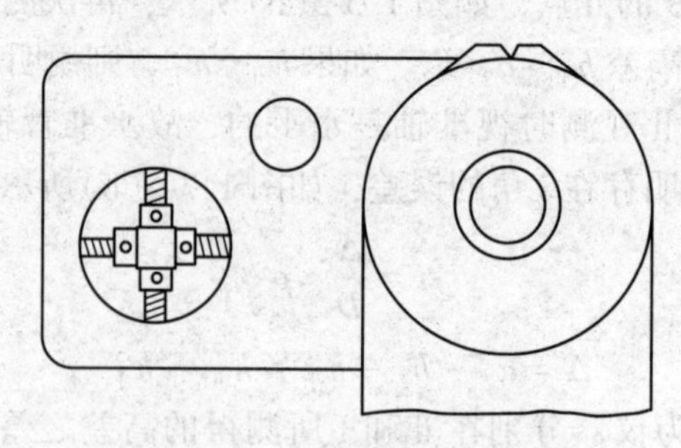

图 1.3-6　水准管的校正螺旋

来源可分为：仪器误差、观测误差和外界环境影响产生的误差。为了保证测量成果的精度，需要分析研究产生误差的原因，并采取措施消除和减小误差的影响。

1. 仪器误差

由于仪器结构不够完善或检验校正不够完善，因而仪器本身存在误差，此类误差称为仪器误差。水准仪的主要误差是视准轴与水准管轴不平行的误差，称 i 角误差。这种误差的影响，只要在观测时使后视距和前视距相等就能消除。

水准尺分划误差，尺底零点不准确或受到磨损，尺面弯曲或伸缩变形，都会给水准测量带来误差。因此，所用水准尺必须经过检验，符合要求才能使用。其中水准尺的零点误差，可在每段高差测量中采用偶数站观测予以消除。

2. 观测误差

1)水准管气泡居中误差

视线水平是以气泡居中或符合为依据的，但气泡的居中或符合都是凭肉眼来判断，不能绝对准确。气泡居中的精度也就是水准管的灵敏度，它主要取决于水准管的分划值。一般认为水准管居中的误差约为 0.1 分划值，它对水准尺读数产生的误差为：

$$m = \frac{0.1\tau''}{\rho} \cdot D \tag{1.3-4}$$

公式(1.3-4)中 τ''为水准管的分划值，$\rho = 206265''$，D 为视线长。符合水准器气泡居中的误差是直接观察气泡居中误差的 1/2~1/5。为了减小气泡居中误差的影响，应对视线长加以限制，观测时应使气泡精确地居中或符合。

2)估读水准尺分划的误差

水准尺上的毫米数都是估读的，估读的误差决定于视场中十字丝和厘米分划的宽度，所以估读误差与望远镜的放大率及视线的长度有关。通常在望远镜中十字丝的宽度为厘米分划宽度的 1/10 时，能准确估读出毫米数。所以在各种等级的水准测量中，对望远镜的放大率和视线长的限制都有一定的要求。此外，在观测中还应注意消除视差，并避免在成像不清晰时进行观测。

3)标尺倾斜引起的误差

水准尺没有竖直，无论向哪一侧倾斜都使读数偏大。这种误差随尺的倾斜角和读数的增大而增大。例如尺有 3°的倾斜，读数为 1.5m 时，可产生 2mm 的误差。为使水准尺能够竖直，水准尺上最好装有水准器。没有水准器时，可采用摇尺法，读数时把尺的上端在视线方向前后来回摆动，当视线水平时，观测到的最小读数就是尺竖直时的读数，如图 1.3-7 所示。这种误差在前后视读数中均可发生，所以在计算高差时可以抵消一部分。

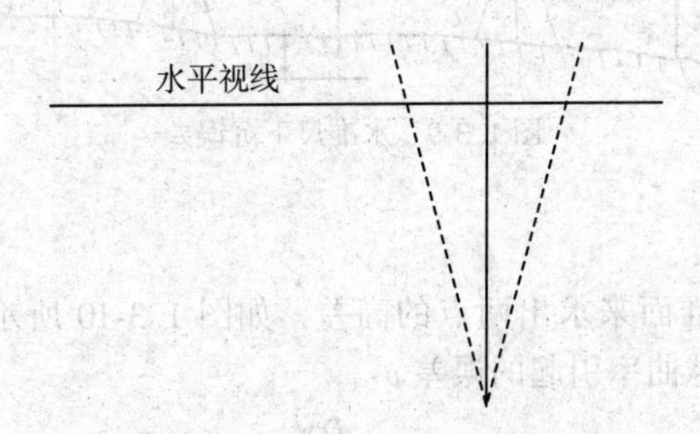

图 1.3-7　水准尺倾斜误差

3. 外界环境影响产生的误差

1）仪器下沉误差

在读取后视读数和前视读数之间，若仪器下沉了 Δ，由于前视读数减少了 Δ，从而使高差增大了 Δ，如图 1.3-8 所示。在松软的土地上，每一测站都可能产生这种误差。当采用双面尺或两次仪器高时，第二次观测可先读前视点 B，然后读后视点 A，则可使所得高差偏小，两次高差的平均值可抵消一部分仪器下沉的误差。

将仪器安置在土质坚实的地方，操作熟练快速，可以减弱仪器下沉的影响，对于精度要求较高的水准测量，可以采用往返观测取平均值或采用“后前前后”的观测顺序来削弱其带来的影响。

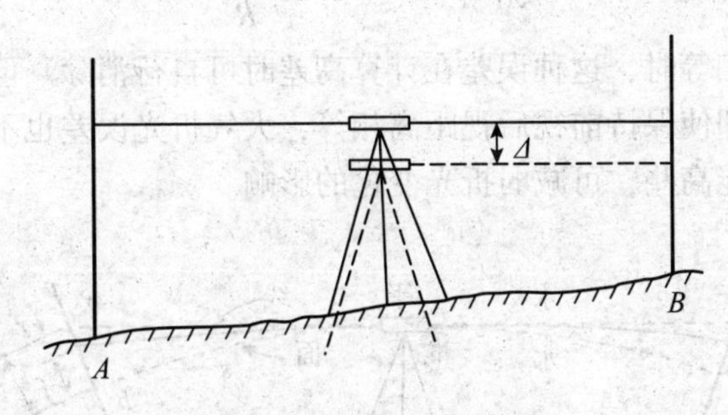

图 1.3-8　仪器下沉误差

2）标尺下沉误差

在仪器搬站时，若转点（尺垫）下沉了 Δ，则使下一测站的后视读数偏大，使高差也增大 Δ，如图 1.3-9 所示。在同样情况下返测，则使高差的绝对值减小。所以取往返测的平均高差，可以减弱水准尺下沉的影响。当然，在进行水准测量时，必须选择坚实的地点放置尺垫，避免标尺的下沉。

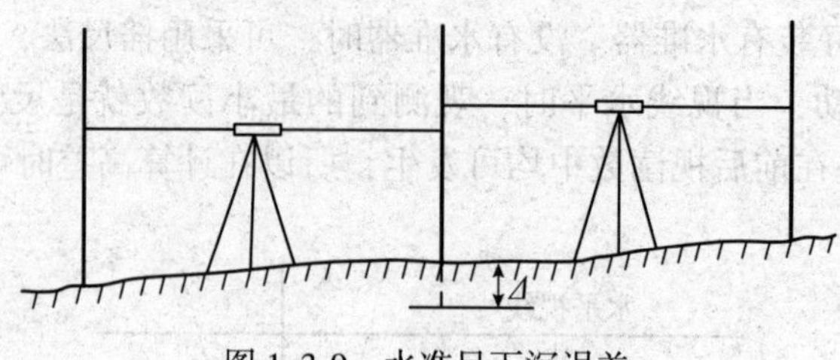

图 1.3-9　水准尺下沉误差

3)地球曲率误差

水准测量应根据水准面来求出两点的高差，如图 1.3-10 所示，但视准轴是一直线，因此使读数中含有由地球曲率引起的误差 p：

$$p=\frac{D^2}{2R} \tag{1.3-5}$$

公式(1.3-5)中，D 为视线长，R 为地球的半径。

4)大气折光误差

水平视线经过密度不同的空气层被折射，一般情况下形成一向下弯曲的曲线，它与理论水平线所得读数之差，就是由大气折光引起的误差 r，如图 1.3-10 所示。实验得出：大气折光误差比地球曲率误差要小，是地球曲率误差的 K 倍，在一般大气情况下，$K=1/7$，故：

$$r=K\frac{D^2}{2R}=\frac{D^2}{14R} \tag{1.3-6}$$

所以水平视线在水准尺上的实际读数位于 b'，它与按水准面得出的读数 b 之差，就是地球曲率和大气折光总的综合影响值，以 f 表示，故：

$$f=p-r=0.43\frac{D^2}{R} \tag{1.3-7}$$

当前视后视距离相等时，这种误差在计算高差时可自行消除。但是近地面的大气折光变化十分复杂，所以即使保持前视后视距离相等，大气折光误差也不能完全消除。所以观测时视线离地面尽可能高些，可减弱折光变化的影响。

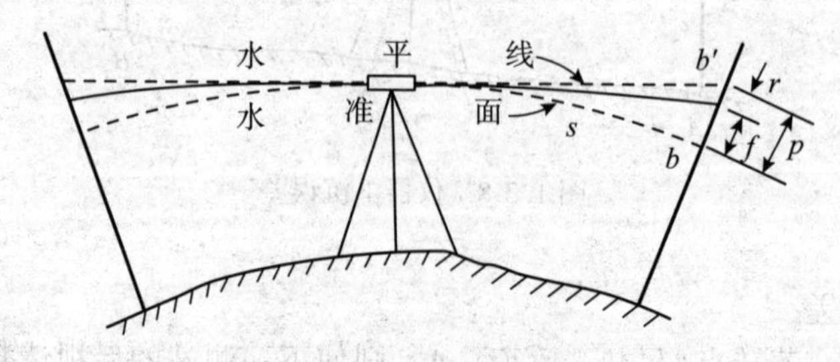

图 1.3-10　地球曲率误差

5)气候的影响

除了上述各种误差来源外，气候的影响也给水准测量带来误差，如风吹、日晒、温度的变化和地面水分的蒸发等，所以观测时应注意气候带来的影响。比如为了防止日光暴晒，仪器应打伞保护；无风的阴天是最理想的观测天气，选择这样的天气作业等。

项目小结

本项目介绍了水准测量的原理，DS3 水准仪的构造及使用，普通水准测量、四等水准测量的施测方法以及内业计算、仪器的检验与校正，分析了水准测量误差的主要来源等，其中重点和难点都体现在四等水准测量上。通过本项目的学习，需掌握以下内容：

(1)水准测量原理；

(2)熟练使用 DS3 水准仪；

(3)普通(等外)水准测量的观测、记录与外业计算；

(4)四等水准测量的观测、记录与外业计算；

(5)水准测量的内业计算；

(6)水准测量误差来源以及消减的方法。

知识检验

1. 高程测量通常采用的方法有哪几种？
2. 简述水准测量原理。
3. 什么叫水准点？什么叫转点？
4. 什么叫水准路线？水准路线有几种布设形式？
5. 简述四等水准测量一测站的观测程序。
6. DS3 微倾水准仪应满足哪些几何关系？
7. 简述 DS3 微倾水准仪水准管轴平行于视准轴的检验方法。
8. 水准测量时前后视距相等可以消除哪些误差？

项目2　角度测量

项目描述

角度是确定地面点位置的基本要素之一。角度可分为水平角和竖直角(天顶距)两种。水平角是地面或空间相交直线在水平面上所成的角，在推算地面点的坐标时采用。竖直角(天顶距)是竖直方向上视线方向与水平线(或铅垂线天顶方向)的夹角，它们在计算两点间的高差时采用。由于竖直角和天顶距两者之间有固定的关系，所以两者选用其一即可。

角度测量是确定地面点位置的基本测量工作之一。水平角测量经常采用的方法有测回法和方向观测法。测回法用于只有两个照准方向的情况，方向观测法用于有多个照准方向的情况。对于竖直面内角度的观测，天顶距观测比竖直角观测更加容易实现，而且在计算高差时使用天顶距更加方便，所以，竖直面内角度测量选用天顶距观测。角度测量使用的仪器为经纬仪和全站仪。经纬仪按照制造原理，可分为光学经纬仪和电子经纬仪。光学经纬仪是本项目学习的重点，对于全站仪只做简要介绍，具体内容将在后续项目中学习。

本项目由3个任务组成，任务2.1“水平角测量”的主要内容包括：水平角测量原理、光学经纬仪的使用、水平角的测量方法；任务2.2“天顶距测量”的主要内容包括：天顶距(竖直角)测量原理、天顶距测量方法；任务2.3“经纬仪的检验与校正”的主要内容包括：经纬仪的检验方法、角度测量误差。

通过本项目的学习，使学生达到如下要求：了解经纬仪的等级、光学经纬仪的结构、光学经纬仪的检验，掌握水平角和天顶距的测量原理与测量方法，独立完成测量过程中的观测、记录、计算。

任务2.1　水平角测量

2.1.1　水平角测量原理

由一点到两个目标的方向线垂直投影在水平面上所成的角，称为水平角。如图2.1-1所示，由地面点A到B、C两个目标的方向线AB和AC，在水平面上的投影为ab和ac，其夹角β即为水平角，它等于通过AB和AC的两个竖直面之间所夹的二面角。二面角的棱线Aa是一条铅垂线。垂直于Aa的任一水平面(如过A点的水平面V)与两竖直面的交线均可用来量度水平角β。若在任一点O水平地放置一个刻度盘，使度盘中心位于Aa铅垂线，再用一个既能在竖直面内转动又能绕铅垂线水平转动的望远镜去照准目标B和C，则

可将直线 AB 和 AC 投影到度盘上，截得相应的读数 n 和 m，如果度盘刻划的注记形式是按顺时针方向由 0°递增到 360°，则 AB 和 AC 两方向线间的水平角为：$\beta=n-m$。

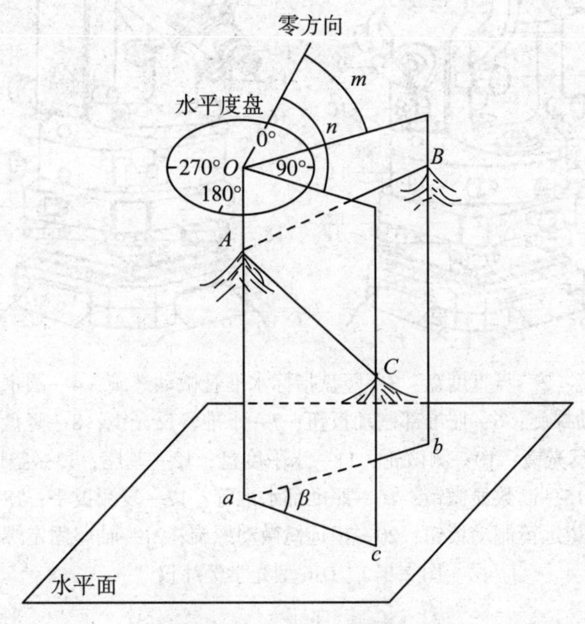

图 2.1-1　水平角测量原理

2.1.2　角度测量的仪器

经纬仪是测量角度的仪器，它虽也兼有其他功能，但主要是用来测角。根据制造原理，经纬仪分为光学经纬仪和电子经纬仪；根据测角精度的不同，经纬仪分为 DJ07、DJ1、DJ2、DJ6、DJ30 等几个精度等级。D 和 J 分别是大地测量和经纬仪两词汉语拼音的首字母，角码注字是它的精度指标。本任务学习 DJ6 型光学经纬仪。

2.1.2.1　DJ6 型光学经纬仪

1. 基本构造

图 2.1-2 所示为 DJ6 型光学经纬仪，它由照准部、水平度盘和基座 3 个主要部分组成。各部件名称见图中所注。

1) 照准部

照准部是指水平度盘以上能绕竖轴旋转的部分，包括望远镜、竖直度盘、光学对中器、水准管、光路系统、读数显微镜等，都安装在底部带竖轴(内轴)的 U 形支架上。其中望远镜、竖盘和水平轴(横轴)固连一体，组装于支架上。望远镜绕横轴上下旋转时，竖盘随着转动，并由望远镜制动螺旋和微动螺旋控制。竖盘是一个圆周上刻有度数分划线的光学玻璃圆盘，用来量度竖直角。紧挨竖盘有一个指标水准管和指标水准管微动螺旋，

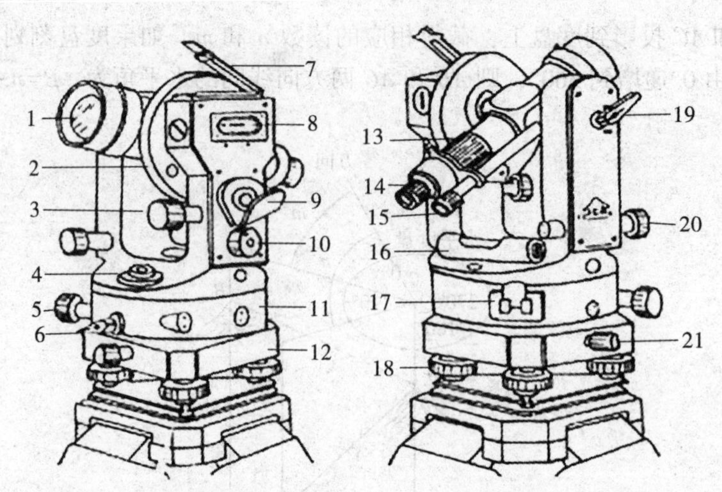

1—物镜；2—竖直度盘；3—竖盘指标水准管微动螺旋；4—圆水准器；
5—照准部微动螺旋；6—照准部制动扳钮；7—水准管反光镜；8—竖盘指标水准管；
9—度盘照明反光镜；10—测微轮；11—水平度盘；12—基座；13—望远镜调焦筒；
14—目镜；15—读数显微镜；16—照准部水准管；17—复测扳手；18—脚螺旋；
19—望远镜制动扳钮；20—望远镜微动螺旋；21—轴座固定螺旋。

图 2.1-2　DJ6 型光学经纬仪

在观测竖直角时用来保证读数指标的正确位置。望远镜旁有一个读数显微镜，用来读取竖盘和水平度盘读数。望远镜绕竖轴左右转动时，由水平制动螺旋和水平微动螺旋控制。照准部的光学对中器和水准管用来安置仪器，以使水平度盘中心位于测站铅垂线上并使度盘平面处于水平位置。

2)水平度盘

水平度盘用于测量水平角，它是由光学玻璃制成的刻有度数分划线的圆盘，按顺时针方向由0°注记至360°，相邻两分划线之间的格值为1°或30′。水平度盘通过外轴装在基座中心的轴套内，并用中心锁紧螺旋使之固紧。当照准部转动时，水平度盘并不随之转动。若需改变水平度盘的位置，可通过照准部上的水平度盘变换手轮或复测扳手，将度盘变换到所需的位置。

3)基座

基座用于支撑整个仪器，并通过中心螺旋将经纬仪固定在三脚架上。

基座上有三个脚螺旋，用于整平仪器。

基座上有轴套，仪器竖轴插入基座轴套后，拧紧轴座固定螺旋，可使仪器固定在基座上，使用仪器时，务必将基座上的固定螺旋拧紧，不得随意松动。

2. 测微装置与读数方法

DJ6 型经纬仪水平度盘的直径一般只有 93.4mm，周长 293.4mm；竖盘更小。度盘分划值(即相邻两分划线间所对应的圆心角)一般只刻至 1°或 30′，但测角精度要求达到 6″，于是必须借助光学测微装置。DJ6 型光学经纬仪目前最常用的装置是分微尺。下面介绍分微尺的读数方法。

如图 2.1-3 所示，在读数显微镜中可以看到两个读数窗口：注有“水平”（或“H”或“–”）的是水平度盘读数窗口；注有“竖直”（或“V”或“⊥”）的是竖直度盘读数窗口。每个读数窗口上刻有分成 60 小格的分微尺，分微尺长度等于度盘间隔 1°的两分划线之间的影像宽度，因此分微尺上 1 小格的分划值为 1′，可估读到 0.1′（6″）。

读数时，先调节读数显微镜目镜，使能清晰地看到读数窗内度盘的影像。然后读出位于分微尺内的度盘分划线的注记度数，再以度盘分划线为指标，在分微尺上读取不足 1°的分数，并估读秒数（秒数只能是 6 的倍数）。如图 2.1-3 所示，水平度盘读数为 180°06.2′=180°06′12″；竖直度盘读数为 75°57.1′=75°57′06″。

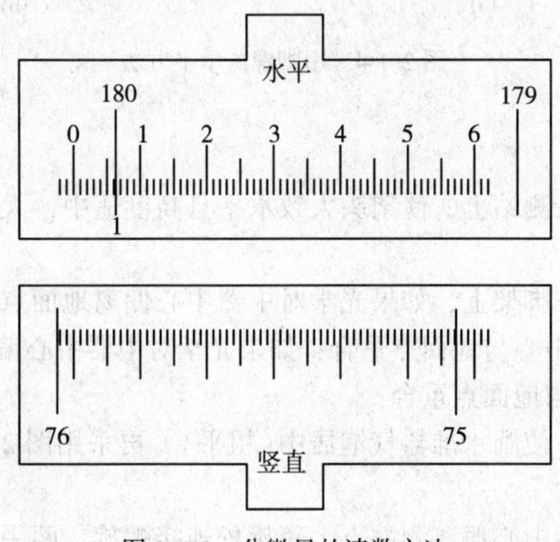

图 2.1-3　分微尺的读数方法

3. 经纬仪的使用

使用经纬仪进行角度测量，首先在测站点上安置经纬仪，使仪器中心与测站点标志中心位于同一铅垂线上，称为对中；使水平度盘处于水平位置，称为整平。对中通过垂球或者光学对中器完成；整平包括使圆水准器气泡居中的粗平工作和使水准管气泡居中的精平工作。对中和整平工作可以同步进行。

1）垂球对中

首先将三脚架安置在测站上，使架头大致水平且高度适中，然后将仪器从仪器箱中取出，用连接螺旋将仪器装在三脚架上，再挂上垂球初步对中。如垂球尖偏离测站点较多，可平移三脚架，使垂球尖对准测站点标志；如垂球尖偏离测站点较少，可稍旋松连接螺旋，两手扶住仪器基座，在架头上平移仪器，使垂球尖精确对准标志中心，最后旋紧连接螺旋。对中误差一般不应大于 3mm。

2）整平

如图 2.1-4（a）所示，整平时，先转动仪器的照准部，使照准部水准管平行于任意一对脚螺旋的连线，然后用两手同时向里或向外转动该两脚螺旋，使水准管气泡居中，注意气泡移动方向与左手大拇指移动方向一致；再将照准部转动 90°，如图 2.1-4（b）所示，使水准管垂直于原两脚螺旋的连线，转动另一脚螺旋，使水准管气泡居中。如此重复进行，直到照准部旋转到任何位置水准管气泡都居中为止。居中误差一般不得大于一格。

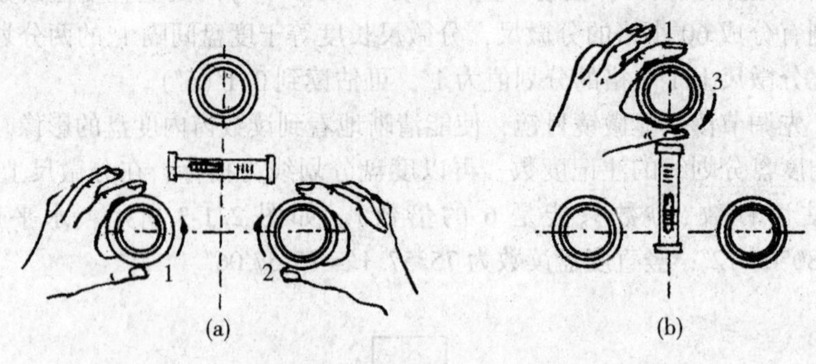

图 2.1-4　用脚螺旋整平方法

3) 光学对中器对中

(1) 将三脚架安置在测站上，使架头大致水平且高度适中，大致使架头中心与地面点处于同一条铅垂线上；

(2) 将仪器连接到三脚架上，如果光学对中器中心偏离地面点较远，两手端着两个架腿移动，使光学对中器中心与地面点重合；如果光学对中器中心偏离地面点较少，旋转脚螺旋使光学对中器中心与地面点重合；

(3) 伸缩三脚架腿，使圆水准器气泡居中(粗平)，再采用图 2.1-4 所示的方法使水准管气泡居中(精平)；

(4) 如果光学对中器中心偏离测站点，稍旋松连接螺旋，两手扶住仪器基座，在架头上平移仪器，使光学对中器中心与地面点重合；

(5) 重新精平仪器，如果对中变化，再重新精确对中，反复进行，直至仪器精平后，光学对中器中心刚好与地面点重合为止。

4) 调焦和照准

照准就是使望远镜十字丝交点精确照准目标。照准前先松开望远镜制动螺旋与照准部制动螺旋，将望远镜朝向天空或明亮背景，进行目镜对光，使十字丝清晰；然后利用望远镜上的照门和准星粗略照准目标，使在望远镜内能够看到物像，再拧紧照准部及望远镜制动螺旋；转动物镜对光螺旋，使目标清晰，并消除视差；转动照准部和望远镜微动螺旋，精确照准目标：测水平角时，应使十字丝竖丝精确地照准目标，并尽量照准目标的底部，如图 2.1-5 所示；测竖直角时，应使十字丝的横丝(中丝)精确照准目标，如图 2.1-6 所示(倒像仪器)。

5) 读数

调节反光镜及读数显微镜目镜，使度盘与测微尺影像清晰，亮度适中，然后按前述的读数方法读数。如果进行竖盘读数，按照仪器不同，在读数前应打开竖盘补偿开关或者调节竖盘水准管微动螺旋，使竖盘水准管气泡居中。

6) 置数(配盘)

置数(配盘)是指按照事先给定的水平度盘读数去照准目标，使照准之后的水平度盘读数等于所需要的读数。在水平角观测时，常使起始方向的水平度盘读数为某一个指定读数；在放样工作中，常使起始方向的水平度盘读数为零。使水平度盘读数为零称为置零。

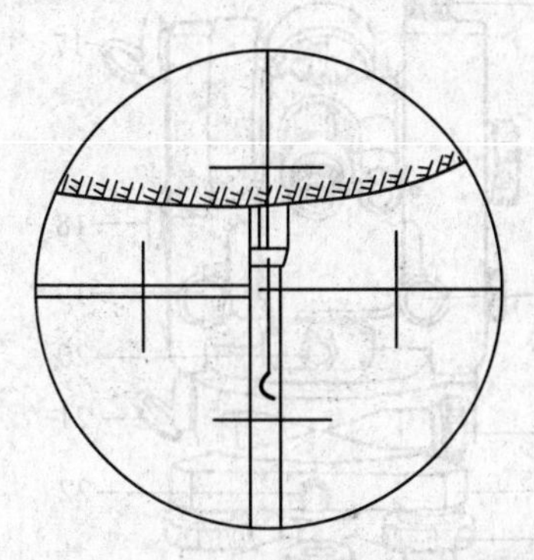

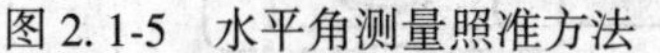

图 2.1-5　水平角测量照准方法

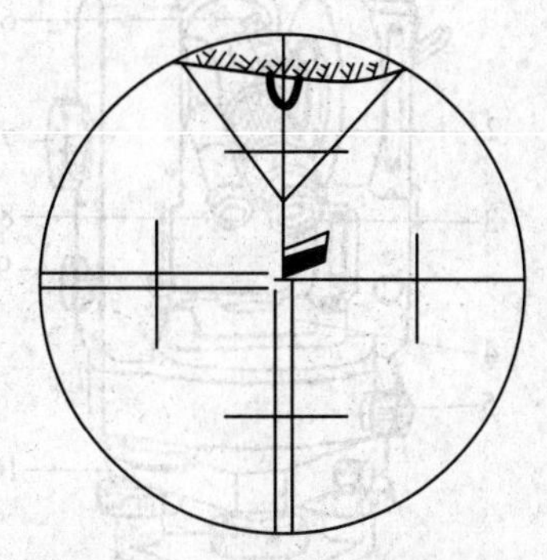

图 2.1-6　天顶距测量照准方法

例如，要使经纬仪瞄准某个目标时，水平度盘读数为 0°02′00″，不同型号的仪器采用不同的装置进行置数：

(1)度盘变换手轮(北光 DJ6 光学经纬仪)

先转动照准部瞄准目标，再按下度盘变换手轮下的杠杆，将手轮推压，松开杠杆；转动手轮，将水平度盘转到 0°02′00″读数位置上，按下杠杆，手轮弹出，此时读数即为设置的读数。

(2)复测扳手(华光 DJ6 光学经纬仪)

先将复测扳手扳上，转动照准部，使水平度盘读数为 0°02′00″，然后，把复测扳手扳下(此时，水平度盘与照准部结合在一起，两者一起转动，转动照准部，水平度盘读数不变)，再转动照准部，瞄准目标。

2.1.2.2　DJ2 型光学经纬仪

DJ2 型光学经纬仪是一种精度较高的经纬仪，常用于精密工程测量和控制测量中。图 2.1-7 为苏州光学仪器厂生产的 DJ2 型光学经纬仪，其外貌和基本结构与 DJ6 型光学经纬仪基本相同，区别主要表现在读数装置和读数方法上。DJ2 型光学经纬仪是利用度盘 180°对径分划线影像的重合法(相对于 180°对径方向，两个指标读数取平均值)，来确定一个方向的正确读数。它可以消除度盘偏心差的影响。该类型仪器采用移动光楔作为测微装置。移动光楔测微器的原理是光线通过光楔时，光线会产生偏转，而在光楔移动后，由于光线的偏转点改变了而偏转角不变，因此，通过光楔的光线就产生了平行位移，以实现其测微的目的。

DJ2 型光学经纬仪是在光路上设置了两个光楔组(每组包括一个固定光楔和一个活动光楔)，入射光线通过一系列的光学零件，将度盘 180°对径两端的度盘分划影像通过各自的光楔组同时反映在读数显微镜中，形成被一横线隔开的正字像(简称正像)和倒字像(简称倒像)，如图 2.1-8 所示。图中，大窗为度盘的影像，每隔 1°注一数字，度盘分划值为 20′。小窗为测微尺的影像，左边注记数字从 0 到 10 以分为单位，右边注记数字以 10″为单位，最小分划值为 1″，估读到 0.1″。当转动测微轮使测微尺由 0′移动到 10′时，度盘正倒像的分划线向相反方向各移动半格(相当于 10′)。

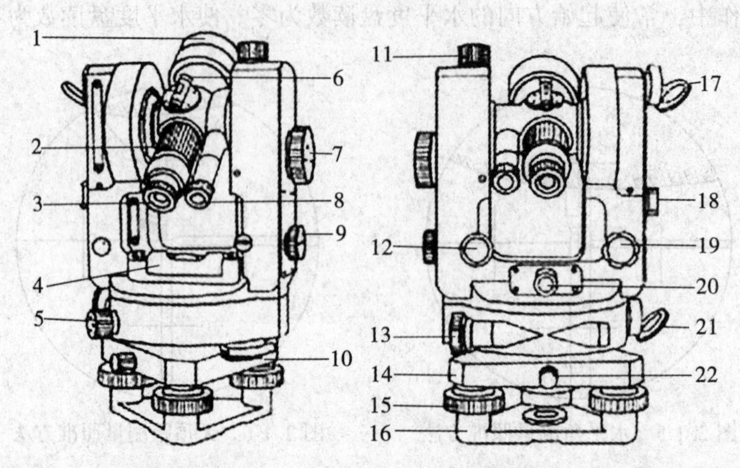

1—物镜；2—望远镜调焦筒；3—目镜；4—照准部水准管；5—照准部制动螺旋；
6—粗瞄准器；7—测微轮；8—读数显微镜；9—度盘换像旋钮；10—水平度盘变换手轮；
11—望远镜制动螺旋；12—望远镜微动螺旋；13—照准部微动螺旋；14—基座；
15—脚螺旋；16—基座底板；17—竖盘照明反光镜；18—竖盘指标水准器观察镜；
19—竖盘指标水准器微动螺旋；20—光学对中器；21—水平度盘照明反光镜；
22—轴座固定螺旋。

图 2. 1-7　DJ2 型光学经纬仪

读数时，先转动测微轮，使正、倒像的度盘分划线精确重合，然后找出邻近的正、倒像相差 180°的两条整度分划线，并注意正像应在左侧，倒像应在右侧，正像整度数分划线的数字就是度盘的度数；再数出整度正像分划线与对径的整度倒像分划线间的格数，乘以度盘分划值的一半(因正、倒像相对移动)，即得度盘上应读取的 10′数；不足 10′的分数和秒数应从左边小窗中的测微尺上读取。三个读数相加，即为度盘上的完整读数。例如，图 2. 1-8(a)所示度盘读数为 174°02′00″，图 2. 1-8(b)所示度盘读数为 91°17′16″。

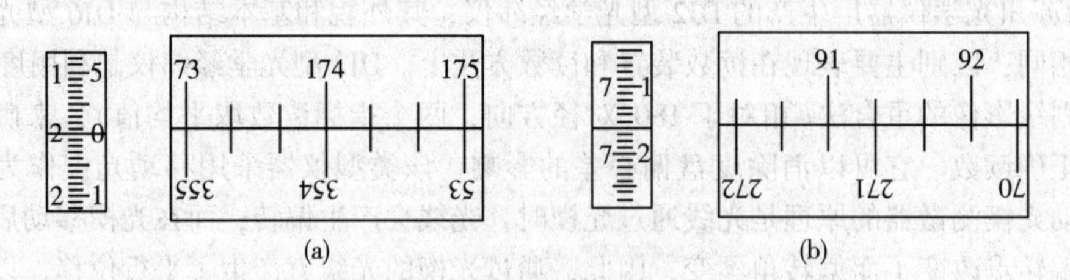

(a)　　(b)

图 2. 1-8　DJ2 型经纬仪读数视窗

J2 级光学经纬仪在读数显微镜中，只能看到水平度盘或竖直度盘中的一种影像。如果要读另一种，就要转动换像手轮(图 2. 1-7 中的 9)，同时打开相应的反光镜(图 2. 1-7 中的 21)，使读数显微镜中出现需要的度盘影像。

新型的苏州光学仪器厂生产的 DJ2 型光学经纬仪，读数原理与上述相同，所不同的是采用了数字化读数形式。如图 2. 1-9 所示，右下侧的小窗为度盘对径分划线重合后的影像，没有注记，上面小窗为度盘读数和整 10′的注记(图中所示为 74°40′)，左下侧的小窗为分和秒数(图中为 7′16″)，则度盘的整个读数为 74°47′16″。

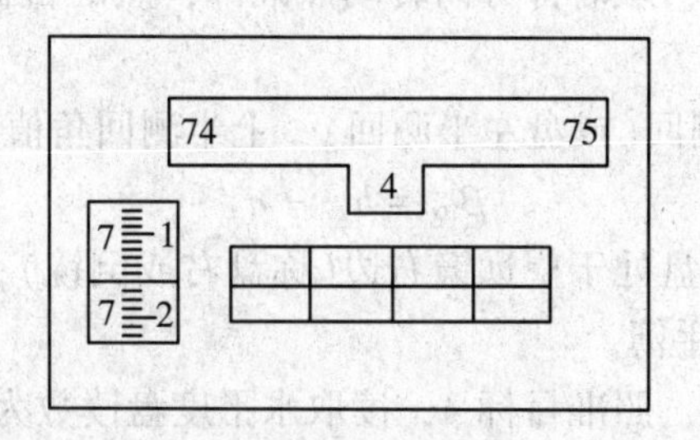

图 2.1-9 新型 DJ2 读数视窗

2.1.3 水平角测量方法

水平角测量方法常用的有测回法和方向观测法。测回法适用于只有两个照准方向的情况，方向观测法适用于三个及以上照准方向的情况。当照准方向为四个及四个以上时，由于观测时照准部要旋转 360°，故又将方向观测法称为全圆方向法。

无论采用哪种方法进行水平角观测，通常都要用盘左和盘右各观测一次。所谓盘左，就是竖盘位于望远镜的左边，又称为正镜；盘右就是竖盘位于望远镜的右边，又称为倒镜。将正、倒镜的观测结果取平均值，可以抵消部分仪器误差的影响，提高成果质量。如果只用盘左(正镜)或者盘右(倒镜)观测一次，称为半个测回或半测回；如果用盘左、盘右(正、倒镜)各观测一次，称为一个测回或一测回。

2.1.3.1 测回法

1. 观测程序

如图 2.1-10 所示，欲测 *OA*、*OB* 两方向之间所夹的水平角，首先将经纬仪安置在测站点 *O* 上，并在 *A*、*B* 两点上分别设置照准标志(竖立花杆或测钎)，其观测方法和步骤如下：

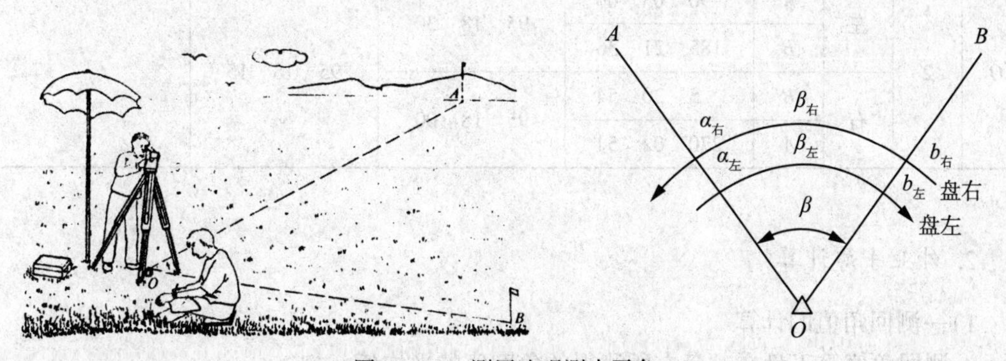

图 2.1-10 测回法观测水平角

(1)使仪器竖盘处于望远镜左边(称盘左或正镜)，照准目标 *A*，配盘，使水平度盘读数略大于 0°(一般为 0°05′左右)，将读数 $\alpha_{左}$ 记入观测手簿。

(2)松开水平制动螺旋，顺时针方向转动照准部，照准目标 B，读取水平度盘读数为 $b_{左}$，将读数记入观测手簿。

以上两步骤称为上半测回(或盘左半测回)，上半测回角值为：

$$\beta_{左} = b_{左} - a_{左} \tag{2.1-1}$$

(3)纵转望远镜，使竖盘处于望远镜右边(称盘右或倒镜)，照准目标 B，读取水平度盘读数为 $b_{右}$，将读数记入手簿。

(4)逆时针转动照准部，照准目标 A，读取水平度盘读数为 $\alpha_{右}$，将读数记入手簿。

以上(3)、(4)两步骤称为下半测回(或盘右半测回)，下半测回角值为：

$$\beta_{右} = b_{右} - a_{右} \tag{2.1-2}$$

上、下半侧回角值之差符合要求，取其平均值，称为一测回角，一测回角值为：

$$\beta = (\beta_{左} + \beta_{右})/2 \tag{2.1-3}$$

上、下两个半测回合称为一测回，一测回的观测程序概括为：上—左—顺，下—右—逆。

为了提高观测精度，常观测多个测回；为了减弱度盘分划误差的影响，各测回应均匀分配在度盘不同位置进行观测。若要观测 n 个测回，则每测回起始方向读数应递增 180°/n。例如，当观测 2 个测回时，每测回应递增 180°/2=90°，即每测回起始方向读数应依次配置在 0°00′、90°00′稍大的读数处。测回法观测手簿如表 2.1-1 所示。

表 2.1-1　**测回法观测手簿**　测站：O

测站	测回	度盘位置	目标	水平度盘读数 (° ′ ″)	半测回角值 (° ′ ″)	一测回角值 (° ′ ″)	各测回平均值 (° ′ ″)
O	1	左	A	0 02 30	95 18 18	95 18 24	95 18 20
			B	95 20 48			
		右	B	275 21 12	95 18 30		
			A	180 02 42			
O	2	左	A	90 03 06	95 18 30	95 18 15	
			B	185 21 36			
		右	B	5 20 54	95 18 00		
			A	270 02 54			

2. 外业手簿计算

1)一测回角值的计算

一测回角值等于盘左、盘右所测得的角度值的平均值，如：

$$\beta_1 = (\beta_{左} + \beta_{右})/2 = (95°18'18'' + 95°18'30'')/2 = 95°18'24''$$

$$\beta_2 = (\beta_{左} + \beta_{右})/2 = (95°18'30'' + 95°18'00'')/2 = 95°18'15''$$

2)各测回平均角值的计算

各测回平均角值等于各个测回所测得的角度值的平均值，如：

$$\beta=(\beta_1+\beta_2)/2=(95°18'24''+95°18'15'')/2=95°18'20''$$

3. 限差要求

(1)两个半测回角值之差称为半测回差，半测回差≤36″；

(2)各测回角值之差称为测回差，测回差≤24″。

2.1.3.2 全圆方向法

当照准方向为四个及四个以上时，由于观测时照准部要旋转 360°，故又将方向观测法称为全圆方向法。

1. 观测程序

(1)在测站点 O 安置经纬仪，选一距离适中、背景明亮、成像清晰的目标(如图 2.1-11 中 A 目标)作为起始方向，盘左照准 A 目标，配盘，使水平度盘读数略大于 0°(一般为 0°05′左右)，将读数记入观测手簿。

(2)顺时针转动照准部，依次照准 B、C、D 和 A 目标，读取水平度盘读数并将读数记入观测手簿。以上为上半测回。

(3)纵转望远镜，盘右逆时针方向依次照准 A、D、C、B 和 A，读取水平度盘读数并记入观测手簿，称为下半测回。

以上操作过程称为一测回，为了提高观测精度，常观测多个测回；各测回配盘方法与测回法相同。

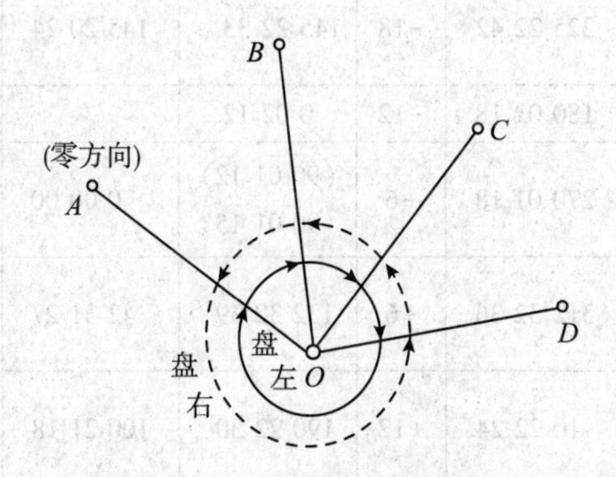

图 2.1-11 全圆方向法观测水平角

2. 外业手簿计算

1)半测回归零差的计算

每半测回零方向有两个读数，它们的差值称归零差。如表 2.1-2 中第一测回上下半测回归零差分别为 $\Delta_{左}=06''-00''=+06''$；$\Delta_{右}=18''-12''=+06''$。

2)平均读数的计算

平均读数为盘左读数与盘右读数±180°之和的平均值。表2.1-2第6栏中零方向有两个平均值，取这两个平均值的中数记在第6栏上方，并加括号。如第一测回括号内值为：

$$(0°02'06''+0°02'12'')/2=0°02'09''$$

3)归零方向值的计算

表2.1-2第7栏中各值的计算，是用第6栏中各方向值减去零方向括号内之值。例如：第一测回方向 B 的归零方向值为 $42°33'39''-0°02'09''=42°31'30''$。一测站按规定测回数测完后，应比较同一方向各测回归零后方向值，检查其较差是否超限，如表2.1-2中 D 方向两个测回较差为18″。如不超限，则取各个测回同一方向值的中数记入表2.1-2中第8栏。第8栏中相邻两方向值之差即为相邻两方向线之间的水平角，记入表2.1-2中第9栏。

表2.1-2 **方向观测法观测手簿**

测站	测回	目标	水平度盘读数		$2C$	平均读数	一测回归零方向值	各测回平均归零方向值	水平角
			盘左 (° ′ ″)	盘右 (° ′ ″)	(″)	(° ′ ″)	(° ′ ″)	(° ′ ″)	(° ′ ″)
O	1	A	0 02 00	180 02 12	−12	(0 02 09) 0 02 06	0 00 00	0 00 00	42 31 28
		B	42 33 36	222 33 42	−6	42 33 39	42 31 30	42 31 28	57 49 48
		C	100 23 18	280 23 30	−12	100 23 24	100 21 15	100 21 16	44 58 59
		D	145 22 24	325 22 42	−18	145 22 33	145 20 24	145 20 15	
		A	0 02 06	180 02 18	−12	0 02 12			
O	2	A	90 01 12	270 01 18	−6	(90 01 12) 90 01 15	0 00 00		
		B	132 32 42	312 32 36	+6	132 32 39	42 31 27		
		C	190 22 36	10 22 24	+12	190 22 30	100 21 18		
		D	235 21 24	55 21 12	+12	235 21 18	145 20 06		
		A	90 01 06	270 01 12	−6	90 01 09			

3. 限差要求

一测回观测完成后，应及时进行计算，并对照检查各项限差，如有超限，应进行重测。一测回限差符合要求，再进行下一测回观测。全圆方向法各项限差要求如表 2.1-3 所示。

表 2.1-3　　**全圆方向法限差要求**

项　目	DJ2 型	DJ6 型
半测回归零差	12″	24″
同一测回 2C 变动范围	18″	
各测回同一归零方向值较差	12″	24″

任务 2.2　天顶距测量

2.2.1　天顶距测量原理

在竖直面内，视线与水平线的夹角，称为竖直角，以 α 表示。视线与铅垂线天顶方向之间的夹角，称为天顶距，以 Z 表示，如图 2.2-1 所示。当视线仰倾时，α 取正值，$Z<90°$；当视线俯倾时，α 取负值，$Z>90°$；当视线水平时，$\alpha=0°$，$Z=90°$。因此，竖直角与天顶距之间的关系为：

$$\alpha+Z=90° \qquad (2.2\text{-}1)$$

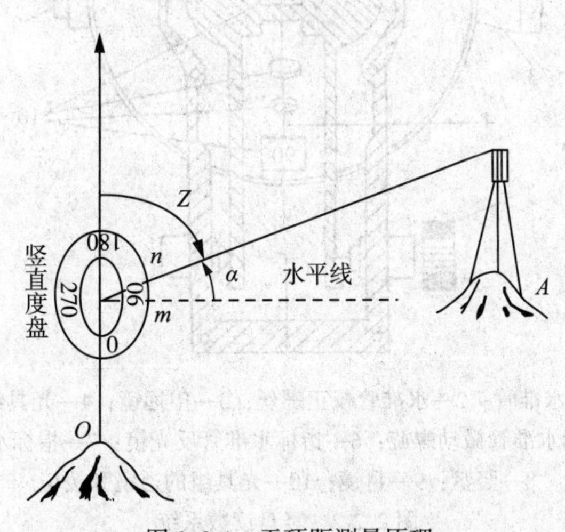

图 2.2-1　天顶距测量原理

在测量工作中，竖直角和天顶距只需测得其中一个即可。如果在测站点 O 上安置一个带有竖直刻度盘的测角仪器，其竖盘中心通过水平视线，设照准目标点 A 时视线的读数为 n，视线水平时的读数为 m（此读数为一固定值，读数为 90°或 90°的整倍数），则竖直角为：$\alpha=n-m$，天顶距为：$Z=90°-\alpha$。

由于现代光学经纬仪竖盘注记多数为天顶距式注记，而且在采用计算器按天顶距计算高差时无须考虑正负号的问题，所以，测量工作中宜观测天顶距。以下介绍天顶距观测及其有关问题。

2.2.2 竖盘的读数系统

光学经纬仪的竖盘读数系统如图 2.2-2 所示，竖盘的特点是：

(1)竖盘固定在望远镜横轴的一端，垂直于横轴，竖盘随望远镜的上下转动而转动。

(2)竖盘注数按顺时针方向增加，并使0°和180°的对径分划线与望远镜视准轴在竖盘上的正射投影重合。

(3)读数指标线不随望远镜的转动而转动。为使读数指标线位于正确的位置，竖盘读数指标线与竖盘水准管固定在一起，由指标水准管微动螺旋控制。转动指标水准管微动螺旋可使竖盘水准管气泡居中，达到指标线处于正确位置的目的。

(4)通常情况下，视线水平时(竖盘指标线位于正确位置)，竖盘读数为一个已知的固定值(0°、90°、180°、270°四个值中的一个)。

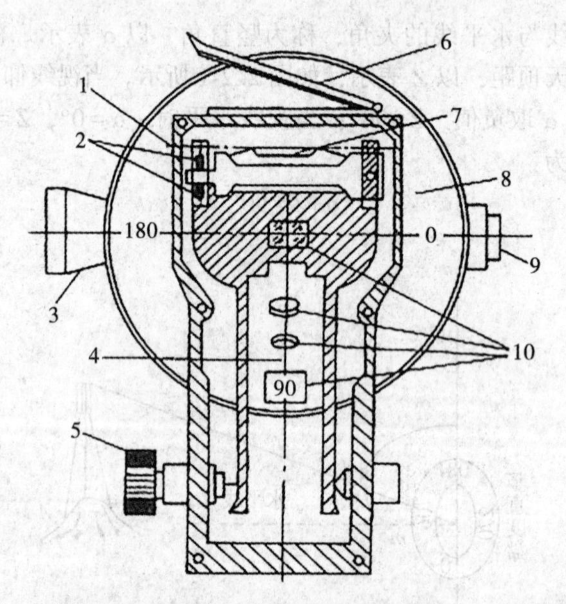

1—指标水准管；2—水准管校正螺丝；3—望远镜；4—光具组光轴；
5—指标水准管微动螺旋；6—指标水准管反光镜；7—指标水准管；
8—竖盘；9—目镜；10—光具组的透镜和棱镜

图 2.2-2 竖盘读数系统

竖盘分划线通过一系列棱镜和透镜组成的光具组 10，与分微尺一起成像于读数显微镜的读数窗内。光具组和竖盘指标水准管 7 固定在一个支架上，并使其指标水准管轴 1 垂直于光具组的光轴 4。光轴相当于竖盘的读数指标，观测时就是根据光轴照准的位置进行读数。当调节指标水准管的微动螺旋 5 使其气泡居中时，光具组的光轴处于竖盘位置，盘

左照准的竖盘读数 L 所对应的角度与天顶距为对顶角，两者相等，如图 2.2-3 所示，即

$$Z = L \tag{2.2-2}$$

盘右照准目标的竖盘读数 R 所对应的角度，与天顶距的对顶角之和为 360°，如图 2.2-3 所示，即

$$Z = 360° - R \tag{2.2-3}$$

所以，同一目标的盘左盘右之和为 360°。

保证光具组的光轴处于正确位置，除了利用水准管装置以外，不同型号仪器还采用吊丝或弹性摆将光具组悬挂起来，利用重力作用使其自然垂直，这种装置称为自动补偿装置，这种装置没有竖盘水准管，而是设置了一个自动补偿开关，读数前，需要将自动补偿开关打开。

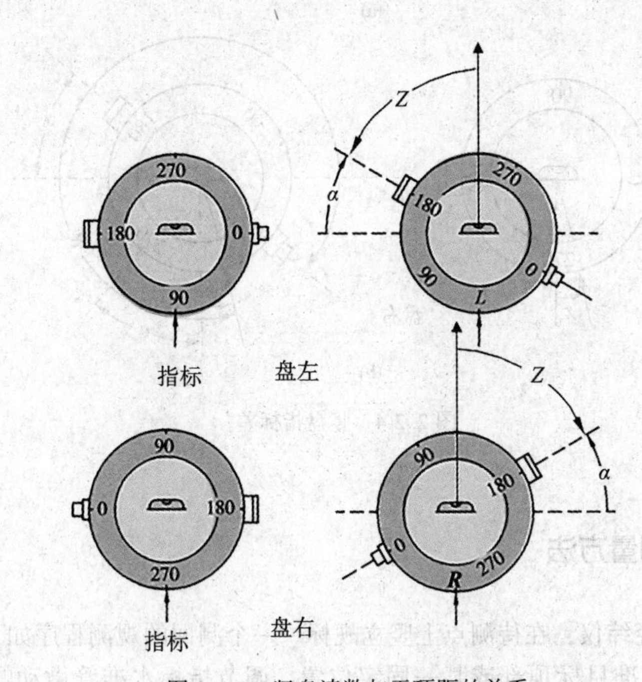

图 2.2-3　竖盘读数与天顶距的关系

2.2.3　竖盘指标差

如图 2.2-4 所示，如果竖盘水准管轴与光具组轴互不垂直，当水准管气泡居中时，竖盘读数指标就不在竖直位置，其所偏角度 x 称为竖盘指标差，简称指标差。

图 2.2-4(a)为盘左位置，由于存在指标差，当望远镜照准目标时，读数大了一个 x 值，正确的天顶距为：

$$Z = L - x \tag{2.2-4}$$

同样，在盘右位置照准同一目标，读数仍然大了一个 x 值，则正确的天顶距为：

$$Z = 360° - R + x \tag{2.2-5}$$

式(2.2-4)和式(2.2-5)计算的天顶距相等，所以

$$x = \frac{1}{2}(L + R - 360°) \tag{2.2-6}$$

用盘左、盘右观测天顶距，可以消除竖盘指标差的影响。

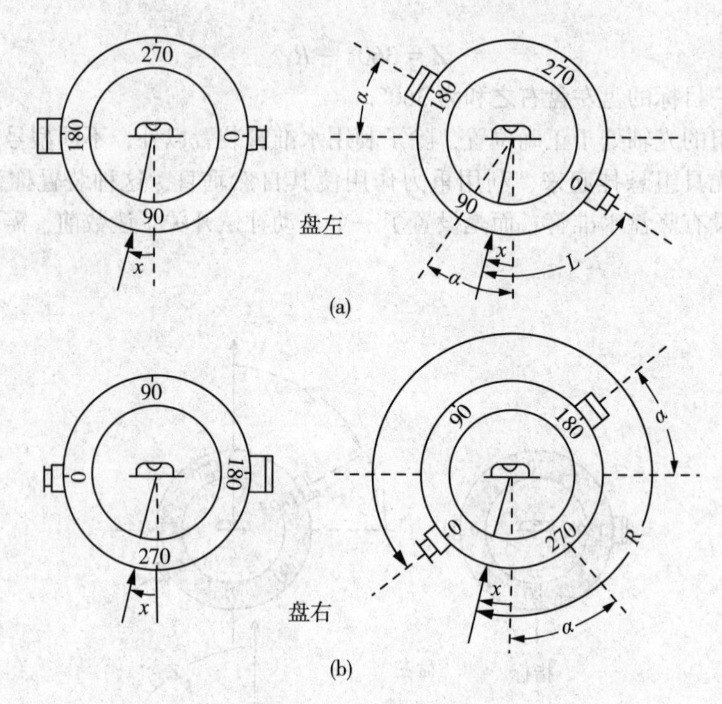

图 2.2-4 竖盘指标差

2.2.4 天顶距测量方法

在测站上安置经纬仪，在待测点上竖立觇标。一个测回的观测程序如下：

(1)盘左中丝照准目标顶部或某一固定位置，调节指标水准管微动螺旋使气泡居中(或打开自动补偿开关)，读数、记录，即为上半测回。如果照准目标有多个，则在盘左位置依次照准各目标，分别读数、记录。

(2)盘右中丝照准目标，调节指标水准管微动螺旋使气泡居中(或打开自动补偿器)，读数、记录，即为下半测回。如果照准目标有多个，则在盘右位置依次照准各目标，分别读数、记录。

天顶距观测手簿如表 2.2-1 所示。

为了提高观测结果的精度，天顶距也可以进行多个测回的观测，各测回无差别。

限差要求：

(1)对于 J6 级仪器，一个测回中最大指标差和最小指标差之差称为指标差的变动范围，应不超过 24″。

(2)对于 J6 级仪器，各个测回同一方向的天顶距校差不应超过 24″。

表 2.2-1　　天顶距观测手簿

测站	测回	目标	竖盘读数		指标差	一测回天顶距	各测回平均天顶距
			盘左 (° ′ ″)	盘右 (° ′ ″)	(″)	(° ′ ″)	(° ′ ″)
O	1	A	94 33 24	265 26 24	−6	94 33 42	94 33 36
		B	92 16 12	267 43 42	−3	92 16 15	92 16 15
		C	84 46 36	275 13 12	−6	84 46 42	84 46 38
		D	86 25 42	273 34 00	−9	86 25 51	86 25 50
	2	A	94 33 30	265 26 30	0	94 33 30	
		B	92 16 18	267 43 48	+3	92 16 15	
		C	84 46 42	275 13 36	+9	84 46 33	
		D	86 25 54	273 34 18	+6	86 25 48	

任务 2.3　经纬仪的检验与校正

2.3.1　经纬仪应满足的主要条件

根据水平角以及垂直角的测角原理可知，要想能够正确地测出水平角和竖直角(天顶距)，经纬仪要能够精确地安置在测站点上；仪器竖轴能精确地位于铅垂位置；视线绕横轴旋转时，能够形成一个铅垂面；当视线水平时，竖盘读数应为90°或270°。

为满足上述要求，仪器的各主要轴线之间应满足如下几何关系：

(1)照准部的水准管轴 LL_1 应垂直于竖轴 VV_1。满足这样的关系，利用水准管整平仪器后，竖轴才能够精确地位于铅垂位置。

(2)十字丝竖丝应垂直于横轴 HH_1。满足这样的关系，当横轴水平时，竖丝才能够位于铅垂位置，既可以判断照准目标是否倾斜，也可以方便地利用竖丝的任一部位照准目标进行观测。

(3)视准轴 CC_1 应垂直于横轴 HH_1。满足这样的关系，则在视线绕横轴旋转时，可形成一个垂直于横轴的铅垂面。

(4)横轴 HH_1 应垂直于竖轴 VV_1。满足这样的关系，当仪器整平后，横轴处于水平位置，视

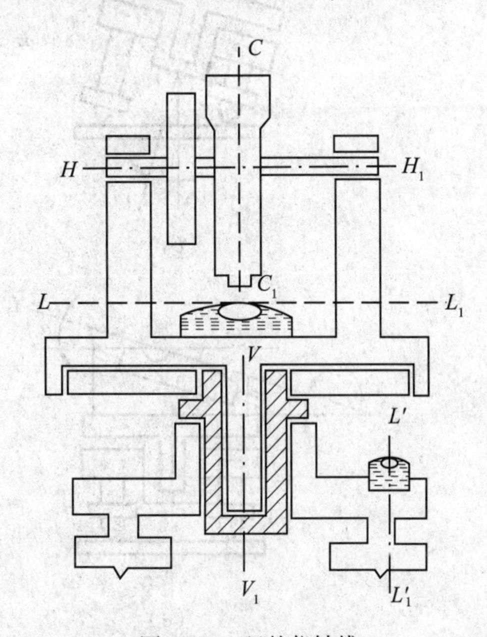

图 2.3-1　经纬仪轴线

线绕横轴旋转时，可形成一个铅垂面。

(5)光学对中器的视线应与竖轴 VV_1 的旋转中心线重合。满足这样的关系，利用光学对中器对中后，竖轴旋转中心才位于过地面点的铅垂线上。

(6)视线水平时竖盘读数应为90°或270°。满足这样的关系，可以避免由于指标差存在给计算带来的不便以及对精度的影响。

2.3.2 DJ6型经纬仪的检验与校正

经纬仪检验的目的，就是检查上述的各种关系是否满足。如果不满足，且偏差超过允许的范围时，就需进行校正。检验和校正应按一定的顺序进行。

1. 照准部水准管轴垂直于竖轴

检验：先将仪器粗略整平，使水准管平行于任意一对脚螺旋，并用这一对脚螺旋使水准管气泡居中，这时水准管轴 LL' 已居于水平位置。如果两者垂直，则竖轴 VV' 处于铅垂位置，照准部旋转180°，水准管气泡依然居中；如果两者不相垂直(图2.3-2(a))，则竖轴 VV' 不在铅垂位置，照准部旋转180°，由于它是绕竖轴旋转的，竖轴位置不动，则水准管轴偏移水平位置，气泡也不再居中，如图2.3-2(b)所示。如果两者不相垂直的偏差为α，则旋转后水准管轴与水平位置的偏移量为2α。

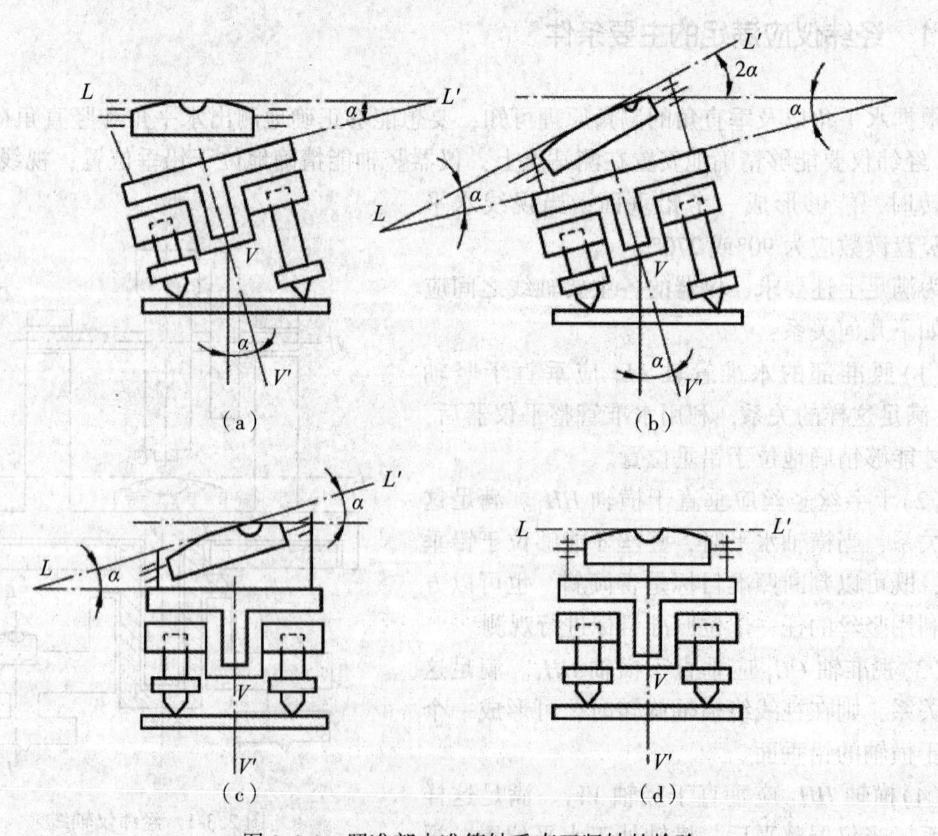

图2.3-2 照准部水准管轴垂直于竖轴的检验

校正：校正时用脚螺旋使气泡退回原偏移量的一半，则竖轴便处于铅垂位置，如图2.3-2(c)所示。再用校正装置升高或降低水准管的一端，使气泡居中，则条件满足，如图2.3-2(d)所示。水准管校正装置的构造如图2.3-3所示。如果要使水准管的右端降低，则先顺时针转动下边的螺旋，再顺时针转动上边的螺旋；反之，则先逆时针转动上边的螺旋，再逆时针转动下边的螺旋。校正好后，应以相反的方向转动上下两个螺旋，将水准管固定紧。

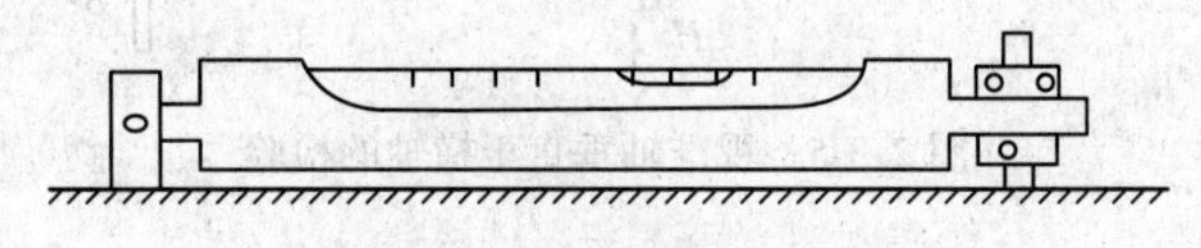

图 2.3-3　水准管校正装置

2. 十字丝竖丝垂直于横轴

检验：以十字丝竖丝的一端照准一个小而清晰的目标点，再用望远镜的微动螺旋使目标点移动到竖丝的另一端，如果目标点移动到另一端时仍位于竖丝上，则关系满足。否则，需要校正。

校正：校正的部位为十字丝分划板，它位于望远镜的目镜端。将护罩打开后，可看到四个固定分划板的螺旋，如图2.3-4所示。稍微拧松这四个螺旋，则可将分划板转动。待转动至满足上述关系后，再旋紧固定螺旋，并将护罩罩好。

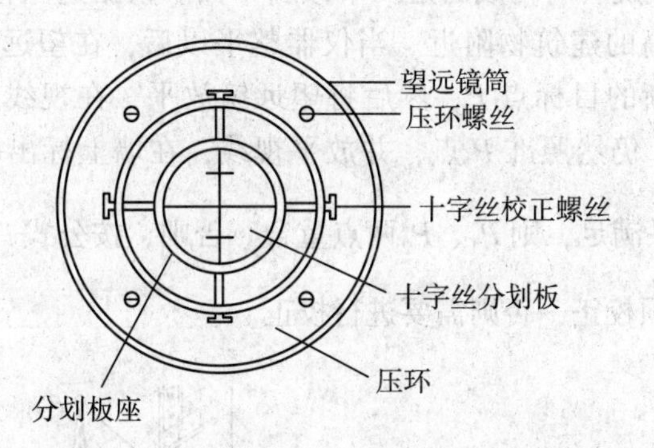

图 2.3-4　十字丝竖丝垂直于横轴的校正

3. 视准轴垂直于横轴

检验：选一长约80m的平坦地面，将仪器架设于中点 O，并将其整平。如图2.3-5所示，先以盘左位置照准位于离仪器约40m的一点 A，再固定照准部，将望远镜倒转180°，变成盘右，并在离仪器约40m垂直横置的小尺上标出一点 B_1。如果上述关系满足，则 A、O、B_1 三点在同一条直线上。当用同样方法以盘右照准 A 点，再倒转望远镜后，视线应落于 B_1 点上；如果视线未落于 B_1 点，而是落于另一点 B_2，按公式 $c''=\dfrac{B_1B_2}{4\cdot OB}\cdot\rho''$ 计算出 c，

如果 $2c \leq 60''$，无须校正，否则需要进行校正。

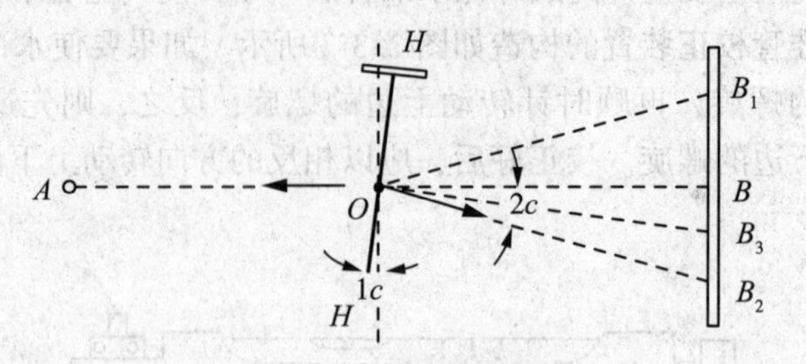

图 2. 3-5 视准轴垂直于横轴的检验

校正：由图 2. 3-5 可以看出，如果视准轴与横轴不相垂直，而有一偏差角 c，则 $\angle B_1OB_2=4c$。将 B_1B_2 距离分为四等份，取靠近 B_2 点的等分点 B_3，则可近似地认为 $\angle B_2OB_3=c$。在照准部不动的条件下，将视准轴从 OB_2 校正到 OB_3，则上述关系得到满足。由于视准轴是由物镜光心和十字丝交点构成的，所以校正的部位仍为十字丝分划板。在图 2. 3-3 中，校正分划板左右两个校正螺旋，则可使视线左右摆动。旋转校正螺旋时，可先松一个，再紧另一个。待校正至正确位置后，应将两个螺旋旋紧，以防松动。

4. 横轴垂直于竖轴

检验：在竖轴位于铅垂状态的条件下，如果横轴不与竖轴垂直，则横轴倾斜。如果视线垂直横轴，则绕横轴旋转时构成的是一个倾斜平面。根据这一特点，在做这项检验时，应将仪器架设在一个高的建筑物附近。当仪器整平以后，在望远镜倾斜约 30°左右的高处，以盘左照准一清晰的目标点 P，然后将望远镜放平，在视线上标出墙上的一点 P_1，再将望远镜改为盘右，仍然照准 P 点，并放平视线，在墙上标出一点 P_2，如图 2. 3-6 所示。如果仪器上述关系满足，则 P_1、P_2 两点重合。否则，按公式 $i''=\dfrac{P_1P_2}{2D\cdot\tan\alpha}\cdot\rho''$ 计算出 i，如果 $i \leq 20''$，则无须校正，否则需要进行校正。

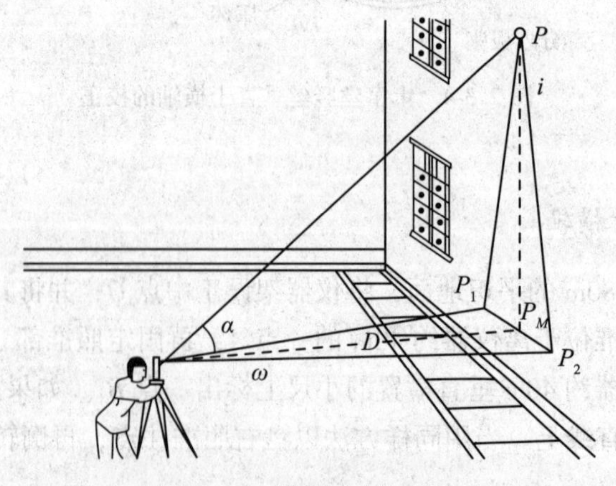

图 2. 3-6 横轴垂直于竖轴

校正：由于盘左盘右倾斜的方向相反而大小相等，所以取 P_1、P_2的中点 P_M，则 P、P_M在同一铅垂面内。然后照准 P_M点，将望远镜抬高，则视线必然偏离 P 点。在保持仪器不动的条件下，校正横轴的一端，使视线落在 P 点上，如图 2.3-6 所示，则完成校正工作。

在校正横轴时，需将支架的护罩打开。其内部的校正装置如图 2.3-7 所示，它是一个偏心轴承，当松开三个轴承固定螺旋后，轴承可作微小转动，以迫使横轴端点上下移动。待校正好后，要将固定螺旋旋紧，并罩好护罩。

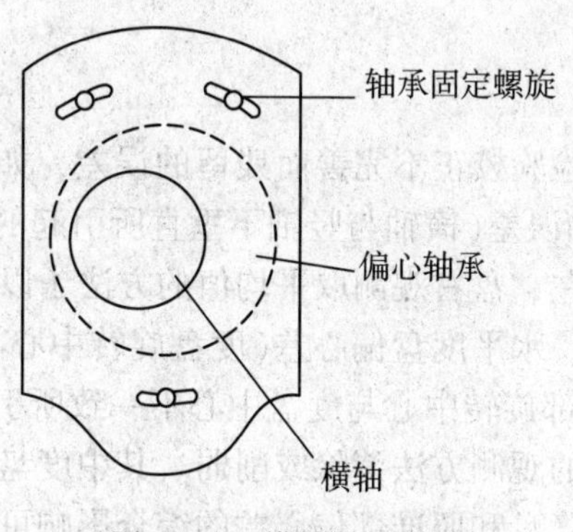

图 2.3-7　横轴校正装置

5. 光学对中器的视线与竖轴旋转中心线重合

检验：在三脚架上装置经纬仪，在地面上铺以白纸，在纸上标出视线的位置，然后将照准部旋转 180°，如果视线仍在原来的位置，则上述关系满足。否则，需要校正。

校正：由于检验时所得前后两点之差是由二倍误差造成的，因而在标出两点的中间位置后，校正有关的螺旋，使视线落在中间点上即可。对中器分划板的校正与望远镜分划板的校正方法相同。直角棱镜的校正装置位于两支架的中间，图 2.3-8 为上三光 DJK-6 校正装置的示意图。调节螺旋 1，则视线前后移动，调节螺旋 2、3，则视线左右移动。

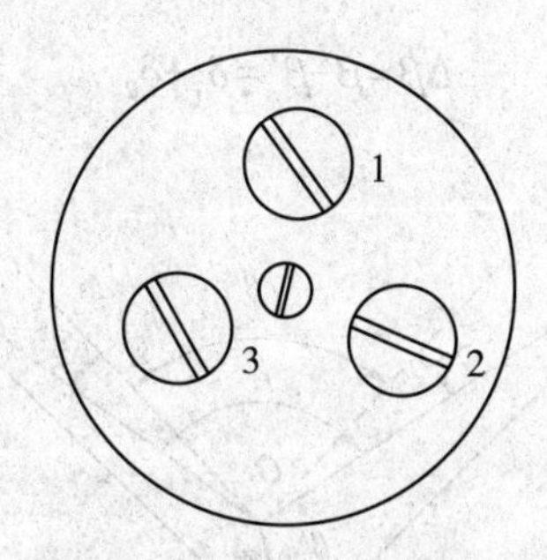

图 2.3-8　光学对中器的校正

6. 竖盘指标差

检验：检验竖盘指标差的方法，是用盘左、盘右照准同一目标，并读得其读数 L 和 R

后，按指标差计算公式计算其指标差值。若指标差大于1′，则需要校正。

校正：保持盘右照准原来的目标不变，这时的正确读数应为$R-x$。用指标水准管微动螺旋将竖盘读数安置在$R-x$的位置上，这时水准管气泡不再居中，调节指标水准管校正螺旋，使气泡居中即可。

上述的每一项校正，一般都需反复进行几次，直至其误差在容许的范围以内。

2.3.3 角度测量的误差

1. 仪器误差

仪器误差有两类：一是检验校正不完善而残留的误差，如视准轴误差(视准轴不垂直于横轴所引起的误差)和横轴误差(横轴与竖轴不垂直所引起的误差)，这类误差被限制在一定的范围内，并可通过盘左、盘右观测取平均值的方法予以消除。二是制造不完善而引起的误差，如度盘刻划误差、水平度盘偏心差(度盘旋转中心与度盘中心不一致所引起的误差)和照准部偏心差(照准部旋转中心与度盘中心不一致所引起的误差)，这类误差一般都很小，并且也可通过适当的观测方法消除或削弱。其中度盘刻划误差可采用每测回变换度盘位置削弱其影响。水平度盘和照准部偏心差的综合影响可以采用盘左盘右观测取平均值予以消除。

2. 观测误差

造成观测误差的原因有二：一是工作时不够细心；二是受人的器官及仪器性能的限制。

观测误差主要有：

1)对中误差

对中误差的大小，取决于仪器对中装置的状况及操作的仔细程度。它对测角精度的影响如图2.3-9所示。设O为地面标志点，O_1为仪器中心，则实际测得的角为β'而非应测的β，两者相差为：

$$\Delta\beta=\beta-\beta'=\delta_1+\delta_2 \tag{2.3-1}$$

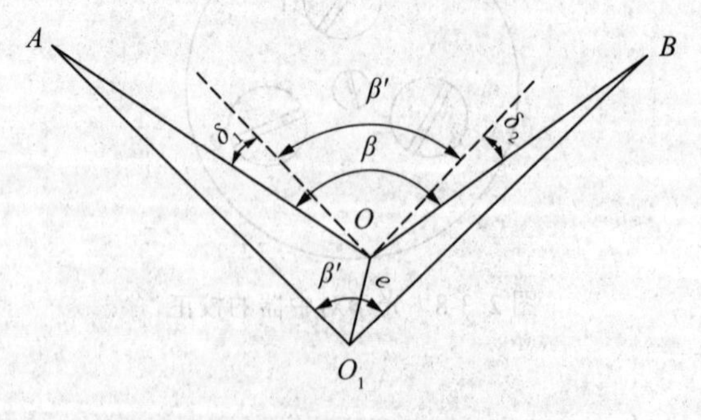

图2.3-9 对中误差对测角精度的影响

从图 2. 3-9 中可以看出，观测方向与偏离方向越接近 90°，边长越短，偏心距 e 越大，则对测角的影响越大。所以在测角精度要求一定时，边越短，则对中精度要求越高。由于光学对中器对中精度高，观测时应尽量采用光学对中器对中，对中误差不超过 1mm。

2) 目标偏心差

在测角时，通常都要在地面点上设置观测标志，如花杆、测钎等。产生目标偏心差的原因可能是标志没有铅垂，而且照准的是标志的上部。所以，在水平角观测中，应尽量使目标竖直，并且尽量照准目标的下部(底部)，以减少目标偏心差。

3) 照准误差

照准误差的大小，决定于人眼的分辨能力、望远镜的放大率、目标的形状及大小和操作的仔细程度。

人眼的分辨能力一般为 60″；设望远镜的放大率为 v，则照准时的分辨能力为 $60''/v$。我国统一设计的 DJ6 型光学经纬仪放大率为 28 倍，所以照准时的分辨能力为 2. 14″。照准时应仔细操作，对于粗的目标宜用双丝照准，细的目标则用单丝照准。

4) 读数误差

对于分微尺读数，主要是估读最小分划的误差，对于对径符合读法，主要是对径符合的误差所带来的影响，所以在读数时宜特别注意。DJ6 型仪器的读数误差最大为±12″，DJ2 型仪器为±2″~±3″。

3. 外界条件的影响

影响水平角测量精度的外界因素很多，如气温变化引起仪器主要轴线间关系的变动、地面不坚实或刮风会使仪器不稳定、大气能见度的好坏和光线的强弱影响照准和读数等。因此，在测量精度要求较高时，应选择适当的观测时间和天气条件，以减弱外界条件的影响。

项 目 小 结

本项目主要介绍了用 DJ6 型光学经纬仪观测水平角以及天顶距的方法。对于水平角观测介绍了只有两个照准方向的测回法和有四个照准方向的全圆方向法，测回法需重点掌握。对于竖直角或天顶距，从实际应用的角度出发，本项目选取天顶距观测进行了阐述。不论是水平角还是天顶距观测，每种观测方法皆有相关的规程和技术要求，为了帮助理解，本项目还阐述了角度测量误差来源以及消减的方法。总之，通过本项目的学习，需掌握以下内容：

(1) 水平角、竖直角的概念以及测角原理；

(2) 熟悉经纬仪的操作与使用方法；

(3) 水平角的观测、记录与外业计算方法；

(4) 天顶距的观测、记录与外业计算方法；

(5) DJ6 型光学经纬仪的检验与校正；

(6) 角度测量误差及其消减方法。

知识检验

1. 什么叫水平角？简述水平角测量原理。
2. 什么叫竖直角？什么叫天顶距？简述天顶距测量原理。
3. 如何用光学对中器对中？
4. 观测水平角常用哪两种方法？简述测回法观测水平角测站上的观测顺序。
5. 简述天顶距测量方法。
6. 使用经纬仪应满足哪些主要条件？
7. 进行水平角观测时盘左盘右能消除哪些误差？

项目3 距离测量

项目描述

距离是确定地面点位置的基本要素之一。测量上要求的距离是指两点间的水平距离(简称平距)，如图3.0-1所示，$A'B'$的长度代表了地面点A、B之间的水平距离。若测得的是倾斜距离(简称斜距)，还须将其改算为平距。

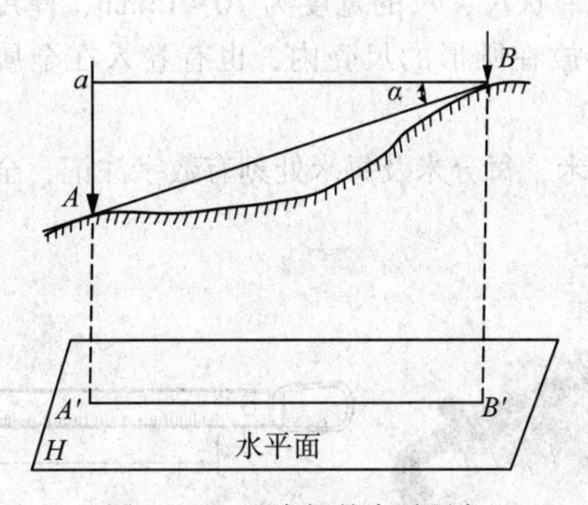

图3.0-1 两点间的水平距离

距离测量是确定地面点位置的基本测量工作之一。常用的距离测量方法有钢尺丈量、视距测量和电磁波测距等。钢尺丈量是用可以卷起来的钢尺沿地面丈量，属于直接量距；视距测量是利用经纬仪或水准仪望远镜中的视距丝及视距标尺按几何光学原理进行测距；电磁波测距是用仪器发射及接收光波(红外光，激光)或微波，按其传播速度及时间测定距离，属于电子物理测距。后两者属于间接测距。

钢尺丈量，工具简单，但易受地形限制，适用于平坦地区的测距，丈量较长距离时，工作繁重；视距测量充分利用了测量望远镜的性能，能克服地形障碍，工作方便，但其测距精度一般低于直接丈量，且随距离的增大而大大降低，适合于低精度的近距离测量(200m以内)；电磁波测距仪器先进，工作轻便，测距精度高，测程远，但也正在向近距离的细部测量等普及，还有很轻便的手持激光测距仪等专用作近距离室内测量。因此，各种测距方法适合于不同的现场具体情况及不同的测距精度要求。

本项目由3个任务组成，任务3.1“钢尺丈量”主要内容包括：钢尺的尺长方程式、精密钢尺丈量方法；任务3.2“视距测量”主要内容包括：视距测量视距与高差计算公式、经纬仪视距测量的实施；任务3.3“电磁波测距”主要内容包括：电磁波测距原理、全站仪测距的操作。

通过本项目的学习，使学生达到如下要求：了解全站仪的结构、全站仪的基本操作，掌握钢尺丈量方法、经纬仪视距测量的观测方法，掌握全站仪距离测量的操作方法，独立完成测量过程中的观测、记录、计算与内业数据处理。

任务3.1 钢 尺 丈 量

3.1.1 钢尺丈量的工具

1. 基本工具

钢卷尺，为钢制成的带状尺，尺的宽度为10~15mm，厚度约0.4mm，长度有30m、50m等数种，钢尺可以卷放在圆形的尺壳内，也有卷入在金属的尺架上的，如图3.1-1(a)所示。

钢尺的基本分划为厘米，每分米及每米处刻有数字注记，全长都刻有毫米分划，如图3.1-1(b)所示。

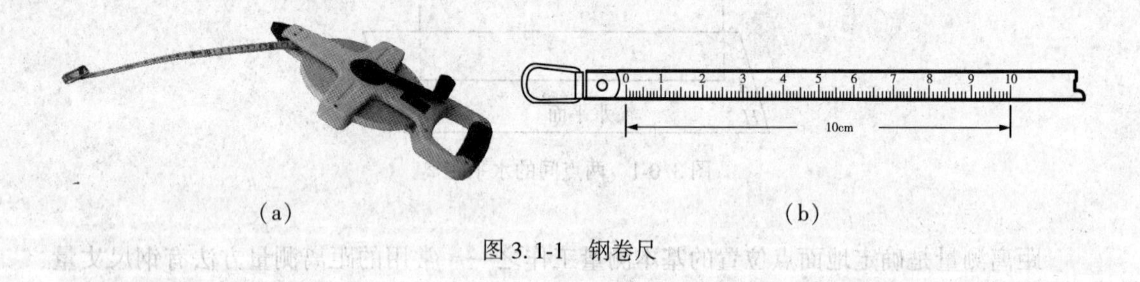

(a)　　　　　　　　(b)

图3.1-1　钢卷尺

钢尺由于材料原因、刻划误差、长期使用的变形以及丈量时温度和拉力不同的影响，其实际长度往往不等于尺上所标注的长度即名义长度，因此，钢尺出厂前须经过严格的检定，确定钢尺的实际长度与名义长度之间的函数关系，这种函数关系称为尺长方程式，即：

$$l_t = l_0 + \Delta l + \alpha(t - t_0) l_0 \tag{3.1-1}$$

式中：l_t——钢尺在温度t时的实际长度(m)；

l_0——钢尺的名义长度(m)；

Δl——钢尺在温度t_0时的尺长改正数(m)；

α——钢尺的膨胀系数，即当温度变化1℃时，钢尺每米长度上的变化量，其取值范围为0.0115~0.0125mm/(m·℃)；

t_0——标准温度，一般取20℃；

t——钢尺使用时的温度(℃)。

式(3.1-1)所表示的含义是：钢尺在施加标准拉力下，其实际长度等于名义长度与尺长改正数和温度改正数之和。对于 30m 和 50m 的钢尺，其标准拉力分别为 100N 和 150N。

2. 辅助工具

卷尺量距的辅助工具有：花杆、测钎、垂球等，如图 3.1-2 所示。花杆直径 3~4cm，长 2~3m，杆身涂以 20cm 间隔的红白漆，下端装有锥形铁尖，主要用于标定直线方向；测钎亦称测针，用直径 5mm 左右的粗钢丝制成，长 30~40cm，上端弯成环形，下端磨尖，一般以 11 根为一组，穿在铁环中，用来标定尺的端点位置和计算整尺段数；垂球用于在不平坦地面丈量时将钢尺的端点垂直投影到地面。

当进行精密量距时，还需配备弹簧秤和温度计，如图 3.1-2 所示。弹簧秤用于对钢尺施加规定的拉力，温度计用于测定钢尺量距时的温度，以便对钢尺丈量的距离施加温度改正。

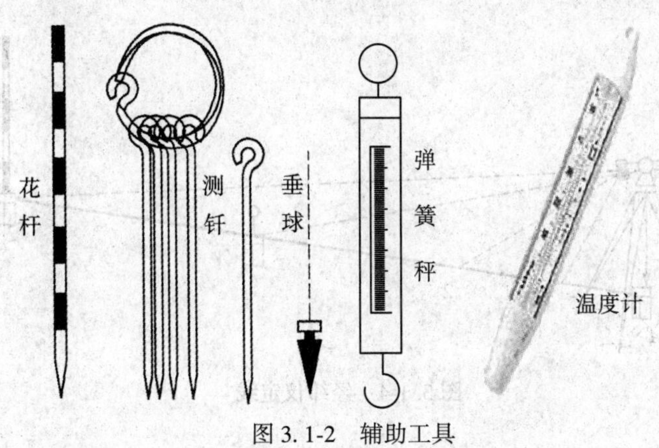

图 3.1-2 辅助工具

3.1.2 直线定线

当地面两点之间的距离大于钢尺的整尺长度，或地面坡度较大时，无法一次量取两点间的距离，需在两点间的直线方向上确定若干临时地面点，使两点间的长度不超过整尺长，插上花杆或测钎作为分段标志，在每两点之间分别进行丈量。这种把临时地面点确定在同一直线方向上的工作，称为直线定线，其方法有目估定线法和仪器定线法两种。

1. 目估定线法

目估定线适用于钢尺量距的一般方法。如图 3.1-3 所示，设 A 和 B 为地面上相互通视、待测距离的两点。现要在直线 AB 上定出 1、2 等分段点。先在 A，B 两点上竖立花杆，甲站在 A 杆后约 1m 处，指挥乙左右移动花杆，直到甲在 A 点沿标杆的同一侧看见 A、1、B 三点处的花杆在同一直线上。用同样方法可定出 2 点。

2. 仪器定线法

当直线定线精度要求较高时，可用经纬仪定线。如图 3.1-4 所示，欲在 AB 直线上确

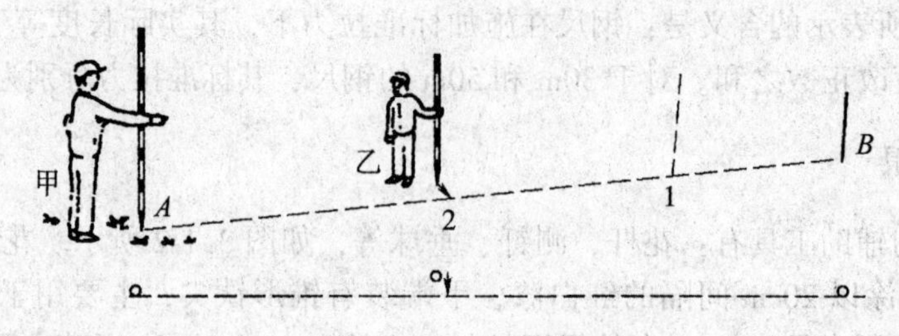

图 3.1-3 目估定线

定出1、2、3点的位置，可将经纬仪安置于A点，用望远镜照准B点，固定照准部制动螺旋，然后将望远镜向下俯视，将十字丝交点投测到木桩上，并钉小钉以确定出1点的位置。同法标定出2、3点的位置。

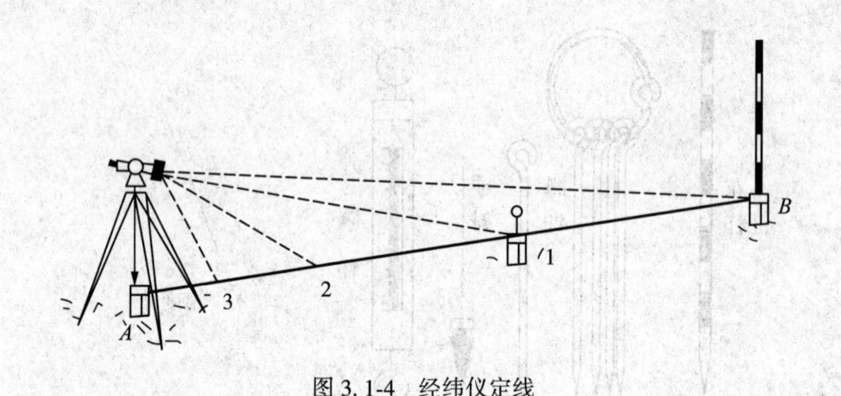

图 3.1-4 经纬仪定线

3.1.3 钢尺丈量的一般方法

3.1.3.1 平坦地面的距离丈量

丈量工作一般由两人进行。如图3.1-5所示，沿地面直接丈量水平距离时，可先在地面上定出直线方向，丈量时后尺手持钢尺零点一端，前尺手持钢尺末端和一组测钎沿A、B方向前进，行至一尺段处停下，后尺手指挥前尺手将钢尺拉在AB直线上，后尺手将钢尺的零点对准A点，当两人同时把钢尺拉紧后，前尺手在钢尺末端的整尺段长分划处竖直插下一根测钎得到1点，即量完一个尺段。前、后尺手抬尺前进，当后尺手到达插测钎处时停住，再重复上述操作，量完第二尺段。后尺手拔起地上的测钎，依次前进，直到量完AB直线的最后一段为止。

丈量时应注意沿着直线方向进行，钢尺必须拉紧伸直且无卷曲。直线丈量时尽量以整尺段丈量，最后丈量余长，以方便计算。丈量时应记清楚整尺段数，或用测钎数表示整尺段数。然后逐段丈量，则直线的水平距离D按下式计算：

$$D = nl + q \tag{3.1-2}$$

图 3.1-5　平坦地面的距离丈量

式中：l——钢尺的整尺长(m)；

n——整尺段数；

q——不足一整尺的尺段长度(m)。

为了防止丈量中发生错误并提高量距精度，需要进行往返丈量，把往返丈量所得距离的差值的绝对值除以往返丈量的平均值，称为丈量的相对精度，或称相对校差，用 K 表示，即

$$K=\frac{|D_{往}-D_{返}|}{D_{平均}}=\frac{1}{D_{平均}/|D_{往}-D_{返}|} \tag{3.1-3}$$

例如，若 AB 的往测距离为 174.982m，返测距离为 175.018m，则丈量的相对精度为：

$$K=\frac{1}{D_{平均}/|D_{往}-D_{返}|}=\frac{1}{175.000/|174.982-175.018|}=\frac{1}{4861}$$

在计算相对精度时，往返差数取其绝对值，并化成分子为 1 的分式。相对精度的分母越大，说明量距的精度越高。钢尺量距的相对精度一般不应低于 1/3000。量距的相对精度没有超过规定，可取往返结果的平均值作为两点间的水平距离 D。

3.1.3.2　倾斜地面的距离丈量

1. 平量法

如果地面高低起伏不平，可将钢尺拉平丈量。丈量由 A 向 B 进行，后尺手将尺的零端对准 A 点，前尺手将尺抬高，并且目估使尺子水平，用垂球尖将尺段的末端投于 AB 方向线的地面上，再插以测钎，依次进行丈量 AB 的水平距离。如图 3.1-6 所示。

2. 斜量法

当倾斜地面的坡度比较均匀时，可沿斜面直接丈量出 AB 的倾斜距离 S，测出 AB 两点间的高差 h，如图 3.1-7 所示，按下式计算 AB 的水平距离 D。

$$D=\sqrt{S^2-h^2} \tag{3.1-4}$$

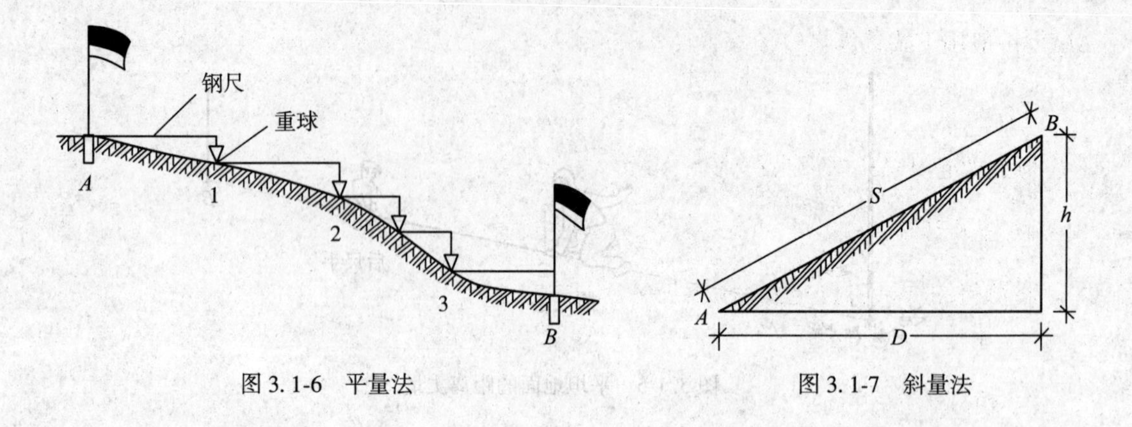

图 3.1-6 平量法　　　　图 3.1-7 斜量法

3.1.4 精密钢尺丈量

当用钢尺进行精密量距时，必须使用经过检定、已经确定了尺长方程式的钢尺。

丈量前应先用经纬仪定线。如地势平坦或坡度均匀，可将测得的直线两端点高差作为倾斜改正的依据；若沿线地面坡度有起伏变化，标定木桩时应注意在坡度变化处两木桩间距离略短于钢尺全长，木桩顶高出地面 2~3cm，桩顶用“十”来标示点的位置，用水准仪测定各坡度变换点木桩桩顶间的高差，作为分段倾斜改正的依据。丈量时钢尺两端都对准尺段端点进行读数，如钢尺仅零点端有毫米分划，则须以尺末端某分米分划对准尺段一端以便零点端读出毫米数。每尺段丈量三次，以尺子的不同位置对准端点，其移动量一般在 1dm 以内。三次读数所得尺段长度之差视不同要求而定，一般不超过 2~5mm。丈量完成后还须进行成果整理，即改正数计算，最后得到精度较高的丈量成果。

1. 尺长改正数 Δl_1

由于钢尺的名义长度和实际长度不一致，丈量时就产生误差。设钢尺在标准温度、标准拉力下的实际长度为 l，名义长度为 l_0，丈量的距离为 S，则尺长改正数为：

$$\Delta l = \frac{l - l_0}{l_0} S \tag{3.1-5}$$

钢尺的实长大于名义长度时，尺长改正数为正，反之为负。

2. 温度改正数 Δl_t

设钢尺检定时温度为 t_0，丈量时温度为 t，钢尺的线膨胀系数 α 一般取 0.0125mm/(m · ℃)，则丈量一段距离 S 的温度改正数 Δl_t 为：

$$\Delta l_t = \alpha(t - t_0) S \tag{3.1-6}$$

若丈量时温度大于检定时温度，则改正数 Δl_t 为正；反之为负。

3. 倾斜改正数 Δl_h

设量得的倾斜距离为 S，两点间测得高差为 h，将 S 改算成水平距离 D 需加倾斜改正

Δl_h，一般用下式计算：

$$\Delta l_h = -\frac{h^2}{2S} \tag{3.1-7}$$

倾斜改正数 Δl_h 永远为负值。

4. 全长计算

将测得的结果加上上述三项改正值，即得

$$D = S + \Delta l_1 + \Delta l_t + \Delta l_h \tag{3.1-8}$$

5. 相对误差计算

相对误差 $K = \frac{|D_{往} - D_{返}|}{D_{平均}}$ 在限差范围之内，取平均值为丈量的结果。精密钢尺丈量的相对精度不应低于 1/10000，如相对误差超限，应重测。钢尺量距记录计算手簿见表 3.1-1。

对表 3.1-1 中 A—1 段距离进行三项改正计算：

尺长改正　$\Delta l_1 = \frac{30.0015-30}{30} \times 29.9218 = 0.0015(m)$

温度改正　$\Delta l_t = 0.0000125 \times (25.5-20) \times 29.9218 = 0.0020(m)$

倾斜改正　$\Delta l_h = \frac{(-0.152)^2}{2 \times 29.9218} = -0.0004(m)$

经上述三项改正后的 A—1 段的水平距离为：

$$D_{A-1} = 29.9218 + 0.020 + (-0.0004) + 0.0015 = 29.9249(m)$$

其余各段改正计算与 A—1 段相同，然后将各段相加为 83.8598m。如表 3.1-1 所示，设返测的总长度为 83.8524m，可以求出相对误差，用来检查量距的精度。

相对误差　$K = \frac{|D_{往} - D_{返}|}{D_{平均}} = \frac{0.0074}{83.8561} = \frac{1}{11332}$

符合精度要求，则取往返测的平均值 83.8561m 为最终丈量结果。

表 3.1-1　　　钢尺量距记录计算手簿

钢尺号：No.099　　钢尺膨胀系数：0.0000125m/℃　　检定温度：20℃　　计算者：＊＊

名义尺长：30m　钢尺检定长度：30.0015m　检定拉力：10kg　日期：××××年××月××日

尺段	丈量次数	前尺读数（m）	后尺读数（m）	尺段长度（m）	温度（℃）	高差（m）	温度改正（mm）	高差改正（mm）	尺长改正（mm）	改正后尺段长（m）
A—1	1	29.9910	0.0700	29.9210	25.5	−0.152	+2.0	−0.4	+1.5	29.9249
	2	29.9920	0.0695	29.9225						
	3	29.9910	0.0690	29.9220						
	平均			29.9218						

续表

尺段	丈量次数	前尺读数（m）	后尺读数（m）	尺段长度（m）	温度（℃）	高差（m）	温度改正（mm）	高差改正（mm）	尺长改正（mm）	改正后尺段长（m）
1—2	1	29.8710	0.0510	29.8200	25.4	−0.071	+1.9	−0.08	+1.5	29.8228
	2	29.8705	0.0515	29.8190						
	3	29.8715	0.0520	29.8195						
	平均			29.8195						
2—*B*	1	24.1610	0.0515	24.1095	25.7	−0.210	+1.6	−0.9	+1.2	24.1121
	2	24.1625	0.0505	24.1120						
	3	24.1615	0.0524	24.1091						
	平均			24.1102						
总和										83.8598

3.1.5 钢尺丈量的误差

影响钢尺量距精度的因素很多，下面简要分析产生误差的主要来源和注意事项。

1. 尺长误差

钢尺的名义长度与实际长度不符，就产生尺长误差，用该钢尺所量距离越长，则误差累积越大。因此，精密钢尺丈量所用的钢尺事先必须经过检定，以计算尺长改正值。

2. 温度误差

若钢尺丈量的温度与钢尺检定时的温度不同，将产生温度误差。按照钢的膨胀系数计算，温度每变化1℃，丈量距离为30m时对距离的影响为0.4mm。在一般量距时，丈量温度与标准温度之差不超过±8.5℃时，可不考虑温度误差。但精密量距时，必须进行温度改正。

3. 拉力误差

拉力误差为钢尺在丈量时的拉力与检定时的拉力不同而产生的误差。拉力变化68.6N，尺长将改变1/10000。以30m的钢尺来说，当拉力改变30~50N时，引起的尺长误差将有1~1.8mm。如果能保持拉力的变化在30N范围之内，这对于一般精度的丈量工作是足够的。但对于精确的距离丈量，应使用弹簧秤，以保持钢尺的拉力是检定时的拉力，通常30m钢尺施力100N，50m钢尺施力150N。

4. 钢尺倾斜和垂曲误差

量距时钢尺两端不水平或中间下垂成曲线时，都会产生误差。因此丈量时必须注意保持尺子水平，整尺段悬空时，中间应有人托住钢尺，精密量距时须用水准仪测定两端点高差，以便进行高差改正。

5. 定线误差

由于定线不准确，所量得的距离是一组折线而产生的误差称为定线误差。丈量30m的距离，若要求定线误差不大于1/2000，则钢尺尺端偏离方向线的距离就不应超过0.47m；若要求定线误差不大于1/10000，则钢尺的方向偏差不应超过0.21m。在一般量距中，用标杆目估定线能满足要求。但精密量距时需用经纬仪定线。

6. 丈量误差

丈量时插测钎或垂球落点不准，前、后尺手配合不好以及读数不准等产生的误差均属于丈量误差。这种误差对丈量结果影响可正可负，大小不定。因此，在操作时应认真仔细、配合默契，以尽量减少误差。

3.1.6　钢尺丈量的注意事项

(1)伸展钢卷尺时，要小心慢拉，钢尺不可卷扭、打结。若发现有扭曲、打结情况，应细心解开，不能用力抖动，否则容易造成折断。

(2)丈量前，应辨认清钢尺的零端和末端。丈量时，钢尺应逐渐用力拉平、拉直、拉紧，不能突然猛拉。丈量过程中，钢尺的拉力应始终保持鉴定时的拉力。

(3)转移尺段时，前、后拉尺员应将钢尺提高，不应在地面上拖拉摩擦。以免磨损尺面分划，钢尺伸展开后，不能让车辆从钢尺上通过，否则极易损坏钢尺。

(4)测钎应对准钢尺的分划并插直。如插入土中有困难，可在地面上标志一明显记号，并把测钎尖端对准记号。

(5)单程丈量完毕后，前、后尺手应检查各自手中的测钎数目，避免加错或算错整尺段数。一测回丈量完毕，应立即检查限差是否合乎要求。不合乎要求时，应重测。

(6)丈量工作结束后，要用软布擦干净尺上的泥和水。然后涂上机油，以防生锈。

任务3.2　视 距 测 量

视距测量是根据几何光学和三角学原理，利用仪器望远镜内的视距装置及视距尺，同时测定两点间水平距离和高差的一种测量方法。这种方法具有操作方便，速度快，不受地形条件限制等优点。但测距精度较低，一般相对误差为1/300～1/200。虽然精度较低，但能满足测定碎部点位置的精度要求，因此被广泛应用于地形测图工作中。视距测量所用的主要仪器和工具是经纬仪、视距尺。

3.2.1　视距测量原理

1. 视线水平时的距离与高差公式

如图3.2-1所示，欲测定A、B两点间的水平距离D及高差h，可在A点安置经纬仪，

B 点立视距尺，设望远镜视线水平，瞄准 B 点视距尺，此时视线与视距尺垂直。若尺上 M、N 点成像在十字丝分划板上的两根视距丝 m、n 处，那么尺上 MN 的长度可由上、下视距丝读数之差求得。上、下丝读数之差称为视距间隔或尺间隔。

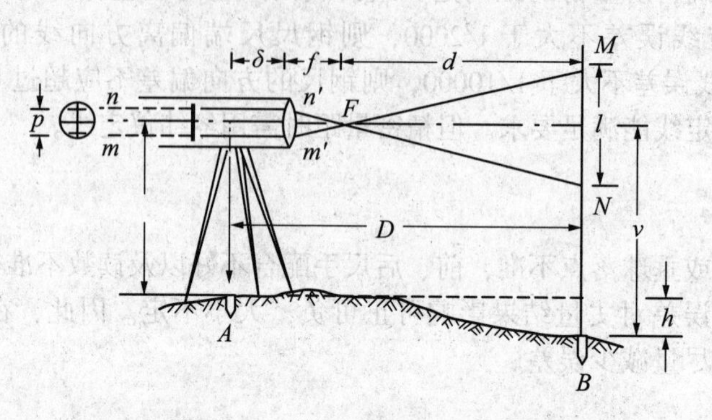

图 3.2-1　视线水平时的视距测量

图 3.2-1 中 l 为视距间隔，p 为上下视距丝的间距，f 为物镜焦距，δ 为物镜至仪器中心的距离。

由于 $\triangle m'n'F \backsim \triangle MNF$，所以有：

$$\frac{d}{f}=\frac{l}{p},\quad d=\frac{f}{p}l$$

由图 3.2-1 可知　$D=d+f+\delta$

则 AB 两点间的水平距离为

$$D=\frac{f}{p}l+f+\delta$$

令 $\frac{f}{p}=k$，$f+\delta=C$

则

$$D=kl+C \tag{3.2-1}$$

式中，k、C 分别为视距乘常数和视距加常数。现代常用的内对光望远镜的视距常数，设计时已使 $k=100$，C 接近于零，所以公式(3.2-1)可改写为

$$D=kl \tag{3.2-2}$$

同时，由图 3.2-1 可以推出 A、B 的高差

$$h=i-v \tag{3.2-3}$$

式中：i——仪器高，是桩顶到仪器横轴中心的高度；

v——瞄准高，是十字丝中丝在尺上的读数。

2. 视线倾斜时的距离与高差公式

在地面起伏较大的地区进行视距测量时，必须使视线倾斜才能读取视距间隔，如图 3.2-2 所示。由于视线不垂直于视距尺，故不能直接应用上述公式。如果能将视距间隔 MN 换算为与视线垂直的视距间隔 $M'N'$，这样就可按公式(3.2-4)计算倾斜距离 D'，再根

据 D' 和竖直角 α 算出水平距离 D 及高差 h。因此解决这个问题的关键在于求出 MN 与 $M'N'$ 之间的关系。

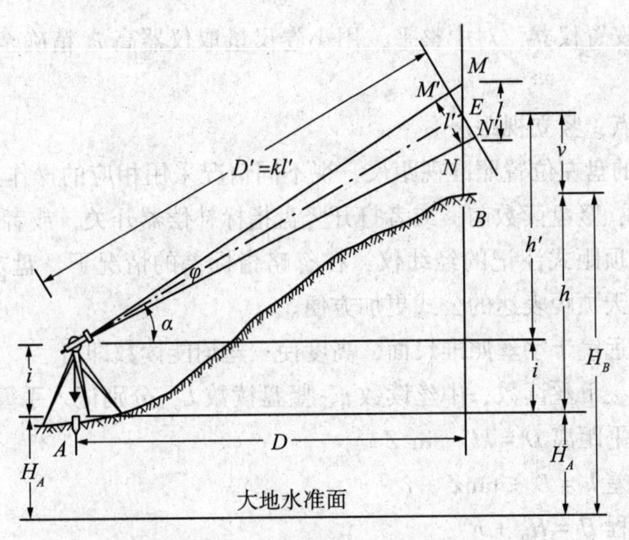

图 3.2-2　视线倾斜时的视距测量

图中 φ 角很小，约为 34′，故可把 $\angle EM'M$ 和 $\angle EN'N$ 近似地视为直角，而 $\angle M'EM = \angle N'EN = \alpha$，因此由图 3.2-2 可看出 MN 与 $M'N'$ 的关系如下：

$$M'N' = M'E + EN' = ME\cos\alpha + EN\cos\alpha = (ME + EN)\cos\alpha = MN\cos\alpha$$

设 $M'N'$ 为 l'，则 $l' = l\cos\alpha$

根据式(3.2-2)得倾斜距离

$$D' = kl' = kl\cos\alpha \tag{3.2-4}$$

所以 A、B 的水平距离

$$D = L\cos\alpha = kl\cos^2\alpha \tag{3.2-5}$$

由图 3.2-2 中看出，根据式(3.2-5)计算出 A、B 间的水平距离 D 后，高差 h 可按下式计算：

$$h = D\tan\alpha + i - v \tag{3.2-6}$$

式中：α——竖直角；

i——仪器高；

v——中丝读数即目标高。

由于多数经纬仪的竖盘注记都是天顶距式注记，即当忽略竖盘指标差的情况下，盘左的竖盘读数等于天顶距 Z，少数仪器的盘左读数等于天顶距 Z 的补角。所以实际工作中常采用以下的计算公式：

$$D = kl \cdot \sin^2 Z \tag{3.2-7}$$

$$h = D \div \tan Z + i - v \tag{3.2-8}$$

3.2.2 经纬仪视距测量的观测程序

(1)测站点上安置仪器，对中整平，用小卷尺量取仪器高 i(精确至厘米)。测站点高程为 H_0。

(2)选择立尺点，竖立视距尺。

(3)以经纬仪的盘左位置照准视距尺，视不同情况采用相应的操作方法进行观测。根据不同型号的仪器，竖盘读数前，或者打开竖盘指标补偿器开关，或者使竖盘指标水准管气泡居中。对于天顶距式注记的经纬仪，在忽略指标差的情况下，盘左竖盘读数即天顶距，故计算上采用天顶距表达的公式更加方便。

①任意法：望远镜十字丝照准尺面，高度使三丝均能读数即可。

读取上丝读数、下丝读数、中丝读数 v、竖盘读数 L，分别记入手簿。

计算： 水平距离 $D = kl \cdot \sin^2 Z$

高差 $h = D \div \tan Z + i - v$

高程 $H = H_0 + h$

其中 D 为平距，Z 为天顶距，i 为仪器高。

②等仪器高法：望远镜照准视距尺，使中丝读数等于仪器高，即 $i=v$。

读取上丝读数、下丝读数、竖盘读数 L，分别记入手簿。

计算： 水平距离 $D = kl \cdot \sin^2 Z$

高差 $h = D \div \tan Z$

高程 $H = H_0 + h$

③直读视距法：望远镜照准视距尺，调节望远镜高度，使下丝对准视距尺上整米读数，且三丝均能读数。

读取视距 kl、中丝读数 v、竖盘读数 L，分别记入手簿。

计算： 水平距离 $D = kl \cdot \sin^2 Z$

高差 $h = D \div \tan Z + i - v$

高程 $H = H_0 + h$

④平截法(经纬仪水准法)：望远镜照准视距尺，调节望远镜高度，使竖盘读数 L 等于90°。读取上丝读数、下丝读数、中丝读数 v，分别记入手簿。

计算： 水平距离 $D = kl$

高差 $h = i - v$

高程 $H = H_0 + h$

3.2.3 视距测量的注意事项

为了提高视距测量的精度，消除视距乘常数、视距尺不竖立、外界条件的影响等误差的影响，视距测量时应注意以下一些事项：

(1)视距测量前，要严格测定所有仪器的视距乘常数 k，k 值应在 100±0.1 之内。否则，应用测定的 k 值计算水平距离和高差，或者编制改正数表进行改正计算；

(2)作业时，为了避免视距尺竖立不直，应尽量采用带有水准器的视距尺；

(3)为减少垂直折光等外界条件的影响，要在成像稳定的情况下进行观测，观测时应尽可能使视线离地面 1m 以上，并且将距离限制在一定范围内。

3.2.4 视距乘常数的测定

用内对光望远镜进行视距测量，计算距离和高差时都要用到乘常数 k，因此，k 值正确与否，直接影响测量精度。虽然 k 值在仪器设计制造时已定为 100，但在仪器使用或修理过程中，k 值可能发生变动。因此，在进行视距测量之前，必须对视距乘常数进行测定。

k 值的测定方法，如图 3.2-3 所示。在平坦地区选择一段直线 AB，在 A 点打一木桩，并在该点上安置仪器。从 A 点起沿 AB 直线方向，用钢尺精确量出 50m、100m、150m、200m 的距离，得 P_1、P_2、P_3、P_4点并在各点以木桩标出点位。在木桩上竖立标尺，每次以望远镜水平视线，用视距丝读出尺间隔 l。通常用望远镜盘左、盘右两个位置各测两次取其平均值，这样就测得四组尺间隔，分别取其平均值，得 l_1、l_2、l_3 和 l_4。然后依公式 $k=S/l$ 求出按不同距离所测定的 k 值，即

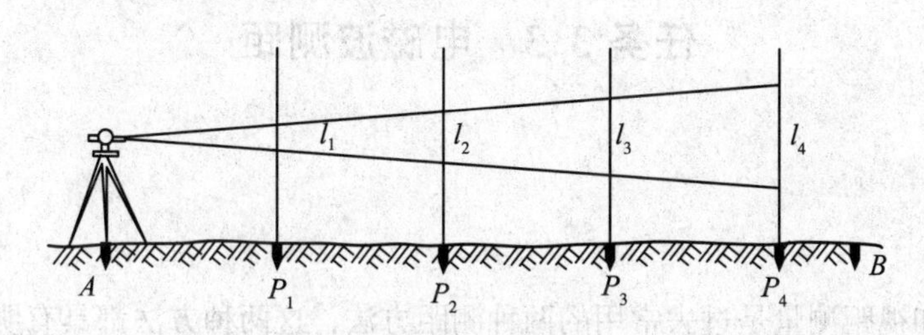

图 3.2-3 视距乘常数的测定

$$k_1=\frac{50}{l_1},\ k_2=\frac{100}{l_2},\ k_3=\frac{150}{l_3},\ k_4=\frac{200}{l_4}$$

最后用下式计算各 k 值平均值，即为测定的视距乘常数

$$k=\frac{k_1+k_2+k_3+k_4}{4} \tag{3.2-9}$$

视距乘常数测定记录及计算列于表 3.2-1。

若测定的 k 值不等于 100，在 1∶5000 比例尺测图时，其差数不应超过±0.15；在 1∶1000、1∶2000 比例尺测图时，不应超过±0.1。若在允许范围内仍可将 k 值当 100，否则可用测定的 k 值代替 100 来计算水平距离和高差之值。

表 3.2-1 视距乘常数测定记录及计算表

		距离 S_i	50	100	150	200
盘左	1	下	1.751	2.002	2.251	2.505
		上	1.250	1.000	0.750	0.500
		下-上	0.501	1.002	1.501	2.005
	2	下	1.751	2.000	2.252	2.506
		上	1.249	1.000	0.749	0.499
		下-上	0.502	1.000	1.503	2.007
盘右	3	下	1.753	2.005	2.255	2.510
		上	1.252	1.004	0.755	0.508
		下-上	0.501	1.001	1.500	2.002
	4	下	1.753	2.005	2.257	2.512
		上	1.253	1.004	0.755	0.507
		下-上	0.500	1.001	1.502	2.005
尺间隔平均值			0.5010	1.0010	1.5015	2.0048
k_i			99.80	99.90	99.90	99.76
视距乘常数 k 的平均值 k=99.84						

任务 3.3 电磁波测距

3.3.1 概述

钢尺丈量和视距测量是过去常用的两种测距方法，这两种方法都具有明显的缺点。比如钢尺丈量，测量工作繁重、效率低，在复杂的地形条件下甚至无法工作；视距测量，虽操作简便，可以克服某些地形条件的限制，但测距短，测距精度不高。从 20 世纪 60 年代起，由于电磁波测距仪不断更新、完善和愈益精密，电磁波测距以速度快、效率高、不受地形条件限制等优点取代了以上两种测距方法。

电磁波是客观存在的一种能量传输形式，利用发射电磁波来测定距离的各种测距仪，统称为电磁波测距仪。电磁波测距仪按采用的载波不同，分为光电测距仪和微波测距仪两类。以激光、红外光和其他光源为载波的称光电测距仪，以微波为载波的称微波测距仪。因为光波和微波均属于电磁波的范畴，故它们又统称为电磁波测距仪。

由于电测波测距仪不断地向自动化、数字化和小型轻便化方向发展，大大减轻了测量工作者的劳动强度，加快了工作速度，所以在实际生产中多使用各种类型的电磁波测距仪。

电磁波测距仪按测程大体分三大类：

(1)短程电磁波测距仪：测程在 3km 以内，测距精度一般在 1cm 左右。这种仪器可用来测量三等以下的三角锁网的起始边以及相应等级的精密导线和三边网的边长，适用于工程测量和矿山测量。

(2)中程电磁波测距仪：测程在 3~15km 的仪器称为中程电磁波测距仪，这类仪器适用于二、三、四等控制网的边长测量。

(3)远程电磁波测距仪：测程在 15km 以上的电磁波测距仪，精度一般可达 $5mm+1\times10^{-6}D$，能满足国家一、二等控制网的边长测量。

中、远程电磁波测距仪，多采用氦-氖(He-Ne)气体激光器作为光源，也有采用砷化镓激光二极管作为光源的，还有其他光源，如二氧化碳(CO_2)激光器等。由于激光器发射激光具有方向性强、亮度高、单色性好等特点，其发射的瞬时功率大，所以，在中、远程测距仪中多用激光作载波，这种测距仪称为激光测距仪。

根据测距仪出厂的标称精度的绝对值，按 1km 的测距中误差，测距仪的精度分为三级，如表 3.3-1 所示。

表 3.3-1　**测距仪的精度分级**

测距中误差(mm)	测距仪精度等级
<5	Ⅰ
5~10	Ⅱ
11~20	Ⅲ

3.3.2　电磁波测距仪测距的基本原理

电磁波测距是通过测定电磁波束在待测距离上往返传播的时间 t_{2S} 来计算待测距离 S 的。如图 3.3-1 所示，电磁波测距的基本公式为：

$$S=\frac{1}{2}c\,t_{2S} \tag{3.3-1}$$

式中：c——电磁波在大气中的传播速度，约 30 万 km/s；

S——测距仪中心到棱镜中心的倾斜距离。

电磁波在测线上的往返传播时间 t_{2S}，可以直接测定，也可以间接测定。直接测定电磁波传播时间是用一种脉冲波，它是由仪器的发送设备发射出去，被目标反射回来，再由仪器接收器接收，最后由仪器的显示系统显示出脉冲在测线上往返传播的时间 t_{2S} 或直接显示出测线的斜距，这种测距方式称为脉冲式测距。间接测定电磁波传播时间是采用一种连续调制波，它由仪器发射出去，被反射回来后进入仪器接收器，通过发射信号与返回信号的相位比较，即可测定调制波往返于测线的滞后相位差中小于 2π 的尾数。用 n 个不同调制波的测相结果，便可间接推算出传播时间 t_{2S}，并计算(或直接显示)出测线的倾斜距离。这种测距方式称为相位式测距。目前这种方式的计时精度达 10^{-10}s 以上，从而使测距精度提高到 1cm 左右，可基本满足精密测距的要求。现今用于精密测距的测距仪多属于这种相位式测距。

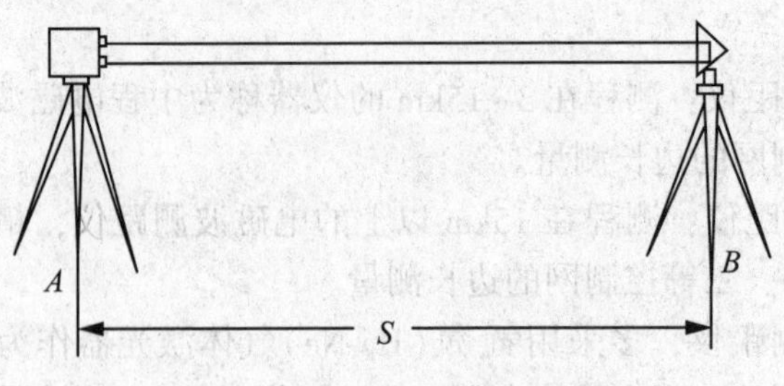

图 3. 3-1　电磁波测距基本原理

3. 3. 3　电磁波测距仪简介

老式的测距仪不能独立工作，它必须与光学经纬仪或电子经纬仪联机，才能完成测距工作，如图 3. 3-2 所示。

测距仪与经纬仪联机又被称为半站式速测仪，如图 3. 3-3 所示。目前，这种类型测距仪已经很少被采用，取而代之的是操作更加方便灵活的全站仪。

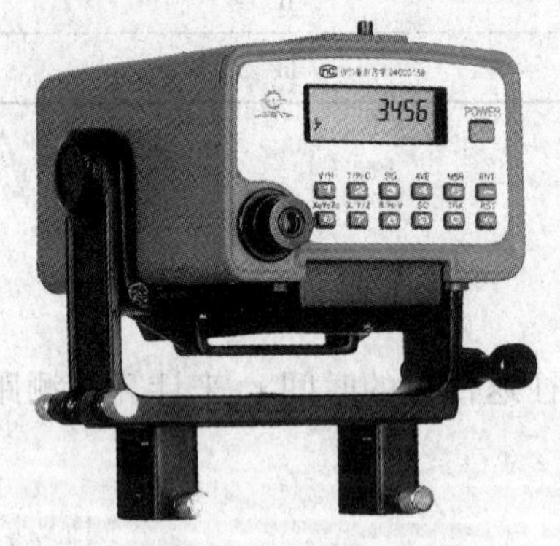

图 3. 3-2　南方测距仪 ND3000

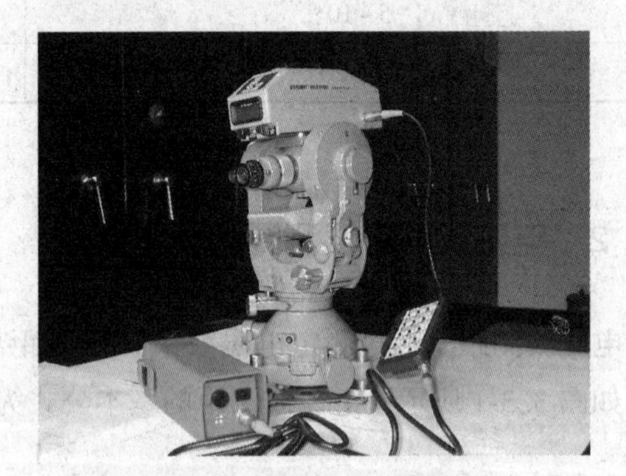

图 3. 3-3　徕卡 DI1001 测距仪

近几年也出现了能够独立测距的仪器，称为手持式测距仪，如图 3. 3-4 所示。这种仪器在精度要求不高的测距工作中(如房产测量)，应用非常广泛。

3. 3. 4　全站仪简介

全站型电子速测仪(Electronic Total Station)是由电子测角、电子测距、电子计算和数据存储单元等组成的三维坐标测量系统，测量结果能自动显示，并能与外围设备交换信息的多功能测量仪器。由于全站型电子速测仪较完善地实现了测量和处理过程的电子化和一体化，所以人们也通常称之为全站型电子速测仪或简称全站仪。

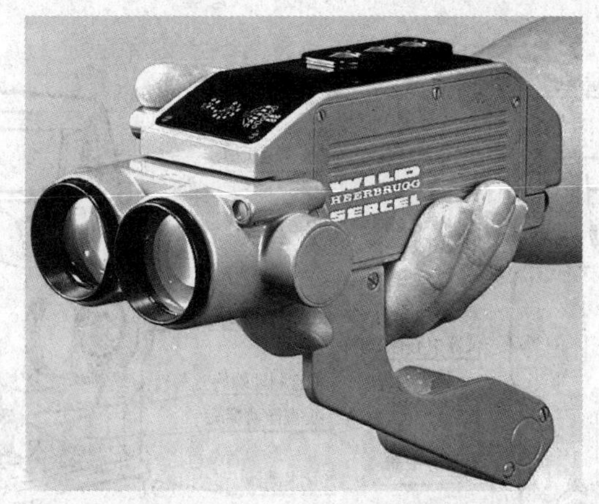

图 3.3-4　徕卡 DI4-4L 手持测距仪

3.3.4.1　全站仪的结构

1. 电子测角系统

全站仪的电子测角系统也采用度盘测角，但不是在度盘上进行角度单位的刻线，而是从度盘上取得电信号，再转换成数字，并可将结果储存在微处理器内，根据需要进行显示和换算以实现记录的自动化。全站仪的电子测角系统相当于电子经纬仪，可以测定水平角、竖直角和设置方位角。

2. 电磁波测距系统

电磁波测距系统相当于电磁波测距仪，目前主要以激光、红外光和微波为载波进行测距，因为光波和微波均属于电磁波的范畴，故它们又统称为电磁波测距仪。主要测量测站点到目标点的斜距，可归算为平距和高差。

3. 微型计算机系统

主要包括中央处理器、储存器和输入输出设备。微型计算机系统使得全站仪能够获得多种测量成果，同时还能够使测量数据与外界计算机进行数据交换、计算、编辑和绘图。测量时，微型计算机系统根据键盘或程序的指令控制各分系统的测量工作，进行必要的逻辑和数值运算以及数字存储、处理、管理、传输、显示等。

4. 其他辅助设备

全站仪的辅助设备主要有整平装置、对中装置、电源等。整平装置除传统的圆水准器和管水准器外，增加了自动倾斜补偿设备；对中装置有垂球、光学对中器和激光对中器；电源为各部分供电。

3.3.4.2　全站仪的使用

以下以拓普康 GTS-330 为例介绍全站仪的基本使用，仪器的外观如图 3.3-5 所示。

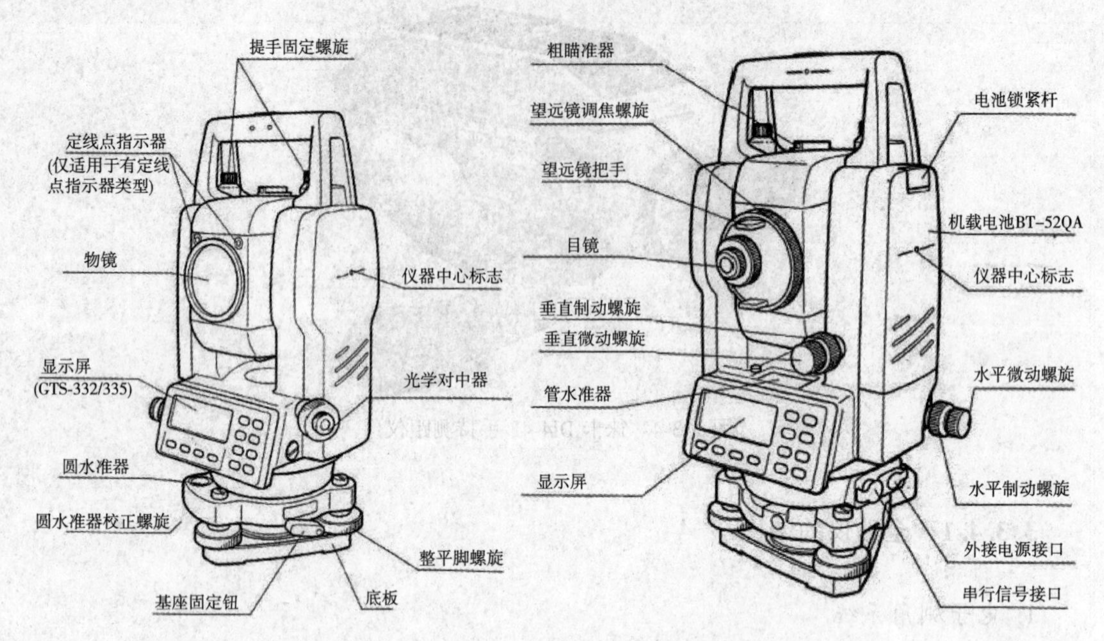

图 3.3-5 拓普康 GTS-330 全站仪

仪器的操作键如图 3.3-6 所示；仪器的功能键见表 3.3-2。

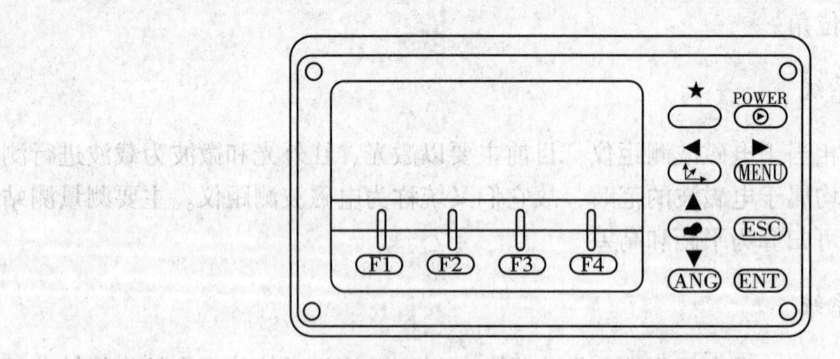

图 3.3-6 拓普康 GTS-330 全站仪操作键

表 3.3-2 **拓普康 GTS-330 全站仪操作键功能表**

键	名称	功 能
★	星键	1. 显示屏对比度；2. 十字丝照明；3. 背景光；4. 倾斜改正；5. 定线点指示器(适用于有此装置仪器)；6. 设置音响模式
	坐标测量键	坐标测量模式
	距离测量键	距离测量模式
ANG	角度测量键	角度测量模式
POWER	电源键	电源开关

续表

键	名称	功　能
MENU	菜单键	在菜单模式和正常测量模式之间切换，在菜单模式下可设置应用测量与照明调节、仪器系统误差改正
ESC	退出键	返回测量模式或上一层模式，从正常测量模式直接进入数据采集模式或放样模式，也可用作正常测量模式下的记录键
ENT	确认输入键	在输入值末尾按此键
F1—F4	软键(功能键)	对应于显示的软键功能信息

1. 角度测量

1)水平角(右角)和垂直角测量

安置仪器并对中整平后，首先确认仪器处于角度测量模式，按以下程序进行水平角HR(右角)和竖直角 V 的测量。

表 3.3-3　**水平角(右角)和垂直角测量**

操作过程	操作	显示
①照准第一个目标 *A*	照准目标 *A*	V:　90° 10′ 20″ HR:　120° 30′ 40″ 置零 锁定 置盘 P1↓
②设置目标 *A* 的水平角为 0°00′00″	[F1]	水平角置零 >OK? --- --- [是] [否]
	[F3]	V:　90° 10′ 20″ HR:　0° 00′ 00″ 置零 锁定 置盘 P1↓
③照准第二个目标 *B*，显示目标 *B* 的 *V/H*	照准目标 *B*	V:　98° 36′ 20″ HR:　160° 40′ 20″ 置零 锁定 置盘 P1↓

2)水平角(左角/右角)的切换

表 3.3-4 **水平角(左角/右角)的切换**

操作过程	操作	显示
①按[F4](↓)键两次转到第三页功能	[F4]两次	V: 90° 10′ 20″ HR: 120° 30′ 40″ 置零 锁定 置盘 P1↓ 倾斜 复测 V% P2↓ H-蜂鸣 R/L 竖角 P3↓
②按[F2](R/L)键，右角模式(HR)切换到左角模式(HL)； ③以左角 HL 模式进行测量	[F2]	V: 90° 10′ 20″ HL: 239° 29′ 20″ H-蜂鸣 R/L 竖角 P3↓

3)水平角的设置

表 3.3-5 **水平角的设置**

操作过程	操作	显示
①用水平微动螺旋旋转到所需的水平角	显示角度	V : 90° 10′ 20″ HR: 130° 40′ 20″ 置零 锁定 置盘 P1↓
②按[F2](锁定)键	[F2]	水平角置零 >OK? --- --- [是] [否]
③照准目标	照准	水平角锁定 HR: 130° 40′ 20″ >设置? --- --- [是] [否]
④按[F3](是)完成水平角设置，显示窗变为正常角度测量模式	[F3]	V : 90° 10′ 20″ HR: 130° 40′ 20″ 置零 锁定 置盘 P1↓

4)垂直角百分度(%)的设置

表 3.3-6 **垂直角百分度(%)的设置**

操作过程	操作	显示
①按[F4](↓)键转到第 2 页	[F4]	V : 90° 10′ 20″ HR: 170° 30′ 20″ 置零 锁定 置盘 P1↓ 倾斜 复测 V% P1↓

续表

操作过程	操作	显示
②按[F3](V%)键	[F3]	V :　-0.30　% HR:　170°　30′　20″ 倾斜　复测　V%　P1↓

2. 距离测量

1)大气改正数和棱镜常数的设置

当设置大气改正数时，通过预先测量温度和气压并输入仪器中可求得改正值。拓普康棱镜常数为0，设置棱镜改正数为0，如使用其他厂家生产的棱镜，则在使用前应输入相应的棱镜常数。

2)距离测量(连续测量)

表 3.3-7　**距离测量(连续测量)**

操作过程	操作	显示
①照准棱镜中心	照准	V :　90°　10′　20″ HR:　120°　30′　40″ 置零　锁定　置盘　P1↓
②按[◢]键，距离测量开始	[◢]	HR:　120°　30′　40″ HD*　[r]　<<m VD:　m 测量　模式　S/A　P1↓
③显示测量的距离		HR:　120°　30′　40″ HR*　123.456　m VD:　5.678　m 测量　模式　S/A　P1↓
④再次按[◢]键，显示变为水平角(HR)、垂直角(V)和斜距(SD)	[◢]	V:　90°　10′　20″ HR:　120°　30′　40″ SD:　131.678m 测量　模式　S/A　P1↓

3)距离测量(*N* 次测量/单次测量)

当输入测量次数后，GTS-330N 系列就将按设置的次数进行测量，并显示出距离平均值。

表 3.3-8 **距离测量(*N* 次测量/单次测量)**

操作过程	操作	显示
①照准棱镜中心	照准	V: 90° 10′ 20″ HR: 120° 30′ 40″ 置零 锁定 置盘 P1↓
②按[◢]键,连续测量开始	[◢]	HR: 120° 30′ 40″ HD* [r] <<m VD: m 测量 模式 S/A P1↓
③当连续测量不再需要时,按[F1]键,"*"消失并显示平均值	[F1]	HR: 120° 30′ 40″ HR* 123.456 m VD: 5.678 m 测量 模式 S/A P1↓

4)精测、粗测、跟踪模式

精测模式是正常测距模式,最小显示单位为 0.2mm 或 1mm;跟踪模式观测时间比精测模式短,在跟踪目标或放样时很有用处,其最小显示单位为 10mm;粗测模式观测时间比精测模式短,最小显示单位为 10mm 或 1mm。

表 3.3-9 **精测、粗测、跟踪模式**

操作过程	操作	显示
①在距离测量模式下按[F2]键将显示精测、跟踪、粗测	[F2]	HR: 120° 30′ 40″ HD* 123.456m VD: 5.678m 测量 模式 S/A P1↓ HR: 120° 30′ 40″ HD* 123.456m VD: 5.678m 精测 跟踪 粗测 F
②按[F1]、[F2]或[F3]键,选择精测、跟踪或粗测	[F1]~[F3]	HR: 120° 30′ 40″ HD* [r] <<m VD: m 测量 模式 S/A P1↓
③要取消设置,按[ESC]键		

3.3.5 电磁波测距的精度

根据对电磁波测距误差来源的分析,知道有一部分误差(例如测相误差等)对测距的影响与距离的长短无关,称为常误差(固定误差),表示为 a,而另一部分误差(例如气象参数测定误差等)对测距的影响与斜距的长度 S 成正比,称为比例误差,其比例系数为 b。

因此，电磁波测距的中误差为m_s(又称测距仪的标称精度)，以式(3.3-2)表示：

$$m_s = \pm(a + bS) \tag{3.3-2}$$

上式中，比例系数b一般以百万分率表示，即b的单位为mm/km。例如测距仪的测距中误差为±(5mm+5ppm)，即相当于上式中$a=5$mm，$b=5$mm/km，此时，S的单位为km。

3.3.6 电磁波测距的注意事项

(1)电磁波测距仪属于贵重仪器，在其运输、携带、装卸、操作过程中，都必须十分注意。在运输和携带中，要防震、防潮；在装卸和操作中，要连接牢固，电源插接正确，严格按操作程序使用仪器；搬站时，仪器必须装箱。

(2)在有阳光的天气，必须撑伞保护仪器；在通电作业时，严防阳光及其他强光直射接收物镜，避免损坏接收系统中的光敏二极管。

(3)设置测站时，要避免强电磁场的干扰，例如，不宜在变压器、高压线附近设站。

(4)气象条件对电磁波测距有较大的影响。在强烈的阳光下而视线又靠近地面时，往往使望远镜中成像晃动剧烈，此时，应停止观测，在高温(35℃以上)天气下连续作业对仪器有损害。微风的阴天是观测的良好时机。

项 目 小 结

本项目主要介绍了常用的距离测量方法，如钢尺量距、视距测量、电磁波测距等。钢尺量距适用于平坦地区的短距离量距，易受地形限制。视距测量是利用经纬仪或水准仪望远镜中的视距丝及视距标尺按几何光学原理测距，这种方法能克服地形障碍，适合于200m以内低精度的近距离测量。电磁波测距是用仪器发射并接收电磁波，通过测量电磁波在待测距离上往返传播的时间计算出距离，这种方法测距精度高，测程远，一般用于高精度的远距离测量和近距离的细部测量。

当用钢尺进行精密量距时，若距离丈量精度要求达到1/10000~1/40000，则在丈量前必须对所用钢尺进行检定，以便在丈量结果中加入尺长改正。另外还需配备弹簧秤和温度计，以便对钢尺丈量的距离施加拉力改正和温度改正。若为倾斜距离时，还需加倾斜改正。在对钢尺量距进行误差分析时，要注意尺长误差、温度误差、拉力误差、钢尺倾斜和垂曲误差、定线误差、丈量误差的影响。

视距测量主要用于地形测量的碎部测量中，分为视线水平时的视距测量、视线倾斜时的视距测量两种。在观测中需注意用视距丝读取尺间隔的误差、标尺倾斜误差、大气竖直折光的影响并选择合适的天气作业。

电磁波测距仪与传统测距工具和方法相比，它具有精度高、效率高、测程长、作业快、工作强度低、几乎不受地形限制等优点。

现在的红外测距仪已经和电子经纬仪及计算机软硬件制造在一起，形成了全站仪，并向着自动化、智能化和利用蓝牙技术实现测量数据的无线传输方向飞速发展。

本项目分别介绍了上述三种距离测量方法，通过本项目的学习，需掌握以下内容：

(1)一般钢尺丈量方法和精密钢尺丈量方法；

(2)视距测量原理和视距测量方法；
(3)全站仪测距的基本原理；
(4)全站仪的操作及用全站仪进行距离测量的方法。

知识检验

1. 常用的距离测量方法有哪几种？
2. 精密钢尺丈量要进行哪几项改正？
3. 经纬仪视距测量有哪几种不同的操作方法？
4. 简述电磁波测距仪测距的基本原理。
5. 简述全站仪的结构组成。

项目4 控制测量

项目描述

测量工作必须遵循“从整体到局部，先控制后碎部”的原则，先建立控制网，然后根据控制网进行碎部测量和测设。控制网按其建立的范围分为国家控制网、城市控制网和小地区控制网；控制网按其测量内容分为平面控制网和高程控制网。

在全国范围内建立的平面控制网称为国家平面控制网。它是全国各种比例尺测图的基本控制，也是工程建设的基本依据，同时为确定地球的形状和大小及其他科学研究提供资料。国家平面控制网是使用精密测量仪器和方法进行施测的，按照测量精度由高到低分为一、二、三、四等4个等级，它的低等级点受高等级点逐级控制。

在城市地区进行测图或工程建设而建立的平面控制网称为城市平面控制网。它一般是在国家平面控制网的基础上，根据测区的大小、城市规划和施工测量的要求，布设成不同的等级，以供地形测图和施工放样使用。

在面积小于10km^{2}范围内建立的平面控制网称为小地区平面控制网。小地区平面控制网测量应与国家平面控制网或城市控制网联测，以便建立统一的坐标系统。若无条件进行联测，也可在测区内建立独立的平面控制网。小地区平面控制网应根据测区面积的大小按精度要求分级建立。在测区范围内建立的精度最高的控制网称为首级控制网，直接为测图需要而建立的控制网称为图根控制网。直接供地形测图使用的控制点，称为图根控制点，简称图根点。图根点的密度(包括高级点)，取决于测图比例尺和地物、地貌的复杂程度。

在全国范围内建立的高程控制网称为国家高程控制网。它是全国各种比例尺测图的基本控制，并为确定地球形状和大小提供研究资料。国家高程控制网布设成水准网，是采用精密水准测量方法建立的，所以也称国家水准网。其布设也是按照从整体到局部、由高级到低级，分级布设逐级控制的原则。国家水准网分一、二、三、四4个等级。

在城市地区，为测绘大比例尺地形图、进行市政工程和建筑工程放样，在国家高程控制网的控制下而建立的高程控制网，称为城市高程控制网。城市高程控制网一般布设为二、三、四等水准网。首级高程控制网，一般要求布设成闭合环形，加密时可布设成附合路线和节点图形。各等级水准测量的精度和国家水准测量相应等级的精度一致。直接供地形测图使用的控制点，称为图根控制点，简称图根点。测定图根点高程的工作，称为图根高程控制测量。图根控制点的密度(包括高级控制点)取决于测图比例尺和地形的复杂程度。

在面积小于10km^{2}范围内建立的高程控制网称为小地区高程控制网。小地区高程控制网也是根据测区面积大小和工程要求采用分级的方法建立的。三、四等水准测量经常用于建立小地区首级高程控制网，在全测区范围内建立三、四等水准路线和水准网，再以三、四等水准点为基础，测定图根点的高程。三、四等水准测量的起算和校核数据应尽量与附近的一、二等水准点联测，若测区附近没有国家一、二等水准点，也可在小地区范围内建立独立的高程控制网，假定起算数据。

为建立测量控制网而进行的测量工作称为控制测量。控制测量具有控制全局以及限制测量误差累积和传播的作用。控制测量按测量的内容不同分为平面控制测量和高程控制测量两种。平面控制测量一般采用导线测量、交会测量等方法，也可采用 GPS 进行测量。高程控制测量一般采用三、四等水准测量和三角高程测量等方法，也可采用 GPS 进行测量。

本项目阐述了导线测量、交会测量等平面控制测量方法，介绍了三角高程测量等高程控制测量方法，以及同时可以进行平面控制测量和高程控制测量的 GPS 控制测量。

本项目由 4 项任务组成，任务 4. 1“导线测量”是一种常用的平面控制测量方法，主要内容包括：导线测量的概念、导线的布设形式、导线测量的外业工作以及内业计算；任务 4. 2“交会测量”也是一种平面控制测量方法，主要内容包括：前方交会、侧边交会；任务 4. 3“三角高程测量”是一种高程控制测量方法，由于高程控制测量常用的水准测量在前述项目中已经学习过，故本项目仅学习三角高程测量，主要内容包括：三角高程测量的基本原理、基本要求，三角高程测量的外业观测和内业计算；任务 4. 4“GPS 控制测量”是一种可以同时确定平面位置和高程的方法，主要内容包括：GPS 概念、组成、特点，GPS 定位原理，GPS 控制测量的外业观测、测量数据处理与成果检核等。

通过本项目的学习，使学生达到如下要求：能够采用导线测量进行平面控制测量，能够采用交会测量对平面控制点进行加密，能够采用三角高程测量进行高程控制测量，能够采用 GPS 进行三维控制测量。

任务4.1 导 线 测 量

在测区范围内按要求选定的具有控制意义的点称为导线点，相邻导线点连成的直线称为导线边，相邻导线边的夹角称为转折角，导线边与已知边的夹角称为连接角。导线测量就是依次测定各导线边的长度和各转折角以及连接角，再根据起算数据推算各边的坐标方位角，求出各导线点的坐标，从而确定各点平面位置的测量方法。导线测量在建立小地区平面控制网中经常采用，更是图根平面控制网建立的最主要的方法之一，尤其在地物分布较复杂的建筑区、视线障碍较多的隐蔽区及带状地区常采用这种方法。

使用经纬仪测量转折角，用钢尺测定边长的导线，称为经纬仪导线；若使用光电测距仪或全站仪测定导线边长，则称为电磁波测距导线。

导线测量平面控制网根据测区范围和精度要求分为一级、二级、三级和图根四个等级。

4. 1. 1 导线的布设形式

根据测区的情况和工程要求不同，导线主要可布设成以下三种形式：

1. 闭合导线

如图4.1-1(a)所示，导线从一条已知边 *BA* 出发，经过若干条导线边，最后又回到已知边 *AB*，这种起止于同一条已知边的导线称为闭合导线。闭合导线自身具有严密的几何条件可进行检核。应尽量使导线与附近的高级控制点连接，以获得起算数据，并建立统一坐标系统。闭合导线常用在面积较宽阔的独立地区。

2. 附合导线

如图4.1-1(b)所示，导线从一条已知边 *BA* 开始，经过若干条导线边，最后附合到另一条已知边 *CD* 上，这种布设在两条已知边之间的导线称为附合导线。附合导线多用在带状地区。

3. 支导线

如图4.1-1(c)所示，导线由一条已知边开始，既不闭合也不附合，称为支导线。支导线没有检核条件，一般常用于图根控制加密，导线边数不能超过3条。

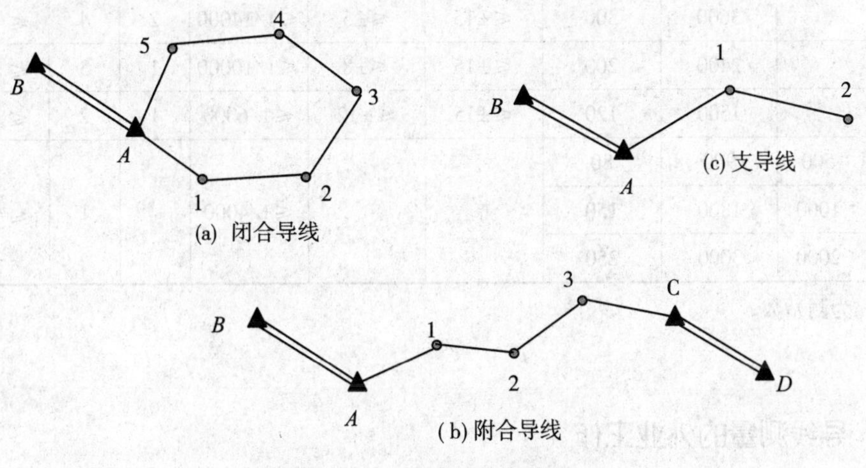

图4.1-1 导线的基本形式

4.1.2 导线测量的技术要求

1. 经纬仪导线的主要技术要求

经纬仪导线的主要技术要求见表4.1-1。

2. 光电测距导线的主要技术要求

光电测距导线的主要技术要求见表4.1-2。

表4.1-1　**经纬仪导线的主要技术要求**

等级	测图比例尺	附合导线长度(m)	平均边长(m)	往返丈量相对误差	测角中误差(″)	导线全长相对闭合差	测回数		角度闭合差(″)
							DJ2	DJ6	
一级		2500	250	≤1/20000	≤±5	≤1/10000	2	4	$\leqslant \pm 10\sqrt{n}$
二级		1800	180	≤1/15000	≤±8	≤1/7000	1	3	$\leqslant \pm 16\sqrt{n}$
三级		1200	120	≤1/10000	≤±12	≤1/5000	1	2	$\leqslant \pm 24\sqrt{n}$
图根	1∶500	500	75						
	1∶1000	1000	110			≤1/2000		1	$\leqslant \pm 60\sqrt{n}$
	1∶2000	2000	180						

注：n 为测站数。

表4.1-2　**光电测距导线的主要技术要求**

等级	测图比例尺	附合导线长度(m)	平均边长(m)	测距中误差(mm)	测角中误差(″)	导线全长相对闭合差	测回数		角度闭合差(″)
							DJ2	DJ6	
一级		3600	300	≤±15	≤±5	≤1/14000	2	4	$\leqslant \pm 10\sqrt{n}$
二级		2400	200	≤±15	≤±8	≤1/10000	1	3	$\leqslant \pm 16\sqrt{n}$
三级		1500	120	≤±15	≤±12	≤1/6000	1	2	$\leqslant \pm 24\sqrt{n}$
图根	1∶500	900	80						
	1∶1000	1800	150			≤1/4000		1	$\leqslant \pm 40\sqrt{n}$
	1∶2000	3000	250						

注：n 为测站数。

4.1.3　导线测量的外业工作

导线测量的外业工作主要有：踏勘选点并建立标志、测量导线边长、测量转折角和连接测量。

1. 踏勘选点并建立标志

首先调查搜集测区已有地形图和高等级的控制点的成果资料，然后将控制点展绘在地形图上，并在地形图上拟订出导线的布设方案，最后到野外去踏勘，实地核对、修改、落实点位并建立标志。若测区没有地形图资料，则需到现场详细踏勘，根据已知控制点的分布、测区地形条件及测图和工程要求等具体情况，合理选定导线点的位置。

实地选点时应注意以下几点：

(1)点位视野开阔，便于进行碎部测量；土质坚实，便于安置仪器和保存标志。

(2)相邻点间通视良好，地势平坦，方便测角和量距。

(3)相邻导线边应大致相等，以免测角时因望远镜调焦幅度过大引起测角误差。

(4)导线点的密度应分布较均匀，便于控制整个测区。

(5)导线平均边长、导线总长应符合有关技术要求。

选定导线点后，应马上建立标志，如图 4.1-2 所示。若是临时性标志，通常在各个点位处打上大木桩，在桩周围浇灌混凝土，并在桩顶钉一小钉；若导线点需长时间保存，应埋设混凝土桩或石桩，桩顶刻“十”字，作为永久性标志。为了便于寻找，导线点还应统一编号(应按逆时针方向标号)，绘制选点略图，并做好点之记，注明导线点与附近固定而明显的地物点的尺寸及相互位置关系，如图 4.1-3 所示。

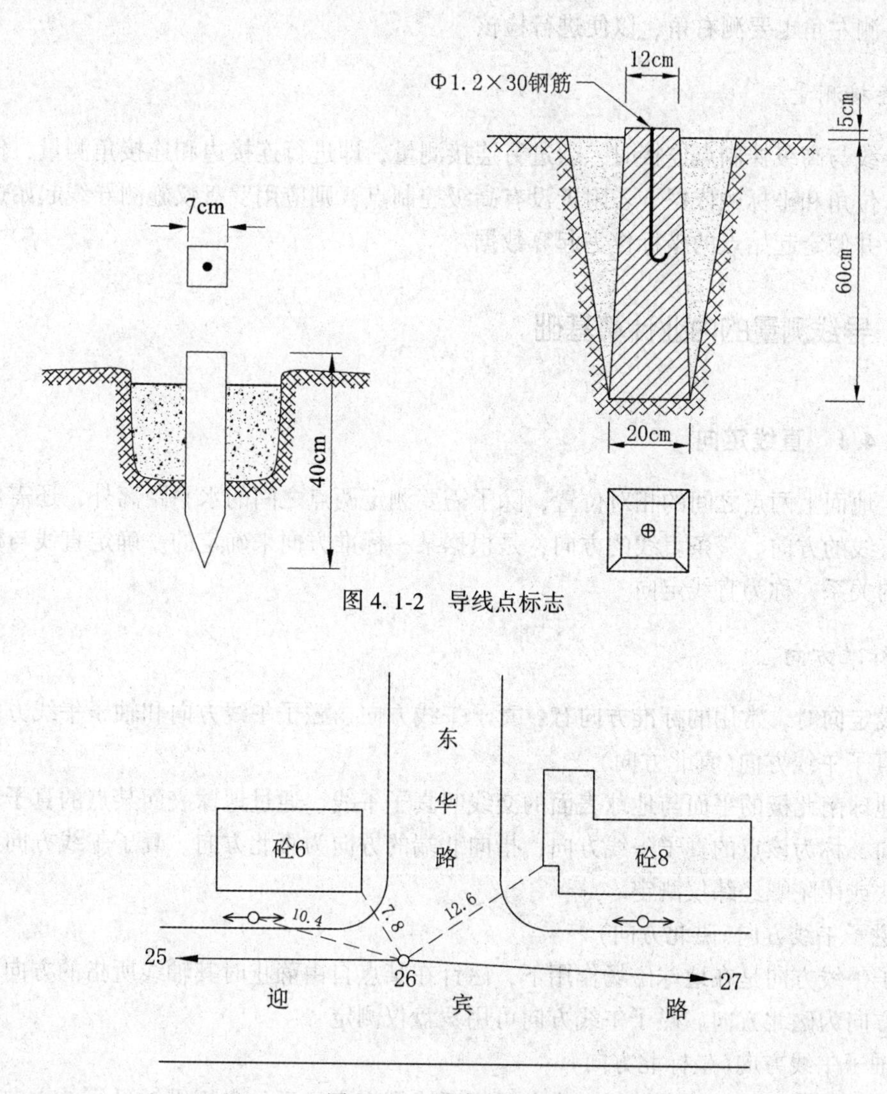

图 4.1-2　导线点标志

图 4.1-3　导线点点之记

2. 测量导线边长

可用光电测距仪(或全站仪)测定导线边长，对于图根控制测量，直接测量水平距离即可。若用钢尺量距，钢尺使用前须进行检定，并按钢尺量距的精密方法进行量距。

3. 测量导线转折角

采用测回法测量导线转折角，各等级导线测角时应符合相应的技术要求。图根导线，一般用 DJ6 型光学经纬仪观测一个测回。

导线转折角分左角和右角，在导线前进方向左侧的转折角为左角，在导线前进方向右侧的转折角为右角。一般在闭合导线中均测内角，若导线前进方向为顺时针则为右角，导线前进方向为逆时针则为左角；在附合导线中常测左角，也可测右角，但要统一；在支导线中既要测左角也要测右角，以便进行检核。

4. 连接测量

当导线与高级控制点连接时，须进行连接测量，即进行连接边和连接角测量，作为传递坐标方位角和坐标的依据。若附近没有高级控制点，则应用罗盘仪施测导线起始边的磁方位角，并假定起始点的坐标作为起算数据。

4.1.4 导线测量的内业计算基础

4.1.4.1 直线定向

确定地面上两点之间的相对位置，除了需要测定两点之间的水平距离外，还需确定两点所连直线的方向。一条直线的方向，是根据某一标准方向来确定的。确定直线与标准方向之间的关系，称为直线定向。

1. 标准方向

直线定向时，常用的标准方向有：真子午线方向、磁子午线方向和轴子午线方向。

1) 真子午线方向(真北方向)

过地球南北极的平面与地球表面的交线叫真子午线。通过地球表面某点的真子午线的切线方向，称为该点的真子午线方向，指向北端的方向为真北方向。真子午线方向用天文测量方法或用陀螺经纬仪测定。

2) 磁子午线方向(磁北方向)

磁子午线方向是在地球磁场作用下，磁针在某点自由静止时其轴线所指的方向。指向北端的方向为磁北方向。磁子午线方向可用罗盘仪测定。

3) 轴子午线方向(坐标北方向)

轴子午线方向就是与高斯平面直角坐标系或假定坐标系的坐标纵轴平行的方向，指向北端的方向为轴北方向或坐标北方向。

在测量工作中通常采用高斯平面直角坐标或独立平面直角坐标确定地面点的位置，因此取轴子午线方向，作为直线定向的标准方向。

在独立平面直角坐标系中，可以测区中心某点的磁子午线方向作为标准方向。

2. 方位角和象限角

1)方位角

直线方向常用方位角来表示。方位角就是以标准方向为起始方向，顺时针转到该直线的水平夹角，所以方位角取值范围是 0°～360°，如图 4.1-4 所示。直线 OM 的方位角为 A_{OM}；直线 OP 的方位角为 A_{OP}。

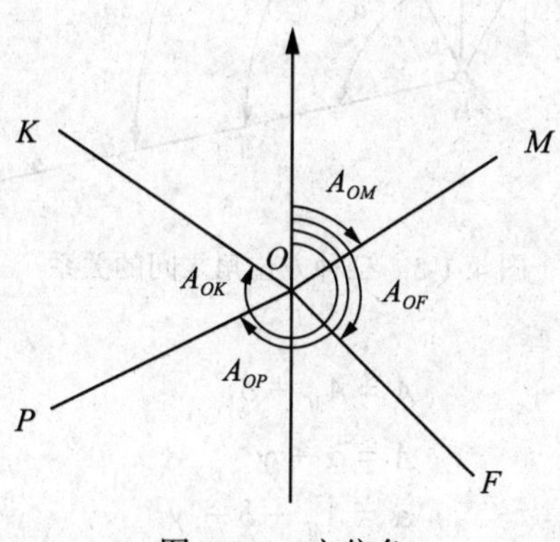

图 4.1-4　方位角

由于每点都有真北、磁北和坐标北三种不同的指北方向线，因此，从某点到某一目标，就有以下三种不同的方位角。

(1)真方位角。

由真子午线方向的北端起，顺时针量到直线间的夹角，称为该直线的真方位角，一般用 A 表示。

(2)磁方位角。

由磁子午线方向的北端起，顺时针量至直线间的夹角，称为该直线的磁方位角，用 A_M 表示。

(3)坐标方位角。

由坐标纵轴方向的北端起，顺时针量到直线间的夹角，称为该直线的坐标方位角，常简称方位角，用 α 表示。

测量工作中，一般采用坐标方位角表示直线方向。

因标准方向选择的不同，使得同一条直线有三种不同的方位角，三种方位角之间的关系如图 4.1-5 所示。

过 1 点的真北方向与磁北方向之间的夹角称为磁偏角(δ)，过 1 点的真北方向与坐标纵轴北方向之间的夹角称为子午线收敛角(γ)。

δ 和 γ 的符号规定相同：当磁北方向或坐标纵轴北方向在真北方向东侧时，δ 和 γ 的符号为“+”；当磁北方向或坐标纵轴北方向在真北方向西侧时，δ 和 γ 的符号为“–”。

因标准方向选择的不同，使得一条直线有不同的方位角。同一直线的三种方位角之间的关系为：

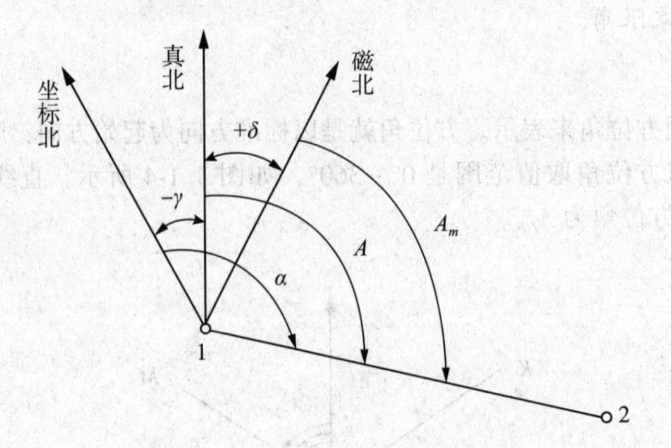

图 4.1-5 三种方位角之间的关系

$$A = A_M + \delta$$

$$A = \alpha + \gamma$$

$$\alpha = A_M + \delta - \gamma$$

2)象限角

由坐标纵轴的北端或南端起，沿顺时针或逆时针方向量至直线的锐角，并注出象限名称，称为该直线的象限角，用 R 表示，其角值范围为 0°~90°。

坐标方位角与象限角的换算关系如图 4.1-6、表 4.1-3 所示。

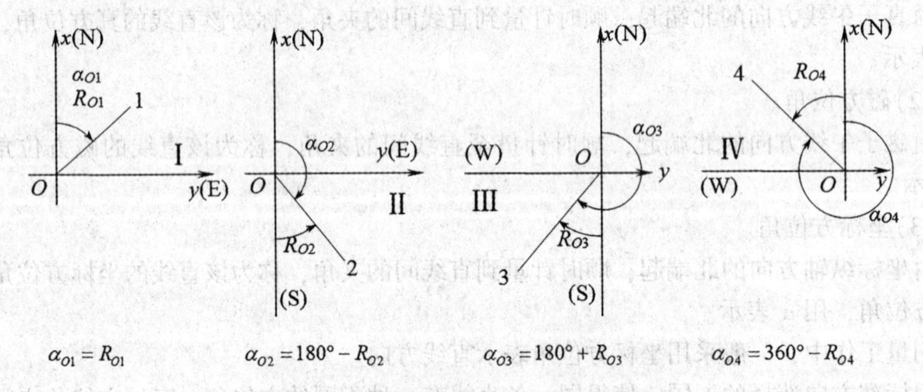

$\alpha_{O1}=R_{O1}$ $\alpha_{O2}=180°-R_{O2}$ $\alpha_{O3}=180°+R_{O3}$ $\alpha_{O4}=360°-R_{O4}$

图 4.1-6 坐标方位角与象限角的换算关系

表 4.1-3 **坐标方位角与象限角的换算关系表**

直线定向	由坐标方位角推算坐标象限角	由坐标象限角推算坐标方位角
北东(NE)，第Ⅰ象限	$R=\alpha$	$\alpha=R$
南东(SE)，第Ⅱ象限	$R=180°-\alpha$	$\alpha=180°-R$
南西(SW)，第Ⅲ象限	$R=\alpha-180°$	$\alpha=180°+R$
北西(NW)，第Ⅳ象限	$R=360°-\alpha$	$\alpha=360°-R$

3. 正、反坐标方位角的关系

测量中任何直线都有一定的方向。如图 4.1-7 所示，直线 AB，A 为起点，B 为终点。过起点 A 的坐标北方向与直线 AB 的夹角 α_{AB} 称为直线 AB 的正方位角。过终点 B 的坐标北方向与直线 BA 的夹角 α_{BA} 称为直线 AB 的反方位角。由于 A、B 两点的坐标北方向是平行的，所以正、反方位角相差 180°，即：

$$\alpha_{反}=\alpha_{正}\pm180°$$

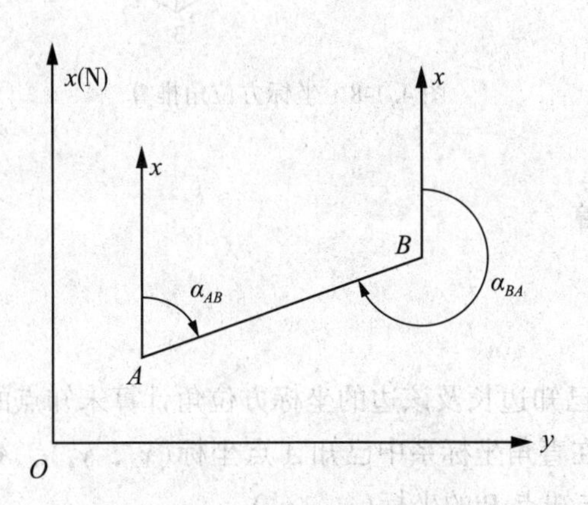

图 4.1-7　正反方位角的关系

4. 坐标方位角的推算

测量工作中，并不是直接确定各条直线的方位角，而是通过测量某一条直线与已知方位角的直线之间的夹角，然后根据已知直线的方位角推算出与之相连直线的方位角。导线测量就是采取这样的方式进行方位角的推算。

如图 4.1-8 所示，起始导线边 12 的方位角为 α_{12}，沿着测量路线的前进方向，测得 12 边与 23 边的转折角为 β_2(右角)，23 边与 34 边的转折角为 β_3(左角)，现推算 α_{23}、α_{34}。

由图中几何关系可以看出：

$$\alpha_{23}=\alpha_{21}-\beta_2=\alpha_{12}+180°-\beta_2=\alpha_{12}-\beta_2+180°$$

$$\alpha_{34}=\alpha_{32}-(360°-\beta_3)=\alpha_{23}+180°+\beta_3-360°=\alpha_{23}+\beta_3-180°$$

由此可推算出方位角的通用公式为：

$$\text{左角公式：}\alpha_{前}=\alpha_{后}+\beta_{左}\pm180° \tag{4.1-1}$$

$$\text{右角公式：}\alpha_{前}=\alpha_{后}-\beta_{右}\pm180° \tag{4.1-2}$$

注意：(1)加减号的取法按前两项的和确定，前两项的和≥180°，取“-”，否则取“+”；

(2)计算中，若推算出的 $\alpha_{前}\geq360°$，减 360°，推算出的 $\alpha_{前}<0°$，加 360°；

(3)实际工作中或者同一施测前进方向的左角，或者同一施测前进方向的右角，无论哪种情况，皆可直接采用左角公式或右角公式推算。

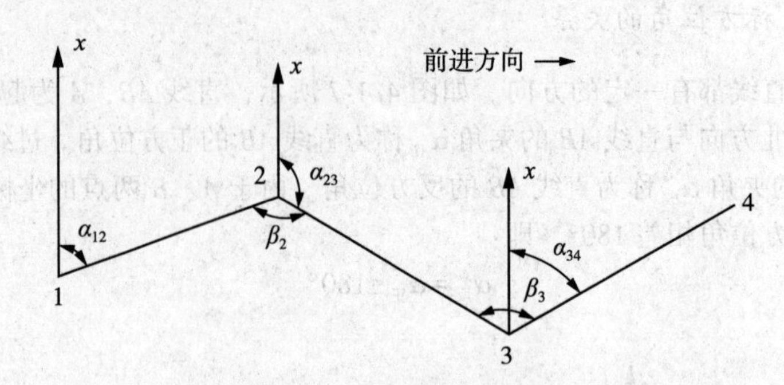

图4.1-8　坐标方位角推算

4.1.4.2　坐标计算

1. 坐标正算

根据已知点坐标、已知边长及该边的坐标方位角计算未知点的坐标称为坐标正算。

如图4.1-9所示，在直角坐标系中已知 A 点坐标(x_A，y_A)，AB 的边长 D_{AB} 及 AB 边的坐标方位角 α_{AB}，计算未知点 B 的坐标(x_B，y_B)。

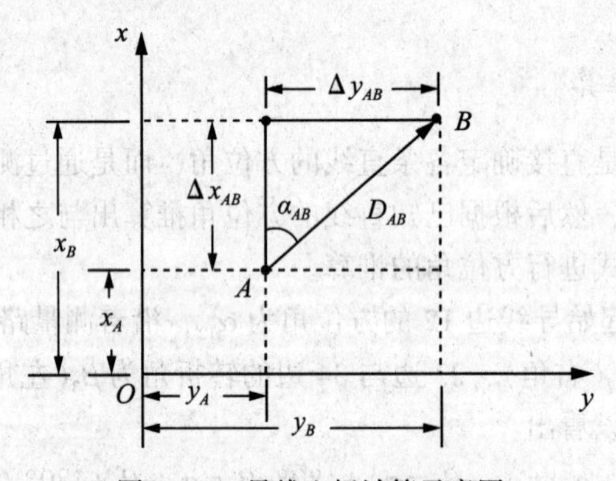

图4.1-9　导线坐标计算示意图

由图4.1-9可知：

$$\left.\begin{aligned} x_B &= x_A + \Delta x_{AB} \\ y_B &= y_A + \Delta y_{AB} \end{aligned}\right\} \tag{4.1-3}$$

而坐标增量的计算公式可由三角形的几何关系得：

$$\left.\begin{aligned} \Delta x_{AB} &= D_{AB} \cdot \cos\alpha_{AB} \\ \Delta y_{AB} &= D_{AB} \cdot \sin\alpha_{AB} \end{aligned}\right\} \tag{4.1-4}$$

所以

$$\left.\begin{aligned} x_B &= x_A + D_{AB} \cdot \cos\alpha_{AB} \\ y_B &= y_A + D_{AB} \cdot \sin\alpha_{AB} \end{aligned}\right\} \tag{4.1-5}$$

2. 坐标反算

由两个已知点的坐标反算其坐标方位角和边长称为坐标反算。

如图4.1-6所示，已知A点坐标(x_A，y_A)、B点坐标(x_B，y_B)，则可得坐标反算公式为：

$$\alpha'_{AB} = \left|\arctan\frac{\Delta y_{AB}}{\Delta x_{AB}}\right| = \left|\arctan\frac{y_B - y_A}{x_B - x_A}\right| \tag{4.1-6}$$

$$D_{AB} = \sqrt{(\Delta x_{AB})^2 + (\Delta y_{AB})^2} = \sqrt{(x_B - x_A)^2 + (y_B - y_A)^2} \tag{4.1-7}$$

需要指出的是：按式(4.1-6)计算出来的角属象限角，应根据坐标增量Δx和Δy的正负号判别直线AB所在的象限后将象限角换算成坐标方位角。判别与换算方法如下：

当$\Delta x>0$，$\Delta y>0$时，AB边在第Ⅰ象限，则$\alpha_{AB} = \alpha'_{AB}$；

当$\Delta x<0$，$\Delta y>0$时，AB边在第Ⅱ象限，则$\alpha_{AB} = 180° - \alpha'_{AB}$；

当$\Delta x<0$，$\Delta y<0$时，AB边在第Ⅲ象限，则$\alpha_{AB} = 180° + \alpha'_{AB}$；

当$\Delta x>0$，$\Delta y<0$时，AB边在第Ⅳ象限，则$\alpha_{AB} = 360° - \alpha'_{AB}$。

确定地面上两点之间的相对位置，除了需要测定两点之间的水平距离外，还需确定两点所连直线的方向。一条直线的方向是根据某一标准方向来确定的。确定直线与标准方向之间的关系，称为直线定向。

4.1.5　导线测量的内业计算

4.1.5.1　闭合导线计算

导线测量的内业计算，就是根据已知的起算数据和外业的观测数据，经过误差调整，推算出各导线点的平面坐标的计算。

计算前，应先全面、认真地检查导线测量的外业记录，检查数据是否齐全、正确，成果精度是否符合要求，起算数据是否准确。然后绘制导线观测略图，并将各项数据标注在图上相应位置。

1. 准备工作

将校核过的外业观测数据及起算数据填入闭合导线坐标计算表中。

2. 角度闭合差的计算与调整

由平面几何可知，闭合n边形内角和的理论值为：

$$\sum\beta_{理} = (n-2) \times 180° \tag{4.1-8}$$

因观测角不可避免地存在误差，使实测内角和不等于理论值而产生的差值，称为角度闭合差，用f_β表示，其值为：

$$f_\beta = \sum \beta_{测} - \sum \beta_{理} \tag{4.1-9}$$

各级导线角度闭合差若超过表4.1-1或表4.1-2的规定，则说明所测角度不符合要求，应检查角度是否错误或重新观测。若不超限，应进行角度改正计算，将角度闭合差反符号平均分配到各观测角中。角度改正数为：

$$v_\beta = -\frac{f_\beta}{n} \tag{4.1-10}$$

若上式不能整除，而有余数，可将余数调整到短边的邻角上，使改正后的内角和等于理论值$(n-2)\times180°$，以此作为计算校核。

3. 用改正后的转折角推算各边的方位角

根据起始边的已知方位角及改正后的转折角，按公式(4.1-1)或(4.1-2)推算其他各导线边的方位角。注意最后推算出的起始边方位角应与原有的已知方位角相等，否则应检查错误，重新计算。

4. 坐标增量闭合差的计算与调整

先按公式(4.1-4)计算坐标增量值，然后计算各导线边坐标增量的代数和。由闭合导线本身的几何特点可知各导线边纵横坐标增量的代数和的理论值应等于0，即：$\sum \Delta x_{理} = 0$，$\sum \Delta y_{理} = 0$。但实际测量中因其存在误差，造成$\sum \Delta x_{测} \neq 0$，$\sum \Delta y_{测} \neq 0$，从而使导线边纵横坐标增量产生闭合差：

$$\left.\begin{aligned} f_x &= \sum \Delta x_{测} \\ f_y &= \sum \Delta y_{测} \end{aligned}\right\} \tag{4.1-11}$$

由于f_x、f_y的存在，使得导线不能完全闭合而有一个缺口，这个缺口的长度称为导线全长闭合差，按式(4.1-12)计算：

$$f_D = \sqrt{f_x^{\ 2} + f_y^{\ 2}} \tag{4.1-12}$$

因导线越长，其全长闭合差也越大，所以f_D值的大小无法反映导线测量的精度，而应当用导线全长相对误差，即用相对闭合差K_D来衡量导线测量的精度，这样更合理。

$$K_D = \frac{f_D}{\sum D} = \frac{1}{\dfrac{\sum D}{f_D}} \tag{4.1-13}$$

当$K_D \leqslant K_{允}$时，说明测量成果精度符合要求，可进行坐标增量的调整计算。否则，应重新检查成果，甚至重测。坐标增量改正数计算公式为：

$$\left.\begin{aligned} v_{xi} &= -\frac{f_x}{\sum D} \times D_i \\ v_{yi} &= -\frac{f_y}{\sum D} \times D_i \end{aligned}\right\} \tag{4.1-14}$$

导线纵横坐标增量改正数之和应符合下式要求：

$$\left.\begin{aligned} \sum v_{xi} &= -f_x \\ \sum v_{yi} &= -f_y \end{aligned}\right\} \tag{4.1-15}$$

改正后的坐标增量计算式为：

$$\left.\begin{aligned} \Delta x_{i改} &= \Delta x_i + v_{xi} \\ \Delta y_{i改} &= \Delta y_i + v_{yi} \end{aligned}\right\} \tag{4.1-16}$$

5. 推算各导线点坐标

根据导线起始点的已知坐标及改正后的坐标增量，依次推算出各导线点的坐标。注意最后推回已知点的坐标应与已知坐标相等，以此进行计算检核。

【例 4.1-1】如图 4.1-10 所示为一选定的图根闭合导线，A、B、C、D、E、F 共 6 个导线点。已知起始点坐标为 A(504.328，806.497)，起始边方位角 $\alpha_{AB} = 140°27'39''$，外业观测数据见观测略图 4.1-10。计算各导线点的坐标。

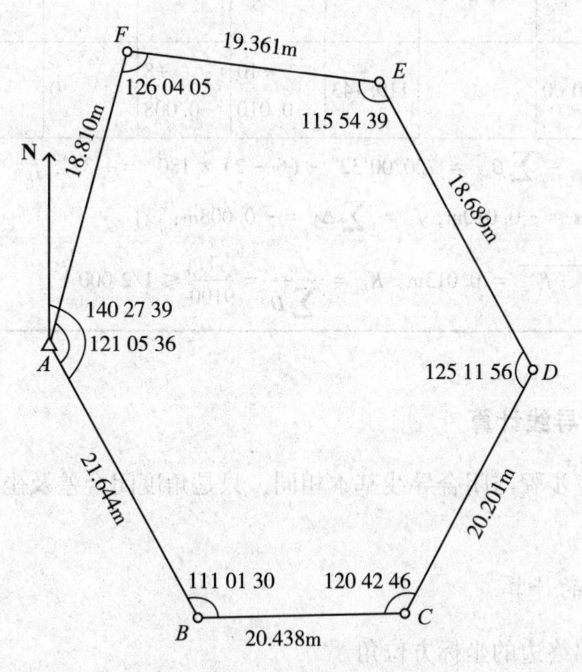

图 4.1-10　闭合导线观测略图

【解】　各导线点的坐标如表 4.1-4 所示。

表 4.1-4 **闭合导线坐标计算表**

点名	改正数(″) 观测角值 (° ′ ″)	改正后 角值 (° ′ ″)	方位角 (° ′ ″)	边长 (m)	改正数(mm) 增量计算值(m)		改正后的坐标 增量值(m)		坐标 (m)	
					Δx_i	Δy_i	$\Delta x_{i改}$	$\Delta y_{i改}$	x	y
A									504.328	806.497
			140 27 39	21.644	+2 −16.692	+2 13.779	−16.690	13.781		
B	−5 111 01 30	111 01 25							487.638	820.278
			71 29 04	20.438	+2 6.490	+2 19.380	6.492	19.382		
C	−5 120 42 46	120 42 41							494.130	839.660
			12 11 45	20.201	+2 19.745	+1 4.268	19.747	4.269		
D	−5 125 11 56	125 11 51							513.877	843.929
			317 23 36	18.689	+1 13.755	+1 −12.652	13.756	−12.651		
E	−6 115 54 39	115 54 33							527.633	831.278
			253 18 09	19.361	+2 −5.563	+1 −18.545	−5.561	−18.544		
F	−6 126 04 05	126 03 59							522.072	812.734
			199 22 08	18.810	+1 −17.745	+1 −6.238	−17.744	−6.237		
A	−5 121 05 36	121 05 31							504.328	806.497
			140 27 39							
B										
$\sum$	−32 720 00 32	720 00 00		119.143	+10 −0.010	+8 −0.008	0	0		

辅助计算：$f_\beta = \sum\beta_{测} - \sum\beta_{理} = 720°00'32'' - (6-2)\times180° = +32''$，$f_{\beta允} = \pm60''\sqrt{n} = \pm147''$；

$f_x = \sum\Delta x = -0.010\text{m}$，$f_y = \sum\Delta y = -0.008\text{m}$；

$f_D = \sqrt{f_x{}^2 + f_y{}^2} = 0.013\text{m}$，$K_D = \dfrac{f_D}{\sum D} = \dfrac{1}{9100} \leqslant 1/2\,000$

4.1.5.2 附合导线计算

附合导线的计算步骤与闭合导线基本相同，只是角度闭合差及坐标增量闭合差的计算公式有区别。

1. 角度闭合差的计算

根据下式推算出终边的坐标方位角。

$$左角公式：\alpha_{终} = \alpha_{始} + \sum\beta_{左} - n\times180° \tag{4.1-17}$$

$$右角公式：\alpha'_{终} = \alpha_{始} - \sum\beta_{右} + n\times180° \tag{4.1-18}$$

式中：n——所有观测角的个数，包括连接角和转折角；

$\alpha_{始}$——起始边的方位角。

推算的终边方位角应与已知的终边方位角相等，若不等，则两者的差值即为角度闭合差f_β。

$$f_\beta = \alpha'_{终} - \alpha_{终} \tag{4.1-19}$$

角度闭合差f_β若不超过相应等级技术要求的规定，应进行角度闭合差的调整计算，否则应查找原因或重测。调整的方法与闭合导线相同。

2. 坐标增量闭合差的计算

理论上各边纵横坐标增量的代数和应等于终始两已知点间的纵、横坐标差，即应符合下式要求：

$$\left.\begin{aligned}\sum \Delta x_{理} = x_{终} - x_{始}\\ \sum \Delta y_{理} = y_{终} - y_{始}\end{aligned}\right\} \tag{4.1-20}$$

而实际上因存在误差，上式并不满足要求，实际计算的各边的纵横坐标增量的代数和与附合导线终点与起点的纵横坐标之差的差值称为纵横坐标增量闭合差f_x和f_y，其计算公式为：

$$\left.\begin{aligned}f_x = \sum \Delta x - \sum \Delta x_{理} = \sum \Delta x - (x_{终} - x_{始})\\ f_y = \sum \Delta y - \sum \Delta y_{理} = \sum \Delta y - (y_{终} - y_{始})\end{aligned}\right\} \tag{4.1-21}$$

其他计算同于闭合导线。

【例4.1-2】如图4.1-11所示为一选定的图根附合导线，A、B(1)、2、3、4、C(5)、D共7个导线点。已知起始点坐标为A(843.40，1264.29)，B(640.93，1068.44)，C(589.97，1307.87)，D(793.61，1399.19)，外业观测数据见图4.1-11上所注。计算各导线点的坐标。

【解】　各导线点的坐标如表4.1-5所示。

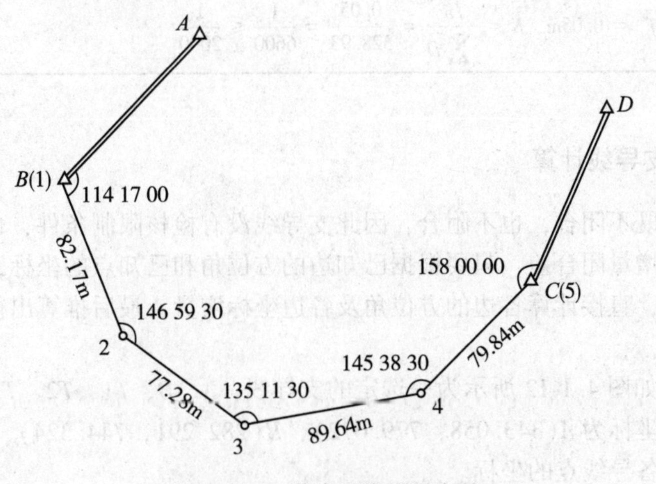

图4.1-11　附合导线观测略图

表 4.1-5　　**附合导线坐标计算表**

点号	观测角 (° ′ ″)	改正数 (″)	改正角 (° ′ ″)	方位角 (° ′ ″)	距离 (m)	改正数(cm) 增量计算值(m)		改正后增量值(m)		坐标值(m)	
						ΔX_i	ΔY_i	$\Delta X_{i改}$	$\Delta Y_{i改}$	X_i	Y_i
A										843.40	1264.29
				224 02 52							
B(1)	114 17 00	−2	114 16 58							640.93	1068.44
				158 19 50	82.17	+0 −76.36	+1 +30.34	−79.36	+30.35		
2	146 59 30	−2	146 59 28							564.57	1098.79
				125 19 18	77.28	+0 −44.68	+1 +63.05	−44.68	+63.06		
3	135 11 30	−2	135 11 28							519.89	1161.85
				80 30 46	89.64	+0 +14.77	+2 +88.41	+14.77	+88.43		
4	145 38 30	−2	145 38 28							534.66	1250.28
				46 09 14	79.84	+0 +55.31	+1 +57.58	+55.31	+57.59		
C(5)	158 00 00	−2	157 59 58							589.97	1307.87
				24 09 12							
D										793.61	1399.19
$\sum$	700 06 30	−10	700 06 20		328.93	0 −50.96	+5 +239.38	−50.96	+239.43		

计算：

$$\alpha_{AB} = \arctan\frac{y_B - y_A}{x_B - x_A} = 224°02'52'',\ \alpha_{CD} = \arctan\frac{y_D - y_C}{x_D - x_C} = 24°09'12'';$$

$$\alpha_{终} = \alpha_{始} + \sum\beta_{左} - n \times 180° = 224°02'52'' + 700°06'30'' - 5 \times 180° = 24°09'22'';$$

$$f_\beta = \alpha'_{终} - \alpha_{终} = 24°09'22'' - 24°09'12'' = +10'',\ f_{\beta容} = \pm 60''\sqrt{5} = \pm 134'';$$

$$f_x = \sum\Delta X - (X_C - X_B) = \pm 0.00\text{m},\ f_y = \sum\Delta Y - (Y_C - Y_B) = -0.05\text{m};$$

$$f_D = \sqrt{f_x^2 + f_y^2} = 0.05\text{m},\ K = \frac{f_D}{\sum D} = \frac{0.05}{328.93} = \frac{1}{6600} \leqslant \frac{1}{2000}$$

4.1.5.3　支导线计算

由于支导线既不闭合，也不附合，因此支导线没有检核限制条件，也就不需要计算角度闭合差与坐标增量闭合差，只要根据已知边的方位角和已知点的坐标，由外业测定的转折角和导线边长，直接计算各边的方位角及各边坐标增量，最后推算出待定导线点的坐标即可。

【例 4.1-3】如图 4.1-12 所示为一选定的支导线，A、B、$T1$、$T2$、$T3$ 共 5 个点为导线点。已知起始点坐标为 A(343.058，779.072)，B(282.291，744.324)，外业观测数据见图上所注。计算各导线点的坐标。

【解】　各导线点的坐标如表 4.1-6 所示。

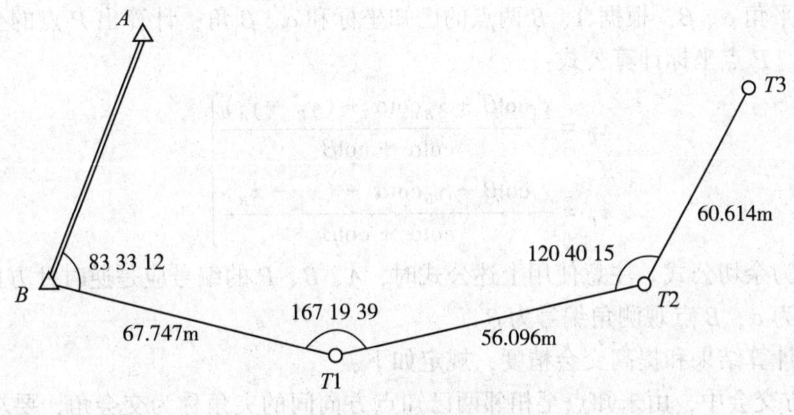

图 4.1-12　支导线

表 4.1-6　**支导线坐标计算表**

点名	转折角 (° ′ ″)	方位角 (° ′ ″)	边长 (m)	增量计算值(m)		坐标(m)	
				Δx	Δy	x	y
A						343.058	779.072
		209 45 43					
B	83 33 12					282.291	744.324
		113 18 55	67.747	−26.814	62.215		
$T1$	167 19 39					255.477	806.539
		100 38 34	56.096	−10.360	55.131		
$T2$	120 40 15					245.117	861.670
		41 18 49	60.614	45.528	40.016		
$T3$						290.645	901.686
辅助计算	$\alpha_{AB} = \arctan\dfrac{y_B - y_A}{x_B - x_A} = 209°45'43''$						

任务 4.2　交 会 测 量

当测区内已有控制点的密度不能满足工程施工或测图要求，而且需要加密的控制点数量又不多时，可以采用交会法加密控制点，称为交会测量。交会测量的方法有角度前方交会、侧方交会、单三角形、后方交会和测边交会。本任务介绍前方交会和测边交会。

4.2.1　前方交会

如图 4.2-1 所示，A、B 为坐标已知的控制点，P 为待定点。在 A、B 点上安置经纬仪，观测水平角 α、β，根据 A、B 两点的已知坐标和 α、β 角，计算出 P 点的坐标，这就是前方交会，P 点坐标计算公式：

$$\left.\begin{aligned} x_P &= \frac{x_A\cot\beta + x_B\cot\alpha + (y_B - y_A)}{\cot\alpha + \cot\beta} \\ y_P &= \frac{y_A\cot\beta + y_B\cot\alpha + (x_A - x_B)}{\cot\alpha + \cot\beta} \end{aligned}\right\} \tag{4.2-1}$$

上式称为余切公式。注意使用上述公式时，A、B、P 的编号应是逆时针方向的。A 点观测角编号为 α，B 点观测角编号为 β。

为保证计算结果和提高交会精度，规定如下：

(1)前方交会中，由未知点至相邻两已知点方向间的夹角称为交会角，要求交会角一般应大于 30°，小于 150°。交会角过大或过小，都会影响交会点的精度。

(2)水平角应观测两个测回，根据已知点数量选用测回法或方向观测法。

(3)在实际工作中，为了保证交会点的精度，避免测角错误的发生，一般要求从三个已知点 A、B、C 分别向 P 点观测水平角 α_1、β_1、α_2、β_2，作两组前方交会，如图 4.2-2 所示，按式(4.2-1)，分别在 $\triangle ABP$ 和 $\triangle BCP$ 中计算出 P 点的两组坐标 $P'(x'_P, y'_P)$ 和 $P''(x''_P, y''_P)$。当两组坐标较差符合要求时，取其平均值作为 P 点的最后坐标。一般要求，两组坐标较差 e 不大于两倍比例尺精度，用公式表示为：

$$e = \sqrt{\delta_x^2 + \delta_y^2} \leqslant e_{容} = 2 \times 0.1M(\text{mm}) \tag{4.2-2}$$

式中：$\delta_x = x'_P - x''_P$；$\delta_y = y'_P - y''_P$；

M——测图比例尺分母。

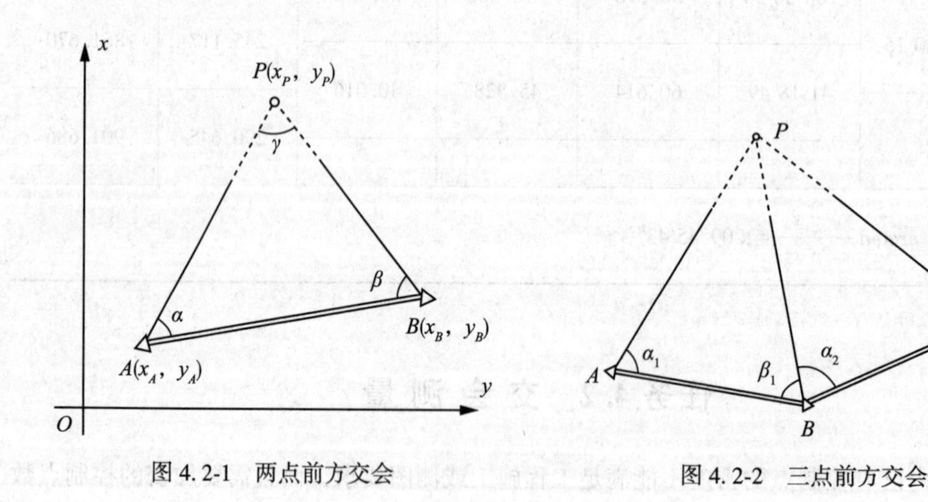

图 4.2-1　两点前方交会　　　图 4.2-2　三点前方交会

4.2.2　测边交会

如图 4.2-3 所示，A、B、C 为已知控制点，P 为待定点，测量了边长 AP、BP、CP，根据 A、B、C 点的已知坐标及边长 AP、BP、CP，计算出 P 点坐标，这就是测边交会。

随着电磁波测距仪的普及应用，测边交会也成为加密控制点的一种常用方法。

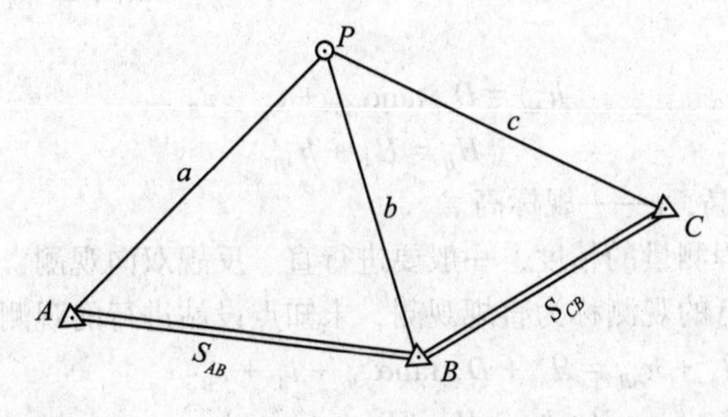

图 4.2-3　测边交会

由已知点坐标反算方位角和边长 α_{AB}、α_{CB} 和 D_{AB}、D_{CB}。在 $\triangle ABP$ 中，

$$\cos A = \frac{D_{AB}^2 + a^2 - b^2}{2 \cdot S_{AB} \cdot a} \tag{4.2-3}$$

则

$$\alpha_{AP} = \alpha_{AB} - A \tag{4.2-4}$$

$$\left.\begin{aligned} x'_P &= x_A + a \cdot \cos\alpha_{AP} \\ y'_P &= y_A + a \cdot \sin\alpha_{AP} \end{aligned}\right\} \tag{4.2-5}$$

同样，在 $\triangle CBP$ 中，

$$\cos C = \frac{D_{CB}^2 + c^2 - b^2}{2 \cdot S_{CB} \cdot c} \tag{4.2-6}$$

$$\alpha_{CB} = \alpha_{CP} + C \tag{4.2-7}$$

$$\left.\begin{aligned} x''_P &= x_C + c \cdot \cos\alpha_{CP} \\ y''_P &= y_C + c \cdot \sin\alpha_{CP} \end{aligned}\right\} \tag{4.2-8}$$

按式(4.2-5)和式(4.2-8)计算的两组坐标，其较差在容许限差内，则取平均值作为 P 点的最后坐标。

任务 4.3　三角高程测量

4.3.1　经纬仪三角高程测量

1. 三角高程测量的基本原理

三角高程测量，是通过观测两点间的水平距离或倾斜距离以及竖直角或天顶距，求定两点间高差的方法。三角高程测量又可分为经纬仪三角高程测量和光电测距三角高程测量。这种方法较之水准测量灵活方便，但精度较低，主要用于山区的高程控制和平面控制点的高程测定。利用平面控制测量中已知的边长和用经纬仪测得的两点间的竖直角或天顶距来求得高差。

如图 4.3-1 所示，已知 A、B 两点间的水平距离 D，A 点高程 H_A，在测站 A 观测垂直角 α，则：

$$h_{AB} = D_{AB}\tan\alpha_{AB} + i_A - v_B \tag{4.3-1}$$

$$H_B = H_A + h_{AB} \tag{4.3-2}$$

式中：i——仪器高，v——觇标高。

为了提高三角高程测量的精度，一般要进行直、反觇双向观测，并取平均值作为最后结果。已知点设站进行的观测称为直觇观测，未知点设站进行的观测称为反觇观测。

直觇观测：$H_B = H_A + h_{AB} = H_A + D_{AB}\tan\alpha_{AB} + i_A + v_B$ (4.3-3)

反觇观测：$H_B = H_A + h_{AB} = H_A - h_{BA} = H_A - (D_{BA}\tan\alpha_{BA} + i_B - v_A)$ (4.3-4)

直、反觇双向观测的高差平均值：

$$h_{AB中} = \frac{h_{AB} - h_{BA}}{2} \tag{4.3-5}$$

待定点 B 的直、反觇双向观测所得的高程：

$$H_B = H_A + h_{AB中} \tag{4.3-6}$$

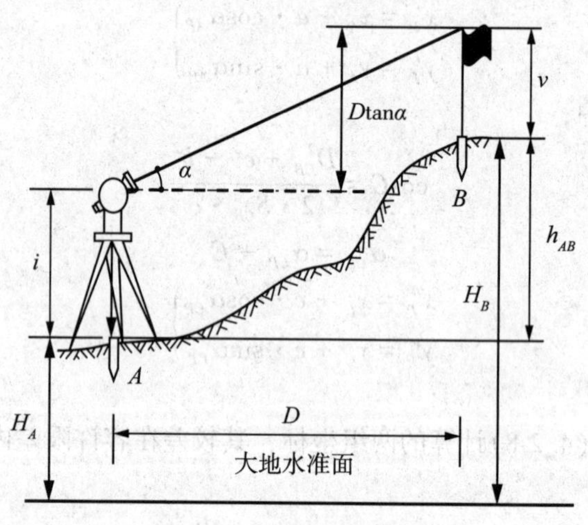

图 4.3-1　三角高程测量

2. 经纬仪三角高程测量的技术要求

经纬仪三角高程测量的技术要求如表 4.3-1 所示。

表 4.3-1　**经纬仪三角高程测量的技术要求**

等级	仪器	测回数	竖盘指标差(″)	竖直角较差(″)	直、反觇高差较差(mm)	路线高差闭合差(mm)
四等	DJ2	3	7	7	$\pm 40\sqrt{D}$	$\pm 20\sqrt{\sum D}$

续表

等级	仪器	测回数	竖盘指标差(″)	竖直角较差(″)	直、反觇高差较差(mm)	路线高差闭合差(mm)
五等	DJ2	2	10	10	$\pm 60\sqrt{D}$	$\pm 30\sqrt{\sum D}$
图根	DJ6	1	25	25	±400D	$\pm 0.1H_D\sqrt{n}$

注：①D 为测距边长度(单位为 km)，n 为边数；②H_D为等高距(单位为 m)。

3. 经纬仪三角高程测量的外业观测

(1)量取仪器高 i 及觇标高 v。

(2)竖直角(天顶距)观测。注意三点：①观测时一般利用十字丝中丝横切觇标的顶端；②进行竖盘读数必须调整竖盘指标水准管气泡居中或打开竖盘补偿开关；③计算竖盘指标差 x、竖直角 α(天顶距 Z)，并检查是否超限。

(3)应尽可能地采用对向直、反觇观测，以削弱地球曲率和大气折光对高差观测值的影响。

4. 经纬仪三角高程测量的外业验算

(1)由三角高程测量的对向观测所求得的直、反测高差(经过两差改正)之差 $\Delta h_{AB}=h_{AB}-h_{BA}$，该差小于等于表 4.3-1 的规定。

(2)三角高程附(闭)合路线的附(闭)合高差 $f_h=\sum h_{测}-(H_{终}-H_{始})$，该差小于等于表 4.3-1 的规定。

5. 经纬仪三角高程测量的内业平差计算

(1)绘制三角高程内业计算略图并抄录外业观测数据；

(2)设计并编制三角高程内业计算表格；

(3)抄录点名、起算点高程及外业观测数据(直、反觇高差平均值、边长)；

(4)计算三角高程路线附(闭)合差 f_h 并检核；

(5)按路线距离成比例反号分配附(闭)合差 f_h 并检核；

(6)计算各边高差平差值 h；

(7)计算各待定点高程平差值 H。

6. 经纬仪三角高程测量内业计算示例

表 4.3-2、表 4.3-3 为某图根三角高程测量内业计算示例。

表 4.3-2　　　　　　　　**三角高程测量直反觇高差计算表**

边号	距离(m)	直觇				反觇				直、反觇高差较差(m)	$\Delta h_{允}$(m)	平均高差(m)
		天顶距(° ′ ″)	仪器高(m)	目标高(m)	直觇高差(m)	天顶距(° ′ ″)	仪器高(m)	目标高(m)	反觇高差(m)			
A—$T1$	81.370	86 39 43	0.975	0.991	+4.730	93 57 42	1.295	0.397	−4.737	−0.007	±0.032	+4.734
$T1$—$T2$	72.606	88 27 47	1.295	0.991	+2.252	91 59 22	1.253	0.991	−2.260	−0.008	±0.029	+2.256
$T2$—$T3$	53.292	89 55 44	1.253	0.991	+0.328	90 40 58	1.299	0.991	−0.327	+0.001	±0.021	+0.328
$T3$—$T4$	61.580	90 12 29	1.299	0.991	+0.087	90 18 51	1.252	0.991	−0.077	+0.010	±0.025	+0.082
$T4$—$T5$	86.932	90 21 38	1.252	0.991	−0.286	90 00 21	1.279	0.991	+0.279	−0.007	±0.035	−0.282
$T5$—$T6$	83.377	92 56 44	1.279	0.991	−4.002	87 25 16	1.231	0.991	+3.995	−0.007	±0.033	−3.998
$T6$—$T7$	68.637	92 58 04	1.231	0.991	−3.318	87 28 16	1.281	0.991	+3.321	+0.003	±0.027	−3.320
$T7$—$T8$	79.348	91 23 01	1.281	0.991	−1.627	89 07 33	1.396	0.991	+0.616	−0.011	±0.032	−1.622
$T8$—A	71.099	88 51 23	1.396	0.986	+1.829	92 03 17	0.975	0.265	−1.841	−0.012	±0.028	+1.835

表 4.3-3　　　　　　**闭合三角高程路线高差闭合差调整与高程计算**

点号	距离(m)	高差观测值(m)	高差改正数(m)	改正后高差(m)	高程(m)	辅助计算
A					100.121	已知高程 $H_A = 100.121\text{m}$; $f_h = \sum h = +0.013\text{m}$; $f_{h容} = 0.1 H_D \sqrt{n} = 0.300\text{m}$
	81.370	+4.734	−0.002	+4.732		
$T1$					104.853	
	72.606	+2.256	−0.001	+2.255		
$T2$					107.108	
	53.292	+0.328	−0.001	+0.327		
$T3$					107.435	
	61.580	+0.082	−0.001	+0.081		
$T4$					107.516	
	86.932	−0.282	−0.002	−0.284		
$T5$					107.232	
	83.377	−3.998	−0.002	−4.000		
$T6$					103.232	
	68.637	−3.320	−0.001	−3.321		
$T7$					99.911	
	79.348	−1.622	−0.002	−1.624		
$T8$					98.287	
	71.099	+1.835	−0.001	+1.834		
A					100.121	
$\sum$	658.241	+0.013	−0.013	0		

4.3.2　电磁波测距三角高程测量

除了以上介绍的经纬仪三角高程测量外，还可以采用电磁波测距三角高程测量方法，即高程导线测量。

采用高程导线测量方法进行四等高程控制测量时，高程导线应起闭于不低于三等的水准点，边长不应大于 1km，路线长度不应大于四等水准路线的最大长度。布设高程导线时，宜与平面控制网相结合。

高程导线可采用每点设站或隔点设站的方法施测。隔点设站时，每站应变换仪器高度并观测两次，前后视线长度之差不应大于 100m。

采用高程导线测定的高程控制点或其他固定点的高差，应进行正常水准面不平行改正，计算方法应符合现行国家标准《国家三、四等水准测量规范》(GB/T 12898—2009)的规定。

高程导线测量的限差应符合国家标准《城市测量规范》(CJJ/T 1330—2001)中的规定，见表 4.3-4。

表 4.3-4　**高程导线测量的限差(mm)**

观测方法	两测站对向观测高差不符值	两照准点间两次观测高差不符值	附合路线或环路线闭合差		检测已测测段高差之差
			平原、丘陵	山区	
每点设站	$\pm 45\sqrt{D}$	—	$\pm 20\sqrt{L}$	$\pm 25\sqrt{L}$	$\pm 30\sqrt{L_i}$
隔点设站	—	$\pm 14\sqrt{D}$			

注：D——测距边长度(km)；
L——附合路线或环线长度(km)；
L_i——检测测段长度(km)。

任务 4.4　GPS 控制测量

GNSS 是 Global Navigation Satellite System 的缩写，是所有在轨工作的卫星导航系统的总称，它包括美国 GPS 全球定位系统、俄罗斯全球卫星导航系统 GLONASS、欧盟全球卫星导航定位系统 GALILEO(伽利略)、中国北斗卫星导航定位系统 BEIDOU/COMPASS。

GPS 全球定位系统，是一种同时接收来自多颗卫星的电波导航信号，测量地球表面某点准确地理位置的技术系统。这个系统可以保证在任意时刻，地球上任意一点都至少可以同时观测到 4 颗卫星，以保证卫星可以采集到该观测点的平面位置和大地高程，以便实现导航、定位、授时等功能。GPS 具有定位精度高、观测时间短、观测站间无需通视、能提供全球统一的地心坐标等特点，被广泛应用于大地控制测量中。

4.4.1　GPS 系统组成

GPS 系统包括三大部分：地面控制部分、空间部分和用户部分，图 4.4-1 显示了 GPS

定位系统的三个组成部分及其相互关系。

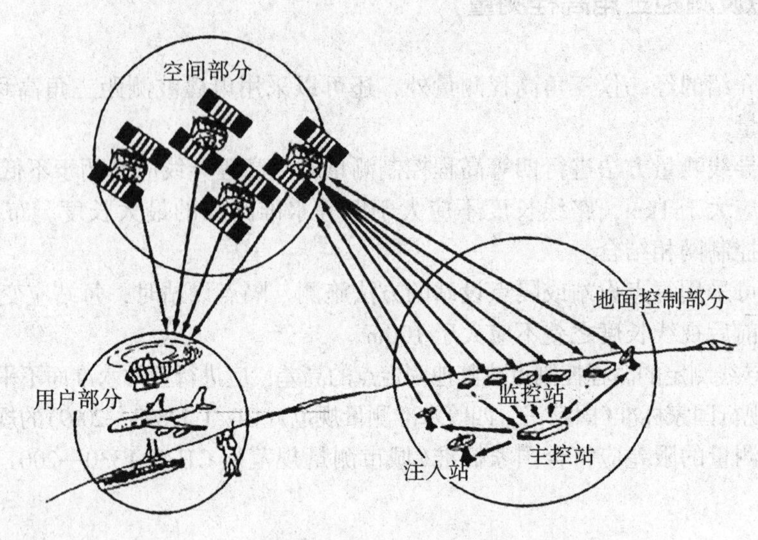

图4.4-1 GPS系统组成

1. 地面控制部分

GPS的地面控制部分由分布在全球的若干个跟踪站组成的监控系统所构成。根据其作用的不同，跟踪站分为主控站、监控站和注入站。地面监控系统提供每颗GPS卫星所播发的星历，并对每颗卫星工作情况进行监测和控制。地面监控系统的另一个重要作用是保持各颗卫星处于同一时间标准——GPS时间系统(GPST)。

2. 空间部分

GPS卫星星座由21颗工作卫星和3颗在轨备用卫星组成，记作(21+3)GPS星座。24颗卫星均匀分布在6个轨道平面内，卫星轨道面相对地球赤道面的倾角为55°，各个轨道平面之间夹角为60°，即轨道的升交点赤经各相差60°。每个轨道平面内各颗卫星之间的升交角相差90°。每颗卫星的正常运行周期为11h58min，若考虑地球自转等因素，将提前4min进入下一周期。

3. 用户部分

用户部分主要指GPS接收机，此外还包括气象仪器、计算机、钢尺等仪器设备。GPS接收机主要由天线单元、信号处理部分、记录装置和电源组成。GPS接收机的基本类型主要分为测地型、导航型和授时型三种。

4.4.2 GPS系统的特点

GPS系统的特点概况为：高精度、全天候、高效率、多功能、操作简便、应用广泛等。

1. 定位精度高

应用实践已经证明，GPS 相对定位精度在 50km 以内可达 10^{-6}，100～500km 可达 10^{-7}，1000km 可达 10^{-9}。在 300～1500m 工程精密定位中，1 小时以上观测时解其平面位置误差小于 1mm，与 ME-5000 电磁波测距仪测定的边长比较，其边长较差最大为 0.5mm，较差中误差为 0.3mm。

2. 观测时间短

随着 GPS 系统的不断完善，软件的不断更新，目前，20km 以内快速静态相对定位仅需 15～20 分钟；当 RTK 测量时，若每个流动站与参考站相距在 15km 以内，则流动站观测时间只需 1～2 分钟。

3. 测站间无需通视

GPS 测量不要求测站之间互相通视，只需测站上空开阔即可，因此可节省大量的造标费用。由于无需点间通视，点位位置根据需要可稀可密，使选点工作甚为灵活，也可省去经典大地网中的传算点、过渡点的测量工作。

4. 可提供三维坐标

经典大地测量将平面与高程分别采用不同方法施测。GPS 可同时精确测定测站点的三维坐标(平面+大地高)。目前通过局部大地水准面精化，GPS 高程可达四等水准测量精度。

5. 操作简便

随着 GPS 接收机不断改进，自动化程度越来越高，有的已达“傻瓜化”的程度，接收机的体积越来越小，重量越来越轻，极大地减轻了测量工作者的工作紧张程度和劳动强度。

6. 全天候作业

目前，GPS 观测可在一天 24 小时内的任何时间进行，不受阴天黑夜、起雾刮风、下雨下雪等天气的影响。

7. 功能多、应用广

GPS 系统不仅可用于测量、导航、精密工程的变形监测，还可用于测速、测时。测速的精度可达 0.1m/s，测时的精度优于 0.2ns，其应用领域在不断扩大。起初，设计 GPS 系统的主要目的是用于导航、收集情报等军事目的。但是，后来的应用开发表明，GPS 系统不仅能够达到上述目的，而且用 GPS 卫星发来的导航定位信号还能够进行厘米级甚至毫米级精度的静态相对定位，米级至亚米级精度的动态定位，亚米级至厘米级精度的速度测量和毫微秒级精度的时间测量。因此，GPS 系统展现了极其广阔的应用前景。

4.4.3 GPS基本定位原理

把卫星视为“动态”的控制点，以GPS卫星和用户接收机天线之间的距离(或距离差)为观测量，根据已知的卫星瞬时坐标，进行空间距离后方交会，从而确定用户接收机天线相位中心处的位置。

如图4.4-2所示，架设于地面点的GPS接收机，接收空中卫星信号，测量出接收机天线相位中心至GPS卫星之间的距离，根据空间距离后方交会，按下式计算接收机天线相位中心的三维坐标。

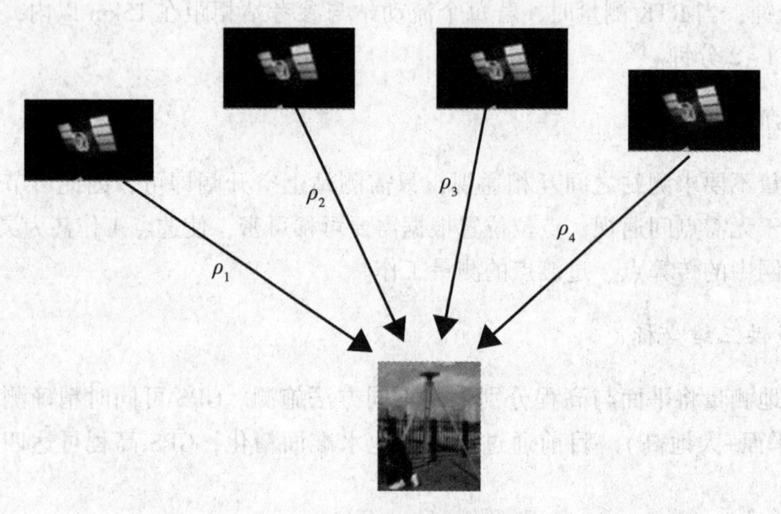

图4.4-2 GPS基本定位原理

$$\rho_i = \sqrt{(X - X_i)^2 + (Y - Y_i)^2 + (Z - Z_i)^2} + c \cdot \delta_t$$

其中，c为光速，δ_t为接收机钟差，(X, Y, Z)为待求的地面坐标，(X_i, Y_i, Z_i)为第i颗卫星的坐标，ρ为用户接收机天线相位中心至GPS卫星的距离。

公式中未知数为X、Y、Z、δ_t，共4个未知数，根据方程解算的规律，也应至少需要4颗卫星才能解算，所以，GPS定位至少需要4颗星才能完成。

GPS定位的关键是测定用户接收机天线相位中心至GPS卫星之间的距离，方法包括：

1. 伪距测量

伪距测量(pseudo-range measurement)是在用全球定位系统进行导航和定位时，用卫星发播的伪随机码与接收机复制码的相关技术，测定测站到卫星之间的、含有时钟误差和大气层折射延迟的距离的技术和方法。测得的距离含有时钟误差和大气层折射延迟，而非“真实距离”，故称伪距。它是为实现伪距定位，利用测定的伪距组成以接收机天线相位中心的三维坐标和卫星钟差为未知数的方程组，经最小二乘法解算以获得接收机天线相位中心三维坐标，并将其归化为测站点的三维坐标。由于方程组含有4个未知数，必须有4个以上经伪距测量而获得的伪距。此法既能用于接收机固定在地面测站上的静态定位，又可用于接收机置于运动载体上的动态定位。但后者的绝对定位精度较低，只能用于精度要求不高的导航。

2. 载波相位测量

利用GPS卫星发射的载波为测距信号。由于载波的波长($\lambda_{L_1}=19.03\text{cm}$，$\lambda_{L_2}=24.42\text{cm}$)比测距码波长要短得多，因此对载波进行相位测量，就可能得到较高的测量定位精度。

3. 相对定位

相对定位是目前GPS测量中精度最高的一种定位方法，它广泛用于高精度测量工作中。由于GPS测量结果中不可避免地存在着种种误差，但这些误差对观测量的影响具有一定的相关性，所以利用这些观测量的不同线性组合进行相对定位，便可能有效地消除或减弱上述误差的影响，提高GPS定位的精度，同时消除了相关的多余参数，也大大方便了GPS的整体平差工作。如果用平均误差量与两点间的长度相比的相对精度来衡量，GPS相位相对定位方法的相对定位精度一般可以达10^{-6}(1ppm)，最高可接近10^{-9}(1ppb)。

静态相对定位的最基本情况是用两台GPS接收机分别安置在基线的两端，固定不动；同步观测相同的GPS卫星，以确定基线端点在WGS-84坐标系中的相对位置或基线向量，由于在测量过程中，通过重复观测取得了充分的多余观测数据，从而改善了GPS定位的精度。

4. 单点定位

SPP(Single Point Positioning)，其优点是只需用一台接收机即可独立确定待求点的绝对坐标，且观测方便，速度快，数据处理也较简单。主要缺点是精度较低，一般来说，只能达到米级的定位精度，目前的手持GPS接收机大多采用的是这种技术。

5. 精密单点定位

PPP(Precise Point Positioning)，利用载波相位观测值以及由IGS等组织提供的高精度的卫星钟差来进行高精度单点定位的方法。目前，根据一天的观测值所求得的点位平面位置精度可达2~3cm，高程精度可达3~4cm，实时定位的精度可达分米级。但该定位方式所需顾及方面较多，如精密星历、天线相位中心偏差改正、地球固体潮改正、海潮负荷改正、引力延迟改正、天体轨道摄动改正等，所以精密单点定位目前还处于研究、发展阶段，有些问题还有待深入研究解决。由于该定位方式只需一台GPS接收机，作业方式简便自由，所以PPP已成为当前GPS领域的一个研究热点。

4.4.4　GPS控制测量

4.4.4.1　GPS外业观测的作业方式

同步图形扩展式的作业方式具有作业效率高、图形强度好的特点，是目前在GPS测量中普遍采用的一种布网形式，在此主要介绍该布网形式的作业方式。

采用同步图形扩展式布设 GPS 基线向量网时的观测作业方式主要有点连式、边连式、网连式和混连式，如图 4.4-3 所示。

1. 点连式

(1)观测作业方式。在观测作业时，相邻的同步图形间只通过一个公共点相连。这样，当有 m 台仪器共同作业时，每观测一个时段，就可以测得 $m-1$ 个新点，当这些仪器观测了 s 个时段后，就可以测得 $1+s\cdot(m-1)$ 个点。

(2)特点。优点是作业效率高、图形扩展迅速；缺点是图形强度低，如果连接点发生问题，将影响到后面的同步图形。

2. 边连式

(1)观测作业方式。在观测作业时，相邻的同步图形间有一条边(即两个公共点)相连。这样，当有 m 台仪器共同作业时，每观测一个时段，就可以测得 $m-2$ 个新点，当这些仪器观测了 s 个时段后，就可以测得 $2+s\cdot(m-2)$ 个点。

(2)特点。具有较好的图形强度和较高的作业效率。

3. 网连式

(1)观测作业方式。在观测作业时，相邻的同步图形间有 3 个(含 3 个)以上的公共点相连。这样，当有 m 台仪器共同作业时，每观测一个时段，就可以测得 $m-k$ 个新点，当这些仪器观测了 s 个时段后，就可以测得 $k+s\cdot(m-k)$ 个点。

(2)特点。所测设的 GPS 网具有很强的图形强度，但网连式观测作业方式的作业效率很低。

4. 混连式

(1)观测作业方式。在实际的 GPS 作业中，一般并不是单独采用上面所介绍的某一种观测作业模式，而是根据具体情况，有选择地灵活采用这几种方式的混连式作业。

(2)特点。实际作业中最常用的作业方式，它实际上是点连式、边连式和网连式的一个结合体。

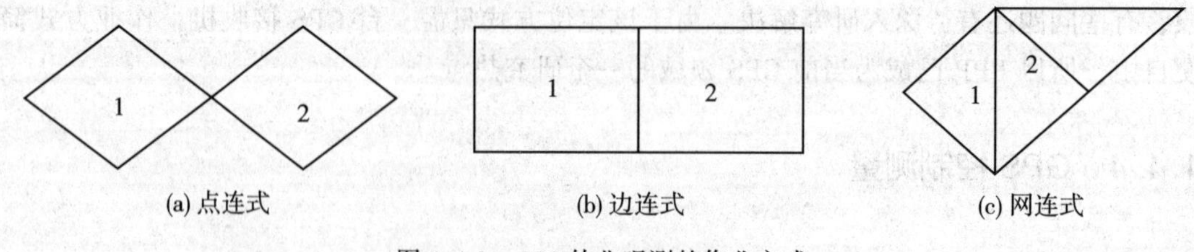

图 4.4-3 GPS 外业观测的作业方式

4.4.4.2　GPS 外业观测作业

1. 外业观测作业流程

GPS 外业观测作业流程如下：

1) 网形规划及时段安排

GPS 网形规划与控制点的分布有关，为使整个网形的点位中误差值能够均匀，最好网形能依控制点的分布规划。时段的安排最好能避开中午(11:00a. m. ~1:00p. m.)。时段安排后，填写计划时段表，并明确指示测量员测站行程。

2) 测站观测

测站观测人员应明确测站点名、点号及开关机时间等信息，按要求架设仪器并记录相关数据。架设 GPS 的操作程序及注意事项：

(1) 找寻点位。该点若已去过，应该不会发生问题；若是没去过的点位，而按点之记找寻者，则在到达点位之后应确认该点之标识号码，检核无误后再行架设仪器。

(2) 架设仪器，如图 4.4-4、图 4.4-5 所示，包括对中、整平、量取仪器高等。

图 4.4-4　静态 GPS 测量

图 4.4-5　动态 GPS 测量

(3) 记录观测手簿，见表 4.4-1。手簿是数据下载及内业计算最重要的信息记录，外业所发生的错误都必须要经由手簿的记载来改正之，因此手簿数据的记载务必要求正确、详尽。记录过程中，应注意点名、点号书写是否正确，天线高、天线盘及接收仪的型号、序号记录是否正确，开关机时间务必记录等。

3) 资料下载

GPS 外业收集的数据须经由传输线的连接下载，或经由记忆磁卡(PCMCIA 卡)传输至计算机中，再经由仪器商所提供的计算软件计算基线，最后再组成网形计算坐标。因此，数据下载也是一门重要的工作，外业上所发生的一些错误就必须在这个阶段完成侦错及改正。

4) 资料检核

测量工作最重要的就是数据的正确性，因此在外业交付内业的最后阶段，必须再次确认各项数据是否有误，检核后将下列各档案移交内业人员：①当日计划时段表、交付网形、时段规划者。②测站手簿、实际观测时段表、下载磁性数据(rawdata 及 RINEXdata)，交付内业计算人员。

表 4.4-1　　**C、D、E 级测量记录手簿**

点号		点名		图幅编号	
观测记录员		日期段号		观测日期	
接收机名称 及编号		天线类型 及编号		存储介质编号 数据文件名	
温度计类型 及编号		气压计类型 及编号		备份存储 介质编号	
近似纬度	° ′ ″ N	近似经度	° ′ ″ E	近似高程	m
采样间隔	s	开始记录时间	h min	结束记录时间	h min
天线高测定		天线高测定方法及略图		点位略图	
测前：　测后： 测定值______ ______ m 修正值______ ______ m 天线高______ ______ m 平均值______ ______ m					

时间(UTC)	跟踪卫星号(PRN)信噪比	纬度 (° ′ ″)	经度 (° ′ ″)	大地高 (m)	PDOP

记事	

2. 外业观测作业的注意事项

目前接收机的自动化程度较高，操作人员只需做好以下工作即可：

(1)各测站的观测员应按计划规定的时间作业，确保同步观测。

(2)确保接收机存储器(目前常用 CF 卡)有足够的存储空间。

(3)开始观测后，正确输入高度角、天线高及天线高量取方式。

(4)观测过程中应注意查看测站信息、接收到的卫星数量、卫星号、各通道信噪比、相位测量残差、实时定位的结果及其变化和存储介质记录等情况。一般来讲，主要注意 DOP 值的变化，如 DOP 值偏高(GDOP 一般不应高于 6)，应及时与其他测站观测员取得联系，并适当延长观测时间。

(5)同一观测时段中，接收机不得关闭或重启；将每测段信息如实记录在GPS测量手簿上。

(6)在进行长距离高等级GPS测量时，要将气象元素、空气湿度等如实记录，每隔一小时或两小时记录一次。

4.4.4.3 GPS测量数据处理与成果检核

GPS测量外业结束后，必须对采集的数据进行处理，以求得观测基线和观测点位的成果，同时进行质量检核，以获得可靠的最终定位成果。数据处理是用专用软件进行的，不同的接收机以及不同的作业模式配置各自的数据处理软件。GPS测量数据处理主要包括基线解算和GPS网平差。通过基线解算，将外业采集的数据文件进行整理、分析、检验，剔除粗差，检测和修复整周跳变，修复整周模糊度参数，对观测值进行各种模型改正，解算出合格的基线向量解(一般选择合格的双差固定解)。在此基础上，进行GPS网平差，或与地面网联合平差，同时将结果转换为地面网的坐标。

GPS技术施测的成果由于种种原因会存在一些误差，使用时应对成果进行检核。检核的方法很多，可以视实际情况选择合适的方法。GPS测量成果质量的检核内容包括：外业数据质量检核、GPS网平差结果质量检核。

4.4.5 GPS的应用领域

1. GPS应用于导航

主要是为船舶、汽车、飞机等运动物体进行定位导航。例如，船舶远洋导航和进港引水；飞机航路引导和进场降落；汽车自主导航；地面车辆跟踪和城市智能交通管理；紧急救生；个人旅游及野外探险；个人通信终端(与手机、PDA、电子地图等集成一体)。

2. GPS应用于授时校频

每个GPS卫星上都装有铯原子钟作星载钟；GPS全部卫星与地面测控站构成一个闭环的自动修正系统(如图4.4-3所示)；采用协调世界时UTC(USNO/MC)为参考基准。

当前精密的GPS时间同步技术可以适用10^{-10}~10^{-11}s的同步精度。这一精度可以用于国际上各重要时间和相关物理实验室的原子钟之间的时间传递。利用它可以在地球上不同区域相当远的距离(数千千米)的实验室上利用各种精密仪器设备对太空的天体、运动目标，如脉冲星、行星际飞行探测器等进行同步观测，以确定它们的太空位置、物理现象和状态的某些变化。

3. GPS应用于高精度测量

GPS应用于各种等级的大地测量、控制测量；道路和各种线路放样；水下地形测量；地壳形变测量、大坝和大型建筑物变形监测；GIS数据动态更新；工程机械(轮胎吊，推土机等)控制；精细农业等。

近些年来，随着大量的建筑工程项目开工建设，对测绘工作提出了新的要求：快速、经济、准确。传统的测量方法越来越难以跟上设计技术的步伐和快速的施工速度。GPS技术的出现正迎合了现代测绘的新要求。目前GPS技术已被成功应用于建筑勘测设计、施工放样以及运营过程中的安全检测等各个方面。

经过30余年的实践证明，GPS系统是一个高精度、全天候和全球性的无线电导航、定位和定时的多功能系统。GPS技术已经发展成为多领域、多模式、多用途、多机型的高新技术国际性产业。目前已遍及国民经济各个部门，并开始逐步深入人们的日常生活。

项目小结

本项目介绍了现今生产实际当中常用的平面控制测量方法——导线测量，以及能应用在控制点加密上的平面控制测量方法——交会测量；介绍了高程控制测量方法当中的三角高程测量，高程控制测量最常用的水准测量在前序项目中已经学习；介绍了可以同时确定平面位置和高程的GPS控制测量。通过本项目的学习，需掌握以下内容：

(1)导线测量的概念与导线布设形式；

(2)导线测量的外业工作；

(3)闭合导线计算、附合导线计算以及支导线计算；

(4)前方交会法、测边交会法的外业观测方法以及内业计算；

(5)三角高程测量的基本原理、基本要求、外业观测和内业计算；

(6)GPS概念、组成、特点、GNSS定位原理；

(7)GPS控制测量的外业观测、测量数据处理与成果检核等。

知识检验

1. 控制测量按测量的内容不同分为哪两种？
2. 什么叫导线测量？导线测量有哪几种布设形式？
3. 导线测量外业选点有哪些注意事项？
4. 什么叫直线定向？什么叫方位角？
5. 有哪些交会测量方法？
6. GPS系统的特点有哪些？
7. GPS外业观测的作业方式有哪些？

项目5　大比例尺地形图测绘

项目描述

测量工作必须遵循“先控制后碎部”的原则，先建立控制网，进行控制测量；然后在控制点上安置仪器，测定其周围的地物和地貌点的平面位置和高程，并将地物和地貌按一定的比例尺缩绘在图纸上，将这个过程称为碎部测量，也称地形图测绘。

所谓地物，就是指地面上的道路、河流等自然物体或房屋、桥梁等人工建筑物(构筑物)；所谓地貌，就是指地球表面的山峰、丘陵、平原、盆地、沟壑、峡谷等高低起伏的形态；地物和地貌总称为地形。将地面上一定区域内的地物、地貌按照某种数学法则投影到水平面上，按照规定的符号和比例尺，经过综合取舍缩绘而成的图形称为地形图。地形图上以图示符号加注记符号表示地物，用等高线表示地貌。如果仅反映地物的平面位置，不反映地貌的形态，这样的图称为平面图。

地形图按比例尺不同分为大比例尺、中比例尺和小比例尺地形图，本项目介绍的是大比例尺地形图。

无论哪种比例尺的地形图，图上均应包括以下内容：

1. 数学要素

地形图的数学要素主要包括控制点、坐标系统、高程系统、等高距、测图比例尺、图幅编号等。

2. 地理要素

地理要素是指地球表面上最基本的自然和人文要素，分为独立地物、居民地、交通网、水系、地貌、土质和植被、境界线等，地理要素是地图的主体。

3. 整饰要素

整饰要素是一组为方便使用而附加的文字和工具性资料，包括外图廓、图名、图号、接图表、图例、指北针、测图时间、图式版本号、测图单位、测量员、绘图员、检查员和保密等级等。

地形图按照载体不同分为纸质地形图和数字(电子)地形图两种，相应的测绘方法分别称作白纸测图(手工测图)和数字化测图。本项目重点介绍白纸测图方法，简要介绍数字化测图方法当中的全站仪数字化测图。

本项目由4项任务组成。任务5.1“地形图的认识”的主要内容包括：地形图的基本知识，地物、地貌的表示，地形图的分幅与编号；任务5.2“白纸测图”的主要内容包括：测图前的准备工作，经纬仪测绘法，地物的测绘、地貌的测绘，地形图的拼接、整饰、检查与验收；任务5.3“全站仪数字化测图”的主要内容包括：全站仪外业数据采集、数据传输、数据处理、图形输出；任务5.4“地形图的识读与应用”的主要内容包括：地形图的识读、地形图的应用。

通过本项目的学习，使学生达到如下要求：掌握地形图的基本知识，掌握地物、地貌的表示方法，能正确认识地形图；掌握经纬仪测绘法，能够独立完成观测过程中的记录、计算与绘图，能正确测绘常见的地物和地貌；掌握全站仪数字化测图的数据采集、数据传输、数据处理和图形输出；掌握地形图的识读方法，了解地形图的应用。

任务5.1　地形图的认识

5.1.1　地形图比例尺及比例尺精度

1. 地形图比例尺

地形图比例尺是指图上线段长度和实地相应长度之比，可分为数字比例尺和图示比例尺两种。

1)数字比例尺

数字比例尺一般是以1作为分子的分数形式表示的，设图上某一直线长度为d，相应地面线段的水平距离为D，则图的比例尺为：$d/D=1/M=1/(D/d)$，式中M为比例尺分母。

在国家基本比例尺地形图系列中，通常将1∶500、1∶1000、1∶2000、1∶5000称为大比例尺地形图，将1∶1万、1∶2.5万、1∶5万、1∶10万称为中比例尺地形图，将1∶20万、1∶50万、1∶100万称为小比例尺地形图。

数字比例尺分数值越大，即分母越小，则比例尺也越大，它在图上表示的地物地貌也越详细。数字比例尺通常标注在图廓下方正中央处。

2)图示比例尺

图式比例尺又称直线比例尺，为了直接而方便地进行图上与实地相应的水平距离化算和减少图纸伸缩误差，常在图廓下方绘一直线比例尺。绘制时先在图上绘两条平行线，再把它分成若干相等的线段，称为比例尺的基本单位，一般为2cm，将左端的一段基本单位又分成十等份，如图5.1-1所示。

2. 地形图比例尺精度

通常认为人的肉眼在图纸上的分辨率为0.1mm，所以规定图上0.1mm所对应的实地距离叫做比例尺精度，用δ表示，则$\delta=0.1\text{mm}\times M$。表5.1-1所示为几种常见比例尺地形图的比例尺精度，例如1∶2000地形图的精度为0.2m。

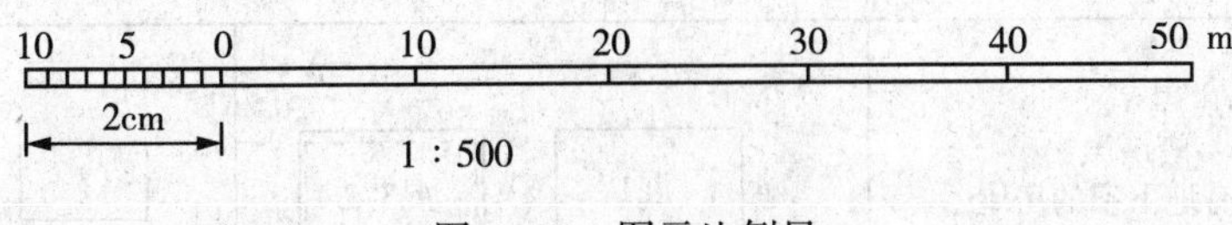

图 5.1-1　图示比例尺

表 5.1-1　**几种常见比例尺地形图的比例尺精度**

比例尺	1∶500	1∶1000	1∶2000	1∶5000	1∶10000
比例尺精度(m)	0.05	0.1	0.2	0.5	1.0

根据比例尺的精度，可以确定测图时距离量取的精度，例如，测绘 1∶2000 比例尺地形图时，其比例尺的精度为 0.2m，故测图时量距的精度只需 0.2m，小于 0.2m 在图上表示不出来。反之，当设计规定需在图上能量出的实地最短长度时，根据比例尺的精度，可以反算从而确定测图比例尺。例如，欲表示实地最短线段长度为 0.5m，则测图比例尺不得小于 1∶5000。

比例尺越大，表示的实地地物和地貌情况越详细，精度越高。但是对于同一测区，测绘大比例尺地形图通常要增加测绘工作量和经费，因此采用何种比例尺测图，应从工程实际需要的精度出发，而不应盲目追求更大比例尺的地形图。

5.1.2　地形图符号

为了便于测图和用图，规定在地形图上使用许多不同的符号来表示地物和地貌的形状和大小，这些符号总称地形图符号。《地形图图式》中规定地形图符号的绘制方法，《地形图图式》是测绘地形图的基本依据之一，是正确识读和应用地形图的重要工具。

1. 地物符号

地形图上表示各种地物的形状大小和它们的位置的符号，叫地物符号，如表示测量控制点、居民地、独立地物、管线、道路、水系、植被等的符号。根据地物的形状大小和描绘方法不同，地物符号可以分为以下几种：

1)依比例尺符号

地物的平面轮廓，依地形图比例尺缩绘到图上的符号，称为依比例尺符号。如房屋、湖泊、农田等。比例尺符号不仅能反映出地物的平面位置，而且能反映出地物的形状和大小，如图 5.1-2 所示。大部分的面状地物都属于依比例尺符号，此类符号也叫面状符号。

2)不依比例尺符号

有些重要地物其轮廓较小，按测图比例尺缩小在图纸上无法表示出来，而用规定的象形符号表示，称为不依比例尺符号。如控制点、独立树、电杆、水塔、路灯等。不依比例尺符号只表示物体的中心或中线的位置，不表示物体的形状和大小，如图 5.1-3 所示。大部分的点状地物都属于不依比例尺符号，此类符号也叫点状符号。

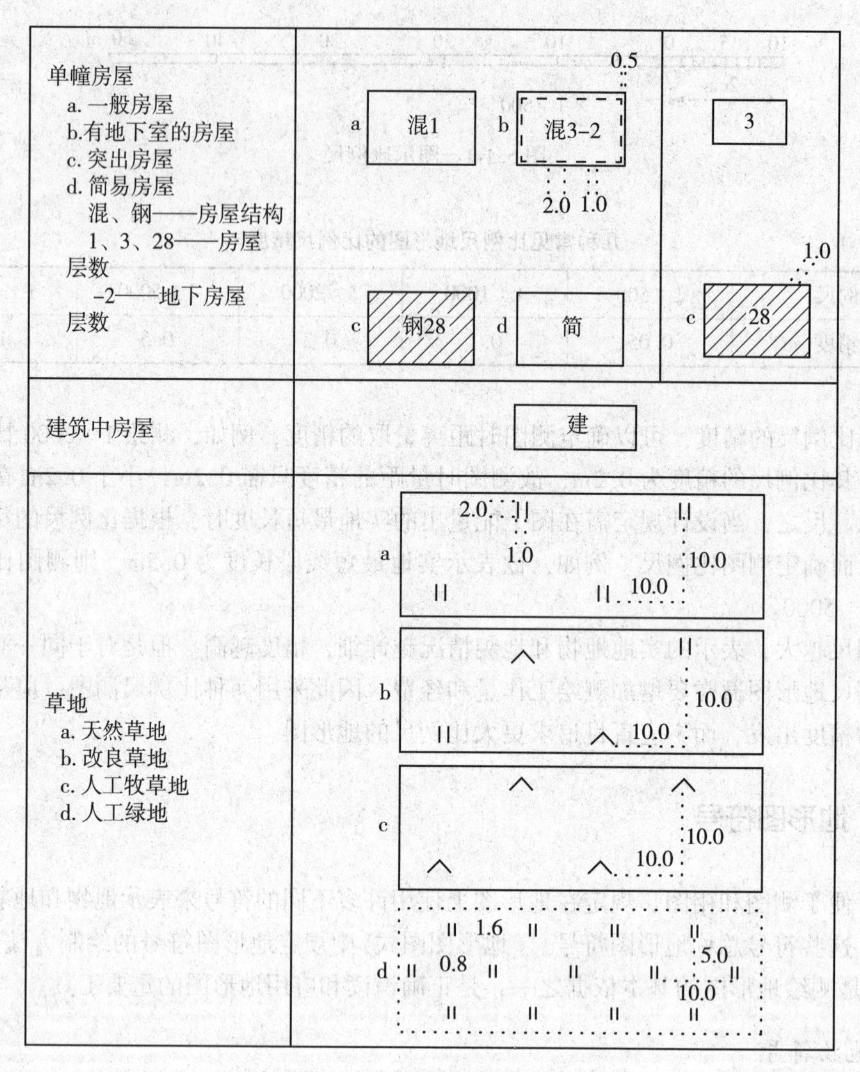

图5.1-2　依比例尺符号

2. 半依比例尺符号

对于一些狭长地物，如管线、围墙、通信线等，其长度依测图比例尺表示，宽度不依比例尺表示，称为半依比例尺符号，如图5.1-4所示。大部分的线状地物都属于半依比例尺符号，此类符号也叫线状符号。

注意：这几种符号的使用不是固定不变的。同一地物，在大比例尺地形图上采用比例符号，而在中小比例尺地形图上可能采用非比例尺符号或半比例尺符号。

3. 地物注记

地形图上用文字、数字或特定符号对地物的性质、名称、高程等加以说明，称为地物注记。如地名、控制点名、水准点高程、房屋层数、机关名称、河流流向、道路等级、道

导线点 a. 土堆上的 I16、I23——等级、点号 84.46、94.40——高程 2.4——比高	2.0 ⊙ I16/84.46 a 2.4 ⊙ I23/94.40
不埋石图根点 19——点号 84.47——高程	2.0 ⊡ 19/84.47
水准点 II——等级 京石5——点名点号 32.805——高程	2.0 ⊗ II京石5/32.805
旗杆	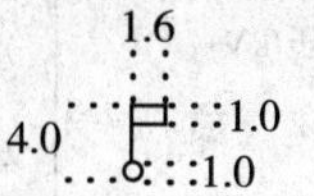 1.6 4.0 1.0 1.0
路灯	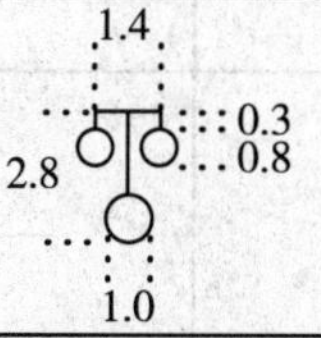 1.4 0.3 2.8 0.8 1.0
管道检修井孔 a. 给水检修井孔 b. 排水(污水)检修井孔 c.排水暗井	a 2.0 ⊖ b 2.0 ⊕ c 2.0 Ⓐ

图 5.1-3　不依比例尺符号

路名称等，如图 5.1-5 所示。

4. 地貌符号

地形图上表示地貌的方法很多，普通地貌(山头、山脊、山谷、山坡、鞍部等)通常用等高线表示，特殊地貌(陡坎、斜坡、冲沟、悬崖、绝壁、梯田等)通常用特殊符号表示。用等高线表示地貌不仅能表示出地面的起伏形态，而且可以根据它求得地面的坡度和高程等，所以等高线是目前大比例尺地形图表示地貌的主要方法。

1)等高线的概念

(1)等高线。等高线就是地面上高程相等的各相邻点所连成的闭合曲线，如图 5.1-6 所示。设想以不同高程(图中的 100m、95m、80m 等)的平面与某山头相交，将所有交线依次投影到水平面上，得到的一组闭合曲线就是不同高程的等高线。显然每条闭合曲线上高程相等。

(2)等高距。地形图上相邻两条等高线之间的高差称为等高距，用 h 表示。同一幅地形图上等高距通常都是相同的。等高距的大小是由地形图的比例尺、地面起伏状况、精度要求及用图目的决定的。

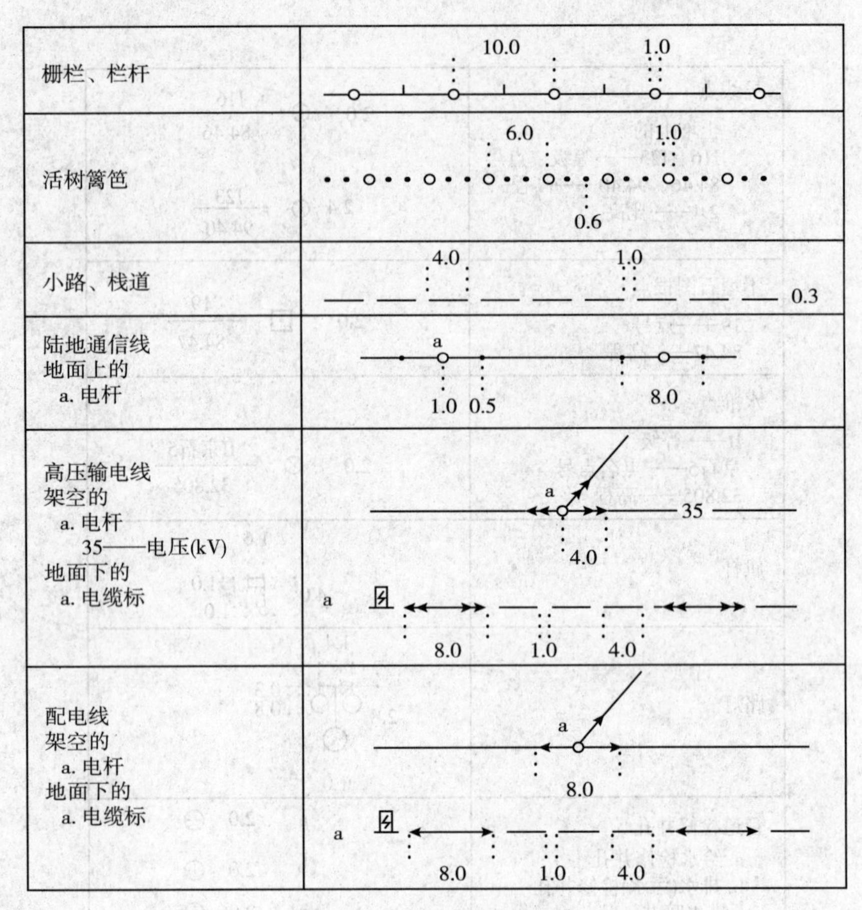

图 5.1-4　半依比例尺符号

地理名称 江、河、运河、渠、湖、水库等水系	15 延河　渭河 左斜宋体 (2.5　3.0　3.5　4.5　5.0　6.0)
各种说明注记 居民地名称说明注记 a. 政府机关 b. 企业、事业、工矿、农场 c. 高层建筑、居住小区、公共设施	a　市民政局 宋体(3.5) b　日光岩幼儿园　兴隆农场 宋体(2.5　3.0) c　二七纪念塔　兴庆广场 宋体(2.5~3.5)
各种数字注记 测量控制点点号及高程	I96 / 96.93　　25 / 96.93 正等线体(2.5) (罗马数用中宋体)

图 5.1-5　地物注记

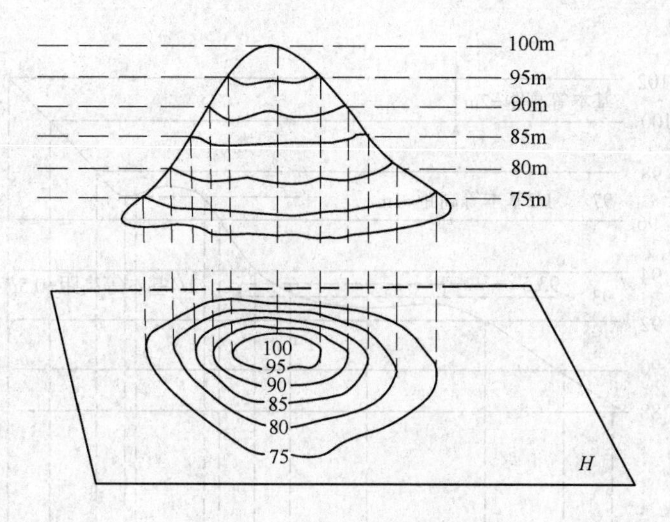

图5.1-6　等高线示意图

(3)等高线平距。相邻两等高线之间的水平距离称为等高线平距，用 d 表示。同一幅地形图中等高距相同，所以等高线平距 d 的大小和地形陡缓程度有关。地面坡度越大，d 越小，反之 d 越大；若地面坡度均匀则等高线平距相等。

2)等高线的分类

(1)首曲线。按规定的基本等高距绘制的等高线称为首曲线，也称为基本等高线。如图5.1-7中的88m，90m，92m，…，102m的等高线，其基本等高距为2m。

(2)计曲线。为用图方便，每隔四条首曲线加粗描绘的等高线称为计曲线，也称为加粗等高线。如图5.1-7中高程为90m、100m的等高线，即为计曲线。地形图上只在计曲线注记高程，首曲线上不注记高程。

(3)间曲线。当首曲线不足以显示局部地貌特征时，按1/基本等高距绘制的等高线称为间曲线，也称为半距等高线，常以长虚线表示，描绘时可不闭合。如图5.1-7中高程为93m和97m的等高线。

(4)助曲线。当首曲线和计曲线仍不足以显示局部地貌特征时，按1/4基本等高距绘制的等高线称为助曲线，也称为辅助等高线，常以短虚线表示，描绘时也可不闭合。如图5.1-7中高程为93.5m的等高线，即为助曲线。

3)几种典型地貌的等高线

图5.1-8为几种典型地貌的等高线。

(1)山地与洼地的等高线。

山地是指中间突起而高程高于四周的高地。高大的山地称为山岭，矮小的山地称为山丘。山的最高处称为山顶。地表中间部分的高程低于四周的低地称为洼地，大的洼地叫做盆地。

山地和洼地的等高线形状相似，都是一组闭合的曲线，区分方法是根据等高线上注记的高程判断，如果从里向外，高程依次增大则为洼地，反之为山地。如图5.1-9和5.1-10所示。

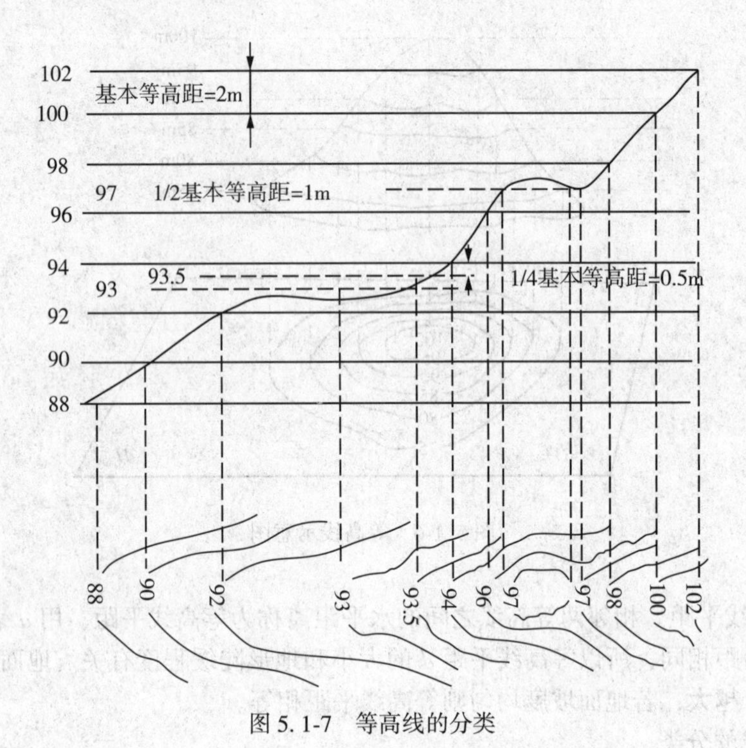

图 5.1-7　等高线的分类

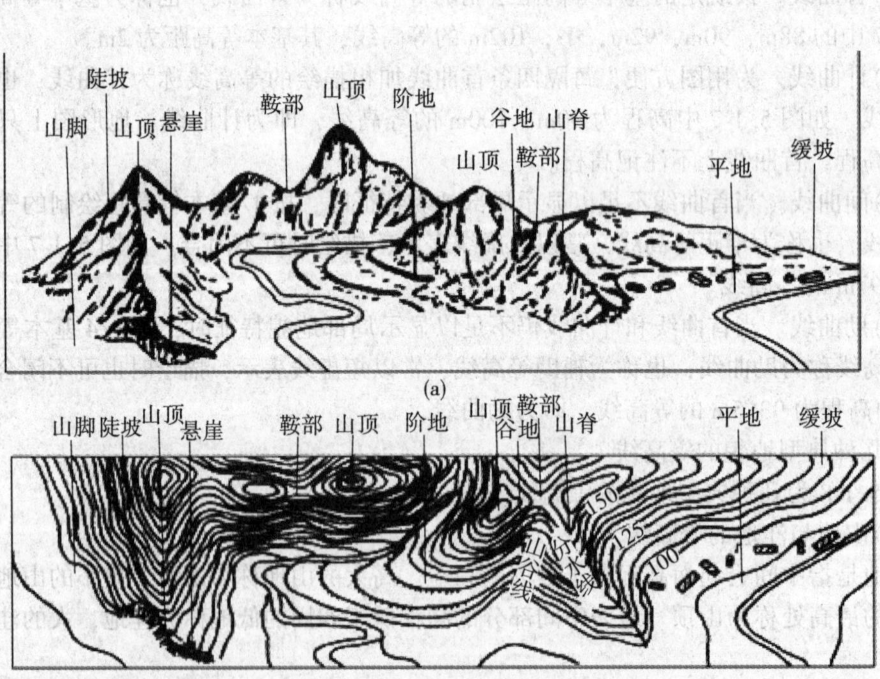

(a)

(b)

图 5.1-8　几种典型地貌的等高线

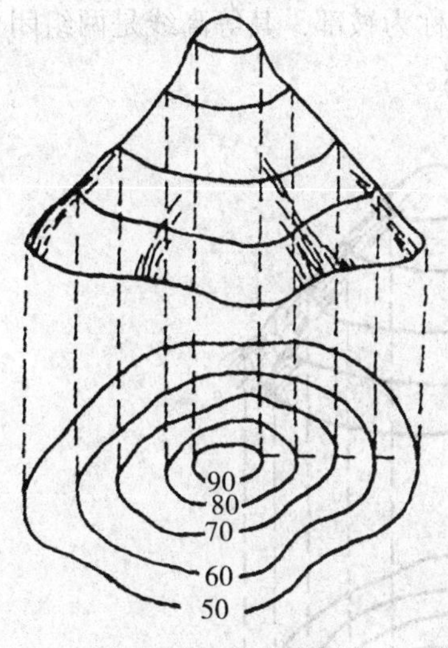

图 5.1-9　山地等高线

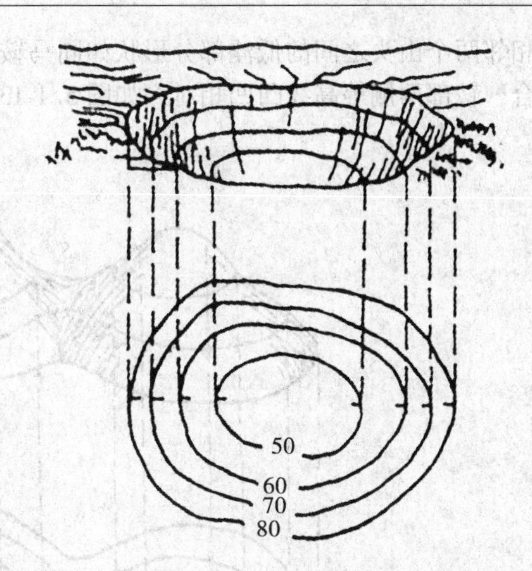

图 5.1-10　洼地等高线

如果等高线上无高程注记，则在等高线的斜坡下降方向绘一短线，来表示坡度降低方向，这些短线称为示坡线。

(2)山脊与山谷的等高线。

从山顶向山脚延伸并突起的部分称为山脊，其等高线是一组凸向低处的等高线，如图 5.1-11 所示。山脊上相邻最高点的连线称为山脊线或分水线。

两个山脊之间向一个方向延伸的低凹部分称为山谷，其等高线是一组凸向高处的等高线，如图 5.1-12 所示。山谷中相邻最低点的连线称为山谷线或合水线。

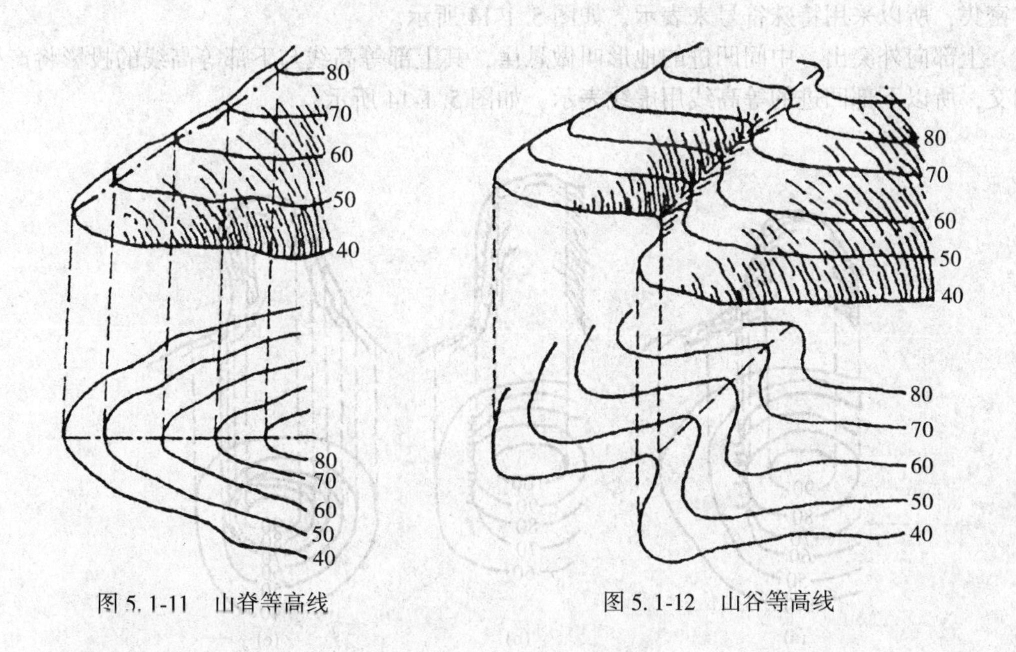

图 5.1-11　山脊等高线　　　图 5.1-12　山谷等高线

山脊线和山谷线是表示地貌特征的线，又称为地性线。

(3)鞍部的等高线。

相邻两个山头之间的低洼部分形状如同马鞍，故称为鞍部，其等高线是两组闭合曲线的组合，鞍部两侧等高线凸凹相对，如图 5.1-13 所示。

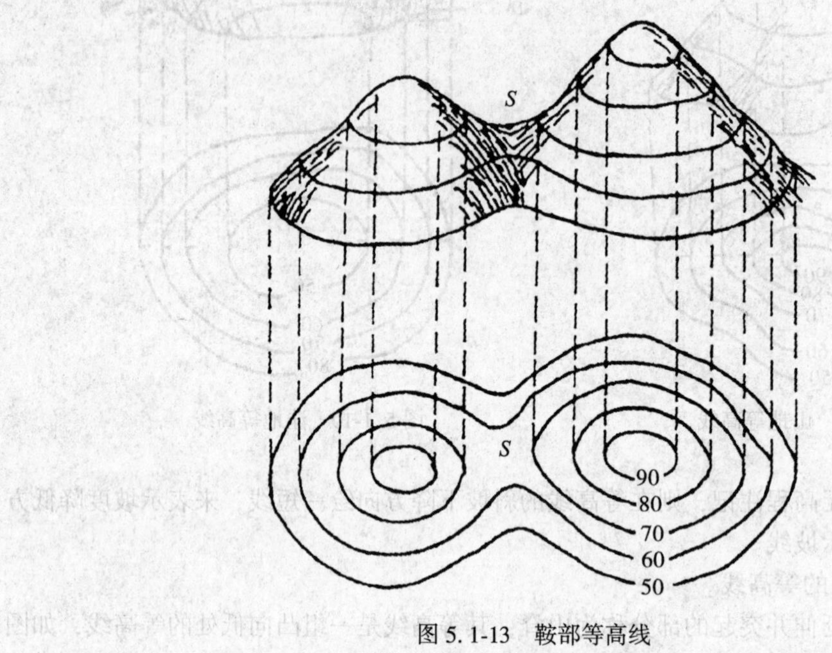

图 5.1-13　鞍部等高线

(4)峭壁、悬崖的表示方法。

接近垂直的陡壁称为峭壁，如果用等高线来表示峭壁，则它们大部分将重合，导致非常密集，所以采用特殊符号来表示，如图 5.1-14 所示。

上部向外突出，中间凹进的地形叫做悬崖，其上部等高线与下部等高线的投影将产生相交，所以下部凹进的等高线用虚线表示，如图 5.1-14 所示。

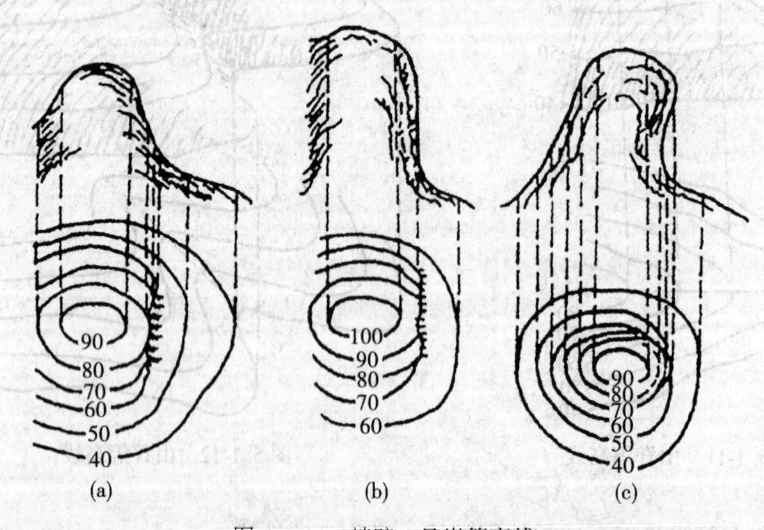

图 5.1-14　峭壁、悬崖等高线

4) 等高线的特性

(1) 等高性：同一条等高线上各点高程相等。

(2) 闭合性：等高线为一条闭合曲线，不在本幅图内闭合，就在相邻的其他图幅内闭合。等高线不能在图幅内中断。

(3) 非交性：除悬崖峭壁外，不同高程的等高线不能相交也不能重合。

(4) 正交性：等高线通过山脊线与山谷线时与山脊线和山谷线垂直相交。

(5) 反比性：在同一图幅内，等高线平距越大，其对应的地面坡度越小；等高线平距越小，其对应的地面坡度越大；等高线平距相等则坡度相等。

5.1.3　地形图的分幅与编号

为了不遗漏、不重复地测绘各地区的地形图，也为了能科学地管理、使用各种比例尺的地形图，必须将不同比例尺的地形图按照统一规定进行分幅和编号。

所谓地形图分幅和编号，就是用经纬线(或坐标格网线)按规定的方法，将地球表面划分成整齐的、一系列梯形(矩形或正方形)的图块，每一图块叫做一个图幅，并进行统一编号。地形图的分幅分为两类：一类是按经纬线分幅的梯形分幅法，也称国际分幅法；另一类是按坐标格网分幅的矩形分幅法。前者用于中、小比例尺的国家基本地形图，后者用于大比例尺的地形图。

1. 梯形分幅与编号

地形图的梯形分幅由国际统一规定的经线为图的东西边界，统一规定的纬线为南北边界。由于各条经线(子午线)向南、北极收敛，所以整个图形略呈梯形。其划分方法和编号，随比例尺的不同而不同。为了便于计算机检索和管理，2012 年国家标准局发布了《国家基本比例尺地形图分幅和编号》(GB/T 13989—2012)国家标准，自 2012 年 10 月 1 日起实施。

1) 1∶100 万地形图的分幅与编号

1∶100 万地形图的分幅与编号是国际统一的，是其他比例尺地形图分幅和编号的基础，如图 5.1-15 所示。1∶100 万地形图采用正轴等角圆锥投影，编绘方法成图。分幅、编号采用国际 1∶100 万地图分幅标准，从赤道开始，纬度每 4°为一列，依次用拉丁字母 A，B，C，…，V 表示，列号前冠以 N 或 S，以区别北半球和南半球(我国地处北半球，图号前的 N 全部省略)；从 180°经线算起，自西向东 6°为一纵行，将全球分为 60 纵行，依次用 1，2，3，…，60 表示，每一幅图的编号由其所在的行号和列号组成。如：沈阳某地纬度为北纬 41°50′43″，经度为东经 123°24′37″，则其所在 1∶100 万比例尺地形图的图号为 K51。北京某处的地理坐标为北纬 39°56′23″、东经 116°22′53″，则其所在的 1∶100 万比例尺地形图的图号为 J50。

2) 1∶50 万~1∶5000 比例尺地形图的分幅与编号

大于 100 万比例尺的地形图分幅与编号都是在 1∶100 万地形图图幅的基础上，分别以不同的经差和纬差将 1∶100 万图幅划分为若干行和列，所得行数、列数及各个比例尺地形图的经差、纬差、比例尺代号等见表 5.1-2。每一图幅的编号如图 5.1-16 所示。

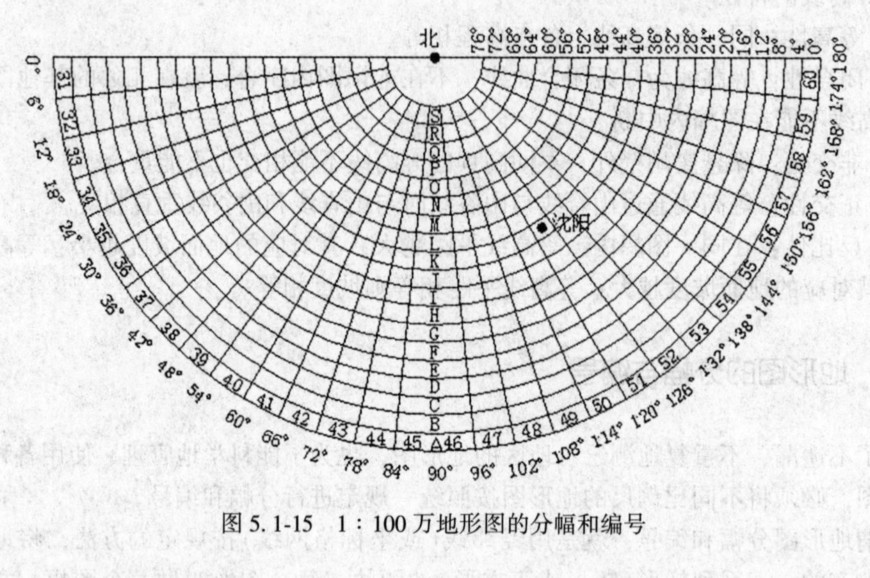

图 5. 1-15　1∶100 万地形图的分幅和编号

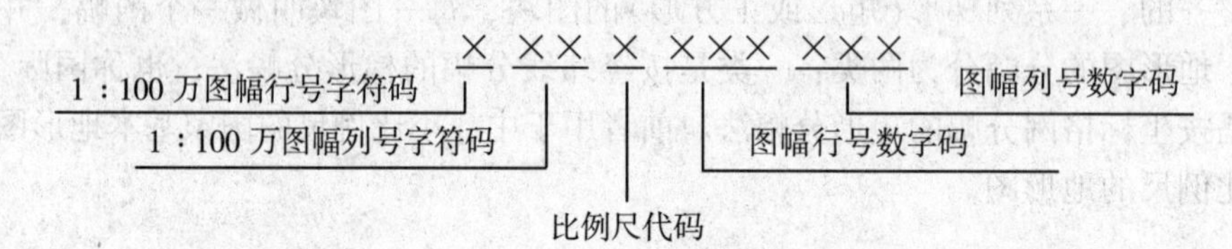

图 5. 1-16　1∶50 万～1∶5000 比例尺地形图图号的数码构成

例如：某地经度为 123°24′，纬度为北纬 41°50′，求其所在的 1∶10000 比例尺的地形图的编号。

由表 5. 1-3 可知，此地在 1∶100 万地形图上的图号为 K51，其西侧经线经度为 120°，南侧纬线纬度为 40°。因为 1∶10000 图是由 1∶100 万图划分成 96×96 而组成的，其每列经差、每行纬差分别为 3′45″和 2′30″，由该地距 1∶100 万图的西、南图边线的经、纬差除以相应每列、行的经、纬差，就可计算得到此地所在 1∶10000 图的行号和列号。计算如下：

123°24′−120°＝3°24′，3°24′/3′45″＝54. 4，即列号为 055

41°50′−40°＝1°50′，1°50′/2′30″＝44

因为北半球纬度由南往北增加，所以求得的 44 是指倒数第 44 行，即正数行号为 053。所以，此地所在 1∶1000 地形图的图幅编号为 K51G053055。

表 5. 1-2　　**各种比例尺地形图梯形分幅**

比例尺	图幅大小		比例尺代号	1∶100 万图幅包含该比例尺地形图的图幅数(行数×列数)	某地图图号
	经差	纬差			
1∶500000	3°	2°	B	2×2＝4 幅	K51 B 002002
1∶250000	1°30′	1°	C	4×4＝16 幅	K51 C 004004

续表

比例尺	图幅大小		比例尺代号	1∶100 万图幅包含该比例尺地形图的图幅数(行数×列数)	某地图图号
	经差	纬差			
1∶100000	30′	20′	D	12×12＝144 幅	K51 D 012010
1∶50000	15′	10′	E	24×24＝576 幅	K51 E 020020
1∶25000	7.5′	5′	F	48×48＝2304 幅	K51 F 047039
1∶10000	3′45″	2′30″	G	96×96＝9216 幅	K51 G 094079
1∶5000	1′52.5″	1′15″	H	192×192＝36864 幅	K51 H 187157

2. 矩形或正方形图幅的分幅与编号

为满足规划设计、工程施工等需要而测绘的大比例尺地形图，大多数采用矩形或正方形分幅法，它按统一的坐标格网线整齐行列分幅，图幅大小如表 5.1-3 所示。

表 5.1-3　**几种大比例尺图的图幅大小**

比例尺	正方形分幅		矩形分幅	
	图幅大小(cm^2)	实地面积(km^2)	图幅大小(cm^2)	实地面积(km^2)
1∶5000	40×40 或 50×50	4 或 6.25	50×40	5
1∶2000	50×50	1	50×40	0.8
1∶1000	50×50	0.25	50×40	0.2

常见的图幅大小为 50cm×50cm、50cm×40cm 或 40cm×40cm，每幅图以 10cm×10cm 为基本方格。一般规定，对 1∶5000 比例尺的地形图的图幅，采用纵、横各 40cm 的图幅，即实地为 2km×2km＝4km^2的面积；对 1∶2000、1∶1000 和 1∶500 比例尺的图幅，采用纵、横各 50cm 的图幅，即实地为 1km^2、0.25km^2、0.0625km^2的面积，以上均为正方形分幅。也可采用纵距为 40cm、横距为 50cm 的分幅，称为矩形分幅。图幅编号与测区的坐标紧密联系，便于按坐标查找图幅。地形图按矩形或正方形分幅时，常用的编号方法有以下几种。

1)图幅西南角坐标公里数编号法

图幅西南角坐标公里数编号法：即采用图幅西南角坐标公里数，x 坐标在前，y 坐标在后进行编号，其中 1∶1000、1∶2000 比例尺图幅坐标取至 0.1km(如 247.0－112.5)，而 1∶500 比例尺图则取至 0.01km(如 12.80－27.45)。如图 5.1-17 所示为 1∶1000 比例尺的地形图，按图幅西南角坐标公里数编号法编号，其中画阴影线的两幅图的编号分别为 2.5－1.5 和 3.0－2.5。

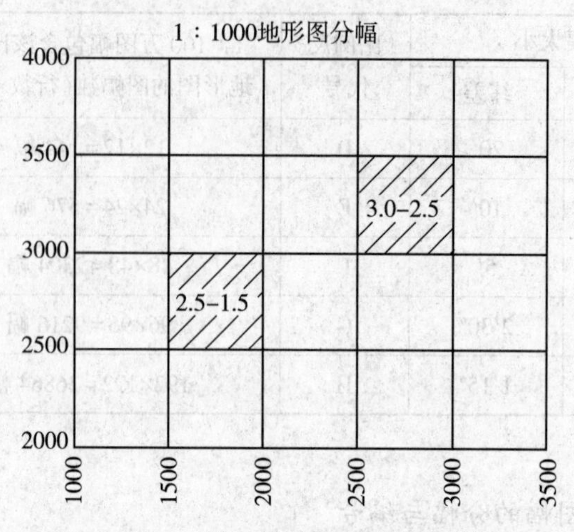

图 5.1-17　图幅西南角坐标公里数编号法

2)基本图幅编号法

将坐标原点置于城市中心，用 X、Y 坐标轴将城市分成Ⅰ、Ⅱ、Ⅲ、Ⅳ四个象限，如图5.1-18(a)所示。以城市地形图最大比例尺 1∶500 图幅为基本图幅，图幅大小为50cm×40cm，实地范围为东西 250m、南北 200m。行号按坐标的绝对值 $x=0\sim200$m 编号为 1，$x=200\sim400$m编号为 2……；列号按坐标的绝对值 $y=0\sim250$m 编号为 1，$x=250\sim500$m 编号为 2……；依此类推。x，y 编号中间以斜杠(/)分隔，成为图幅号。

如图 5.1-18(b)所示为 1∶500 比例尺图幅在第一象限中的编号；每 4 幅 1∶500 比例尺的图构成 1 幅 1∶1000 比例尺的图，因此同一地区 1∶1000 比例尺图幅的编号如图5.1-18(c)所示。每 16 幅 1∶500 比例尺的图构成一幅 1∶2000 比例尺的图，因此同一地区 1∶2000 比例尺的图幅的编号如图 5.1-18(d)所示。

这种编号方法的优点是：看到编号就可知道图的比例尺，其图幅的坐标值范围也很容易计算出来。例如有一幅图编号为Ⅱ39-40/53-54，则知道其为一幅 1∶1000 比例尺的图，位于第二象限(城市的东南区)，其坐标值的范围是：

$$x:\ -200\text{m}\times(39-1)\sim-200\text{m}\times40=-7600\sim8000\text{m}$$

$$y:\ 250\text{m}\times(53-1)\sim-250\text{m}\times54=-13000\sim13500\text{m}$$

另外已知某点坐标，即可推算出其在某比例尺的图幅编号。如某点坐标为(7650，-4378)，可知其在第四象限，由其所在的 1∶1000 比例尺地形图图幅的编号可以算出：

$$N_1=[\text{int}(\text{abs}(7650))/400]\times2+1=39$$

$$M_1=[\text{int}(\text{abs}(-4378))/500]\times2+1=17$$

所以其在 1∶1000 比例尺图上的编号为Ⅳ39-40/17-18。

例如，某测区测绘 1∶1000 地形图，测区最西边的 Y 坐标线为 74.8km，最南边的 X 坐标线为 59.5km，采用 50cm×50cm 的正方形图幅，则实地为 500m×500m，于是该测区的分幅坐标线为：由南往北是 X 值为 59.5km、60.0km、60.5km……的坐标线，由西往东是 Y 值为 77.3km、77.8km、76.3km……的坐标线。所以，正方形分幅划分图幅的坐标线须依据比例尺大小和图幅尺寸来定。

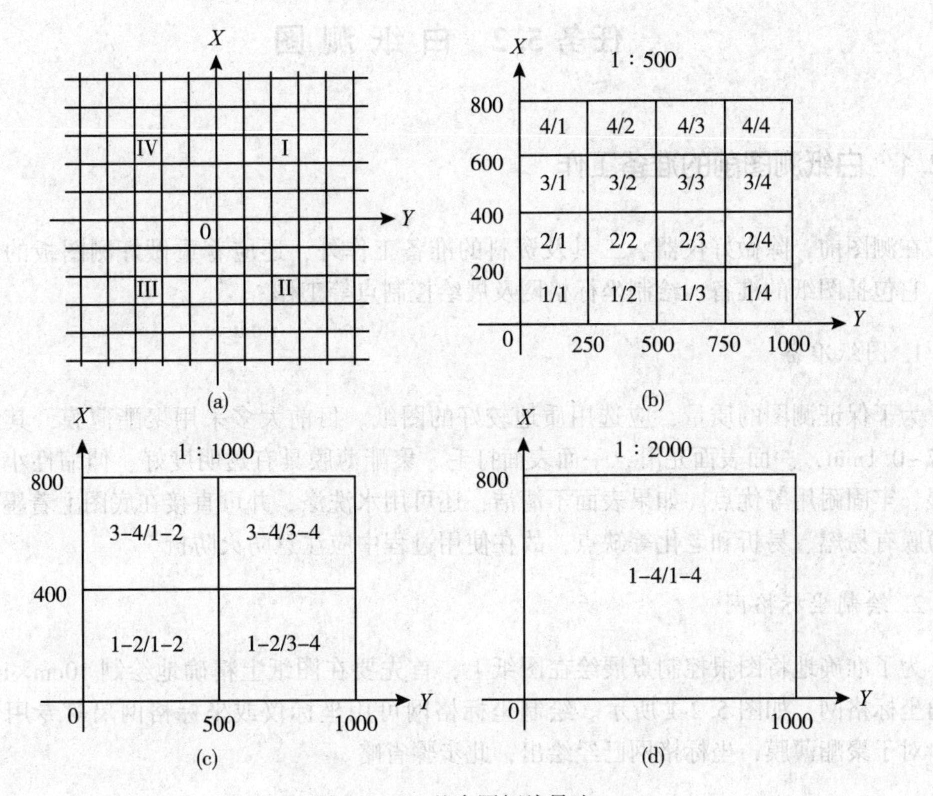

图 5.1-18　基本图幅编号法

3)其他图幅编号方法

如果测区面积较大，则正方形分幅一般采用图廓西南角坐标公里编号法，而面积较小的测区则可选用流水编号法或行列编号法。

(1)流水编号法：即从左到右，从上到下以阿拉伯数字 1，2，3，…编号，如图 5.1-19 中第 13 图可以编号为：××-13(××为测区名称)。

(2)行列编号法：一般以代号(如 A，B，C，…)为行号，从右上到下排列；以阿拉伯数字 1，2，3，…作为列代号，从左到右排列。图幅编号为：行号-列号，如图 5.1-20 所示的 B-5。

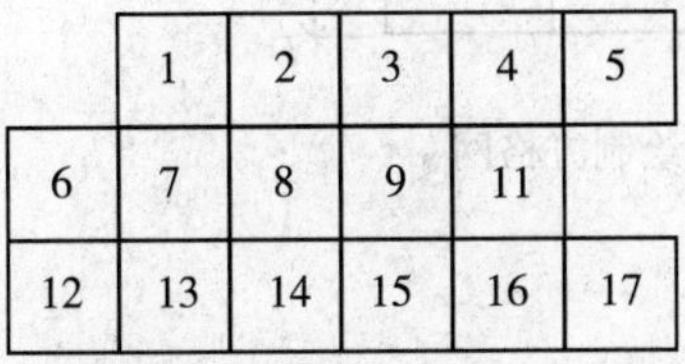

	1	2	3	4	5
6	7	8	9	11	
12	13	14	15	16	17

图 5.1-19　流水编号法

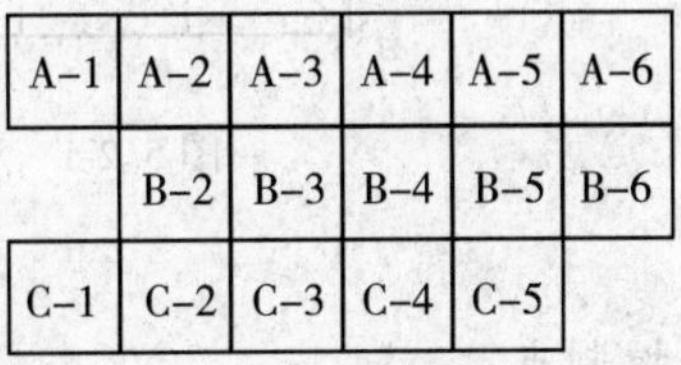

A-1	A-2	A-3	A-4	A-5	A-6
	B-2	B-3	B-4	B-5	B-6
C-1	C-2	C-3	C-4	C-5	

图 5.1-20　行列编号法

任务5.2　白 纸 测 图

5.2.1　白纸测图前的准备工作

在测图前，除做好仪器、工具及资料的准备工作外，还应着重做好测图板的准备工作。它包括图纸的准备、绘制坐标格网及展绘控制点等工作。

1. 图纸准备

为了保证测图的质量，应选用质地较好的图纸。目前大多采用聚酯薄膜，其厚度为0.07~0.1mm，一面表面光滑，一面表面打毛。聚酯薄膜具有透明度好、伸缩性小、不怕潮湿、牢固耐用等优点。如果表面不清洁，还可用水洗涤，并可直接在底图上着墨。但聚酯薄膜有易燃、易折和老化等缺点，故在使用过程中应注意防火防折。

2. 绘制坐标格网

为了准确地将图根控制点展绘在图纸上，首先要在图纸上精确地绘制10cm×10cm的直角坐标格网，如图5.2-1所示。绘制坐标格网可用坐标仪或坐标格网尺等专用仪器工具。对于聚酯薄膜，坐标格网已经绘出，此步骤省略。

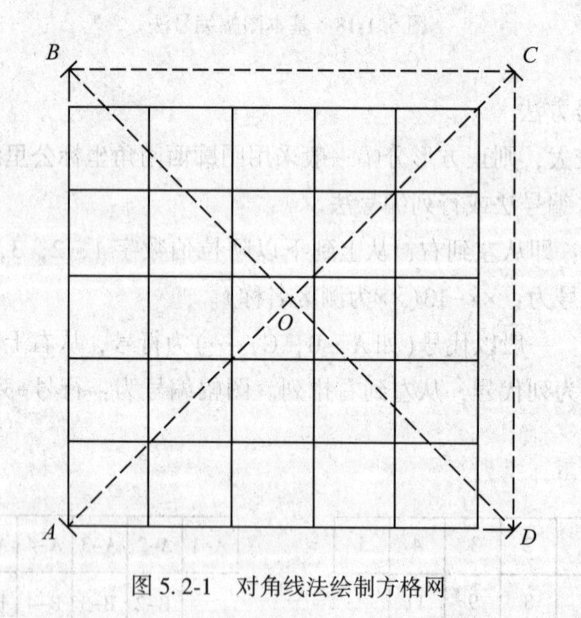

图5.2-1　对角线法绘制方格网

3. 展绘控制点

展点前按照图幅的分幅位置，将坐标格网线的坐标值标注在西、南两侧格网边线的外侧，如图5.2-2所示。展点时先根据控制点的坐标，确定其所在的方格以及该方格西南角的坐标，计算控制点与其所在方格西南角的坐标差，根据坐标差将控制点展绘在图纸上，并在点的右侧以分数形式注明点号及高程，最后用比例尺量出各相邻控制点之间的距离，与相应的实地距离比较，其差值不应超过图上 0.3mm。

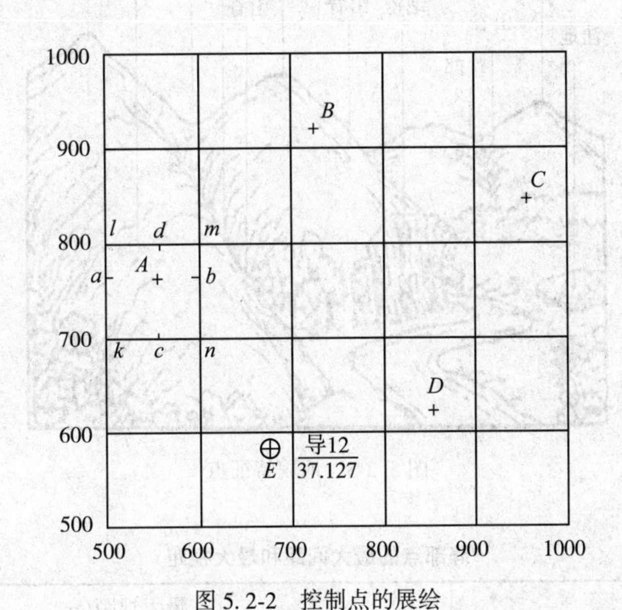

图 5.2-2　控制点的展绘

5.2.2　碎部点的选择

碎部测量就是测定碎部点的平面位置和高程并将其绘制在图纸上的过程，碎部点的正确选择，是保证成图质量和提高测图效率的关键。

1. 地物特征点的选择

对于地物，只需要测定其特征点即可。地物特征点就是地物轮廓的转折点，如房屋的房角点，围墙、电力线的转折点，道路、河岸线的转弯点、交叉点，电杆、独立树的中心点等。连接这些特征点，便可得到与实地相似的地物形状。由于有些地物形状极不规则，一般规定，主要地物凹凸部分在图上大于 0.4mm 时均应表示出来；在地形图上小于 0.4mm 时，可以用直线连接。

2. 地貌点的选择

对于地貌，首先必须测定其特征点。地貌的特征点是指山峰的最高点、山脊线或山谷线的方向变换点和坡度变换点、鞍部点、山脚线的转折点等(图 5.2-3)。此外，为了能真实地表示实地情况，在地面平坦或坡度无明显变化的地区，碎部点的间距(一般要求图上 2~3cm)、碎部点的最大视距和城市建筑区的最大视距均应符合表 5.2-1 的规定。根据以上所有地貌点的高程勾绘等高线，即可将地貌在图上表示出来。

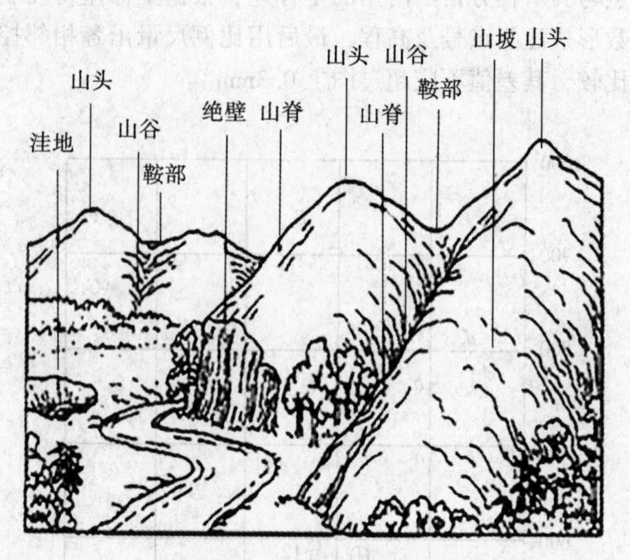

图 5.2-3　地貌特征点

表 5.2-1　**碎部点的最大间距和最大视距**

测图比例尺	地貌点最大间距(m)	最大视距(m)			
		主要地物点		次要地物点和地貌点	
		一般地区	城市建筑区	一般地区	城市建筑区
1∶500	15	60	50	100	70
1∶1000	30	100	80	150	120
1∶2000	50	180	120	250	200
1∶5000	100	300	—	350	—

5.2.3　白纸测图方法

白纸测图最常用的方法是经纬仪测绘法。

经纬仪测绘法的原理属于极坐标法，观测时先将经纬仪安置在测站上，绘图板安置于测站旁，用经纬仪测定测站点与碎部点连线的方位角、测站点至碎部点的距离和碎部点的高程。然后根据测定数据计算碎部点的坐标和高程，并将碎部点的位置展绘在图纸上，在点的右侧注明其高程，再对照实地描绘地形。此法操作简单灵活，适用于各类地区的地形图测绘。

1. 测站上的操作

(1)安置仪器：在测站点 A 上安置经纬仪，对中整平，量取仪器高 i 并填入手簿。

(2)后视定向：用经纬仪盘左照准另一个控制点 B(定向点)上的目标，将水平度盘读

数配置为 AB 方向的方位角 α_{AB}。

(3)定向检查：照准另一个控制点 C(检查点)，此时水平度盘读数理论上应为 α_{AC}，差值一般不大于 4′即可。

(4)碎部观测：立尺员依次将水准尺立在各个碎部点上。观测开始前立尺员应弄清楚测量范围和地物、地貌种类，选定立尺点，并与观测员、绘图员共同计划好跑尺路线。观测员转动照准部，照准标尺，读取上、下、中三丝读数，竖盘读数及水平度盘读数。

碎部测量常用的几种方法：

①任意法：望远镜十字丝纵丝照准尺面，使三丝均能读数即可。

读取上丝读数、下丝读数、中丝读数 v、竖盘读数 Z，将它们分别计入手簿。

计算公式：水平距离 $D=kl\sin^2 Z$

高差 $h=D/\tan Z+i-v$

其中 D 为平距，Z 为天顶距，i 为仪器高，v 为中丝读数。

②等仪器高法：望远镜照准尺面时，使水平中丝读数等于仪器高，即 $v=i$。

读取上丝读数、下丝读数、竖盘读数 Z，分别计入手簿。

计算公式：水平距离 $D=kl\sin^2 Z$

高差 $h=D/\tan Z$

③直读视距法：望远镜照准视距尺，调节望远镜高度，使下丝对准视距尺上整米读数，且三丝均能读数。

读取视距 kl、中丝读数 v、竖盘读数 Z，分别记入手簿。

计算公式：水平距离 $D = kl \cdot \sin^2 Z$

高差 $h = D/\tan Z + i - v$

④平截法：调整望远镜使竖盘读数等于 90°，固定望远镜，照准碎部点上的水准尺。

读取上丝读数、下丝读数、中丝读数 v，将它们分别计入手簿。

计算公式：水平距离 $D=kl$

高差 $h=i-v$

(5)记录计算：记录员将读取的上、下、中三丝读数，竖盘读数及水平度盘读数依次填入碎部测量手簿(表 5.2-2)。对于地物、地貌的特征点，如房角、山头、鞍部等，应在备注中加以说明。计算出测站点到碎部点的坐标增量和高差，进而计算碎部点的坐标和高程。

(6)展点绘图：绘图员根据计算的碎部点坐标，将碎部点展绘到图纸上，如图 5.2-4 所示，并在点位右侧注记高程。然后按照地物形状连接各地物点并按照实际地貌勾绘等高线。

为了检查测图质量，仪器搬到下一测站时，应先观测前站所测的某些明显碎部点，以检查由两个测站测得该点平面位置和高程是否相同，如相差较大，则应查明原因，纠正错误，再继续进行测绘。若测区面积较大，可分成若干图幅，分别测绘，最后拼接成全区地形图。为了相邻图幅的拼接，每幅图应测出图廓外 5mm。

2. 碎部点坐标与高程计算

1)碎部点坐标计算

水平距离：$D=kl\sin^2 Z$ (5.2-1)

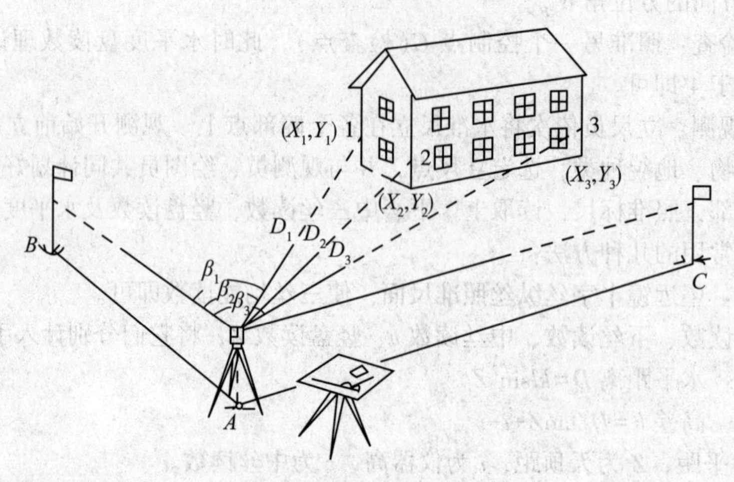

图 5.2-4　经纬仪测绘法

坐标增量：$\Delta x=D\cdot\cos\alpha$；$\Delta y=D\cdot\sin\alpha$　　(5.2-2)

碎部点坐标：$x_{碎}=x_{站}+\Delta x$；$y_{碎}=y_{站}+\Delta y$　　(5.2-3)

其中，Z 为天顶距，对于天顶距式注记经纬仪，在忽略指标差的情况下，其盘左读数即为天顶距；α 为测站点至碎部点方向的方位角，即水平度盘读数。

2)碎部点高程计算

高差：$h=D/\tan Z+i-v$　　(5.2-4)

高程：$H_{碎}=H_{站}+h$　　(5.2-5)

其中，i 为仪器高，v 为中丝读数，Z 为天顶距，D 为平距。

表 5.2-2　**碎部测量记录手簿**

测站点：A　　测站点高程：62.52m　　仪器高：1.45m　　观测者：张三

定向点：B　　定向边方位：320°30′30　　检查点：C　　记录者：李四

点号	上丝	下丝	视距读数（m）	中丝（m）	竖盘读数	高差（m）	水平度盘读数	坐标增量（m）		坐标(m)		高程（m）	备注
								Δx	Δy	x	y		
A										500.00	500.00		
1	1.681	1.251	43.0	1.46	89°43′	0.20	30°35′	37.02	21.88	537.02	521.88	62.72	房角
2	1.692	1.265	42.7	1.27	88°40′	1.17	68°42′	17.51	39.78	517.51	539.78	63.69	墙角

3. 碎部测量注意事项

(1) 观测人员在读取竖盘读数时，要注意检查竖盘指标水准管气泡是否居中或竖盘补偿开关是否打开；每观测 20~30 个碎部点后，应重新瞄准起始方向，检查其变化情况。经纬仪测绘法起始方向度盘读数偏差不得超过 4′。

(2) 立尺人员应使水准尺竖直，并随时观察立尺点周围情况，弄清碎部点之间的关系，地形复杂时还需绘出草图，以方便绘图人员做好绘图工作。

(3) 绘图人员要注意图面正确整洁，注记清晰，并做到随测点，随展绘，随检查。

(4) 当每站工作结束后，应进行检查，在确认地物、地貌无测错或漏测时，方可迁站。

5.2.4　测站点的增设

在进行碎部测量时，应充分利用图根控制点设站测绘碎部点。若因视距限制或通视影响，在图根点上不能完全测出周围的地物和地貌时，可以采用测角前方交会、测边交会等方法增设测站点。也可以直接在现场选定需要增设的测站点位置，用经纬仪测绘法测定其平面坐标和高程，然后将仪器搬至此测站点进行观测，这种方法称为经纬仪支距法。为了保证精度，支距点的数目不能超过两个。在支距点进行观测时需要注意，在配置方位角的时候，需要配置上一个测站所测方位角的反方位角。

5.2.5　等高线的勾绘

1. 连接地性线

测定了地貌特征点后，连接地性线，通常以实线连山脊线，虚线连山谷线。再按山体的走向，将相邻的地貌点两两相连，如图 5.2-5 所示。

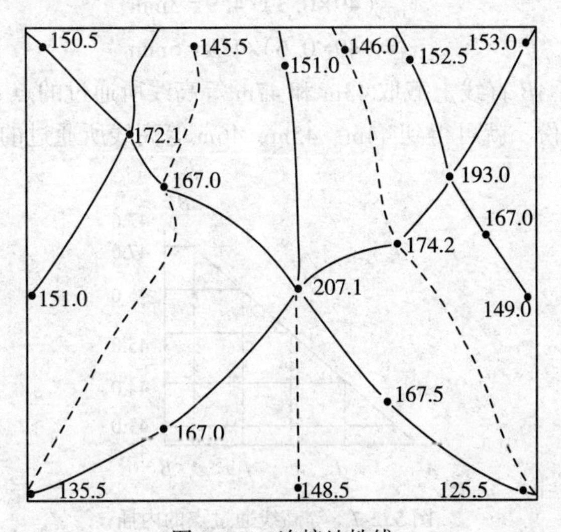

图 5.2-5　连接地性线

2. 确定等高线的通过点

即在同一坡度的相邻点之间，内插出等高线通过的位置，如图5.2-6所示，内插方法可以采用解析法和目估法。

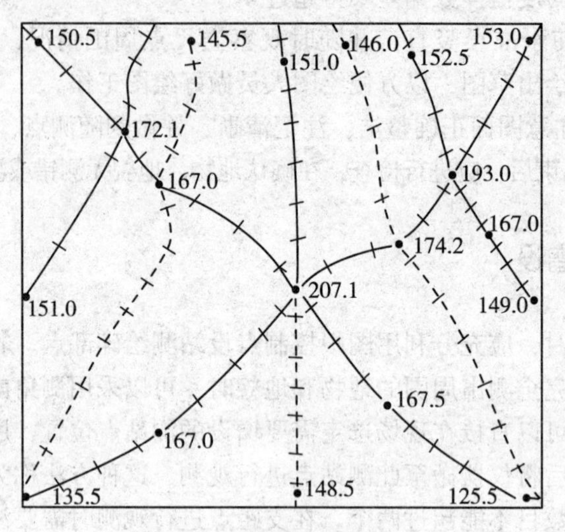

图5.2-6　等高线的通过点

1)解析法

如图5.2-7所示，设地性线端点A、B的高程分别为42.7m和47.6m，设等高距为1m，则A、B两点间必然有高程为43m、44m、45m、46m、47m的5条等高线通过。假定AB间的坡度是均匀的，A、B两点的高差为4.9m，AB在图上的长度为49mm，则A点到43m等高线的高差为0.3m，B点到47m等高线的高差为0.6m，A点到43m等高线和B点到47m等高线的距离x_1和x_2可根据相似三角形原理计算：

$$x_1=(49\times0.3)/4.9=3\text{mm}$$

$$x_2=(49\times0.6)/4.9=6\text{mm}$$

根据x_1，x_2可在AB直线上截取43m和47m等高线所通过的点c和g，然后再将c，g两点之间的距离4等份，就可得到44m、45m、46m等高线所通过的点d、e、g。

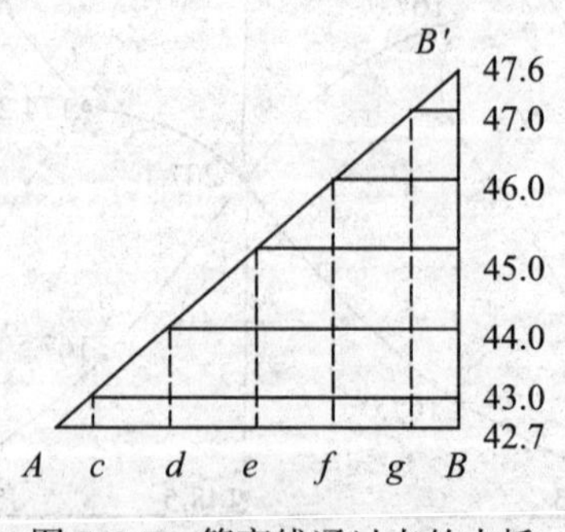

图5.2-7　等高线通过点的内插

实际作业时，如果用解析方法来确定等高线通过的点，就相当麻烦和费时。往往采用目估内插法来确定等高线通过的点。

2) 目估法

方法是先目估确定靠近两端点等高线通过的点，然后在所确定的等高线点之间目估等分其他等高线通过的点。这种方法十分简单和迅速，但初学者不易掌握，要反复练习，才能熟练、准确。

3. 勾绘等高线

确定了等高线通过的点之后，根据等高线的特性，并顾及实际地貌用光滑曲线连接相邻同高程的各点，便得到一系列等高线，如图5.2-8所示。

值得注意的是，在两相邻地性线之间求得等高线通过的点之后，应立即根据实地情况，将同高的点连起来。不要等到把全部等高线通过点都求出后再勾绘等高线，应该边求等高线通过点边勾绘等高线。

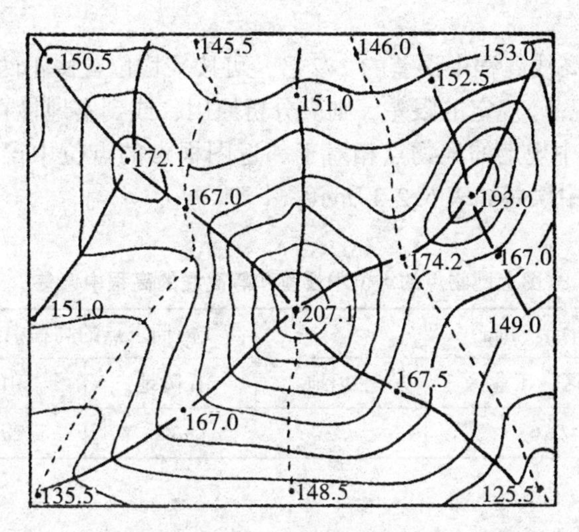

图5.2-8　勾绘等高线

5.2.6　地形图的拼接、整饰、检查与验收

1. 地形图的拼接

当测区较大时，地形图必须分幅测绘。由于测量和绘图误差，致使相邻图幅连接处的地物轮廓线与等高线不能完全吻合，如图5.2-9所示。

为了进行图幅拼接，每幅图四边均应测出图廓外5mm。接图时，用宽5~6cm的透明纸蒙在本幅图的接图边上，用铅笔将图廓线、坐标格网线、地物、等高线透绘在透明纸上，然后将透明纸蒙在相邻图幅上，使图廓线和格网线拼齐后，即可检查接图处两侧的地物及等高线的偏差。若相邻两幅图的地物及等高线偏差不超过《工程测量规范》规定的地

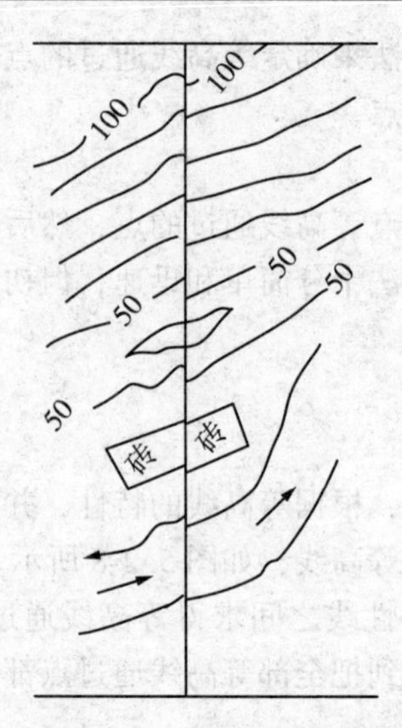

图5.2-9　地形图的拼接

物点点位中误差与等高线高程中误差的$2\sqrt{2}$倍，可按平均位置修正两相邻图幅接边处；若偏差超过《工程测量规范》规定的限差，则应分析原因，或到实地检查改正错误。

《工程测量规范》中规定的地物点相对于邻近图根点的点位中误差，以及等高线相对于邻近图根点的高程中误差如表5.2-3所示。

表5.2-3　**图上地物点的点位中误差和等高线的高程中误差**

图上地物点的点位中误差(mm)		等高线内插求点的高程中误差(mm)			
一般地区	居民区、工业区	平坦地	丘陵地	山地	高山地
0.8	0.6	$d/3$	$d/2$	$2d/3$	$1d$

注：d为等高距(m)。

2. 地形图的整饰

地形原图是用铅笔绘制的，故又称铅笔底图。在地形图拼接后，还应清绘和整饰，使图面清晰美观。整饰顺序是先图内后图外，先地物后地貌，先注记后符号。整饰的内容包括：

(1)擦掉多余的、不必要的点线；

(2)重绘内图廓线、坐标格网线并注记坐标；

(3)所有地物、地貌应按图式规定的线划、符号、注记进行清绘；

(4)等高线应描绘得光滑圆顺，各种文字注记位置应适当，一般要求字头朝北，字体端正；

(5)按规定图式整饰图廓及图廓外的各项注记。

3. 地形图的检查

地形图测完后，必须对成图质量进行全面检查，包括以下几个方面：

1) 室内检查

每幅图测完后检查图面上地物、地貌是否清晰易读；各种符号注记是否按图式规定表示；等高线和地形点的高程是否有矛盾可疑之处；接图有无问题等。如发现错误或疑问，应到野外进行实地检查。

2) 野外检查

沿选定的路线将原图与实地进行对照检查，查看所绘内容与实地是否相符，是否遗漏，名称注记与实地是否一致等。将发现的问题和修改意见记录下来，以便修正或补测时参考。

根据室内检查和巡视检查发现的问题，到野外设站检查和补测。

4. 地形图的验收

验收是在委托人检查的基础上进行的，主要鉴定各项成果是否合乎规范及有关技术指标(或合同要求)。对地形图验收，一般先室内检查、巡视检查，并将可疑之处记录下来，再用仪器在可疑处进行实测检查、抽查。一般来说，仪器检测碎部点的数量应达到测图量的 10%，将检测结果作为评估测图质量的主要依据。对成果质量的评价一般分为优、良、合格和不合格四级。

任务 5.3　全站仪数字化测图

数字化测图就是通过采集有关的绘图信息并及时记录在数据终端(或直接传输给便携机)，然后在室内通过数据接口将采集的数据传输给计算机，并由计算机对数据进行处理，再经过人机交互的屏幕编辑，形成绘图数据文件，最后由计算机控制绘图仪自动绘制所需的地形图，或者由磁盘等存储介质保存为电子地图。数字化测图包括数据采集、数据处理、图形输出三个基本过程。目前我国的数据采集主要有以下几种方法：

(1) GPS 法，即通过 GPS 接收机采集野外碎部点的信息数据；

(2) 大地测量仪器法，即通过全站仪、测距仪、经纬仪等大地测量仪器实现碎部点野外数据采集；

(3) 航测法，即通过航空摄影测量和遥感手段采集地形点的信息数据；

(4) 数字化仪法，即通过数字化仪在已有地图上采集信息数据。

本任务介绍全站仪数字化测图。

5.3.1　全站仪外业数据采集

(1) 安置仪器：在测站点上安置仪器，包括对中和整平。对中误差控制在 3mm 之内。

(2) 建立或选择工作文件：工作文件是存储当前测量数据的文件，文件名要简洁、易懂，便于区分不同时间或地点的数据，一般可用测量时的日期作为工作文件的文件名。

(3) 测站设置：如果仪器中有测站点坐标，可从文件中选择测站点点号来设置测站。如果仪器中没有测站点则需手工输入测站点坐标来设置测站。

(4) 后视定向：从仪器中调入或手工输入后视点坐标，也可直接输入后视方位角，然后照准后视点，按“确认”键进行定向。

(5)定向检查：定向检查是碎部点采集之前重要的工作，特别是对于初学者。在定向工作完成之后，再找一个控制点上立棱镜，将测出来的坐标和已知坐标比较，通常 X、Y 坐标差都应该在 1cm 之内。通常要求每一测站开始观测和结束观测时都应做定向检查，确保数据无误。

(6)碎部测量：定向检查结束之后，就可进行碎部测量。采集碎部点前要先输入点号，碎部测量可用草图法和编码法两种，草图法需要外业绘制草图，内业按照草图成图。编码法需要对各个碎部点输入编码，内业通过简码识别自动成图。

5.3.2　全站仪数据传输

全站仪数据传输通常有两种方法，即全站仪专用传输软件传输和专业成图软件传输。

全站仪专用传输软件大部分可以免费下载使用。但通常情况下都使用绘图软件的数据传输功能。下面以 CASS 软件为例说明。

(1)用传输电缆连接全站仪和计算机(正确选择接口)，打开全站仪，设置通信参数；

(2)进入全站仪数据传输界面，选择需要传输的数据文件；

(3)在 CASS 中选择[数据]—[读取全站仪数据]，打开如图 5.3-1 所示的数据传输界面；

(4)在计算机上设置通信参数，要求和全站仪中的各项参数完全对应。主要包括如下参数：仪器类型、通信口、波特率(传输速率)、数据位、停止位、奇偶性检验；

(5)确定数据文件的存储位置，并命名数据文件；

(6)在计算机上按回车键，在全站仪上按回车键，数据就被传输到指定的路径下面。

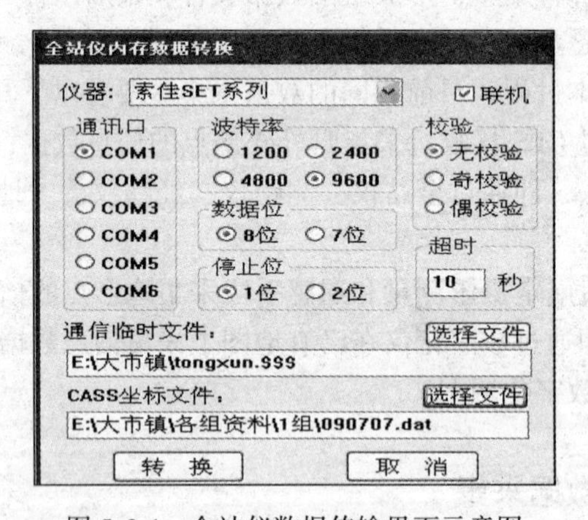

图 5.3-1　全站仪数据传输界面示意图

5.3.3　地形图的绘制

地形图绘制的常用软件为南方 CASS 地形地籍成图软件，以 CASS2008 为例，介绍采用“草图法”观测的地形图绘制方法。

“草图法”工作方式要求外业工作时，除了测量员和跑尺员外，还要安排一名绘草图的人员，在跑尺员跑尺时，绘图员要标注出所测的是什么地物(属性信息)及记下所测点的点号(位置信息)，在测量过程中要和测量员及时联系，使草图上标注的某点点号要和全站仪里记录的点号一致，而在测量每一个碎部点时不用在电子手簿或全站仪里输入地物编码，故又称为“无码方式”。“草图法”在内业工作时，根据作业方式的不同，分为“点号定位”“坐标定位”等几种方法。具体步骤如下：

1. 定显示区

选择“绘图处理”下的“定显示区”菜单，出现如图 5.3-2 所示的对话框，选择对应的坐标数据文件名“CASS2008 \ DEMO \ YMSJ. DAT”。

2. 展野外测点点号

选择“绘图处理”下的“展野外测点点号”菜单，再次出现如图 5.3-2 所示的对话框，选择对应的坐标数据文件名“CASS2008 \ DEMO \ YMSJ. DAT”后，命令区提示“读点完成！共读入 60 点”。如图 5.3-3 所示。

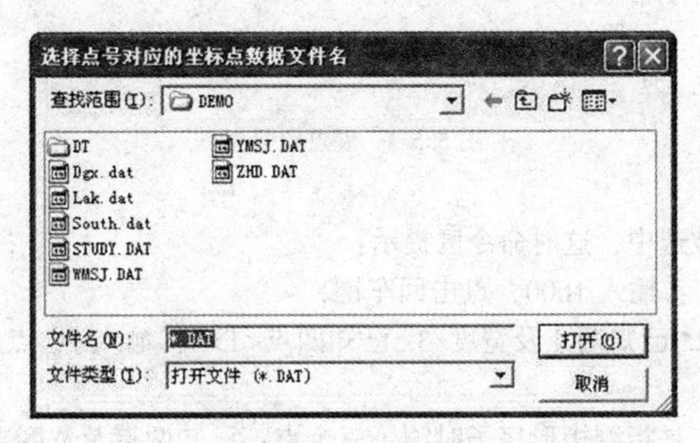

图 5.3-2　选择测点点号定位成图法的对话框

3. 选择绘图方式

草图法绘图过程中，可采用“坐标定位”和“点号定位”两种方式。在 CASS 界面右侧屏幕最上方可进行选择。若选择“坐标定位”时，用鼠标点取每一个测点，捕捉方式选择为捕捉“节点”；若选择“点号定位”时，则在命令行中依次输入测点点号。在绘图过程中可以进行两种方式的切换。

4. 绘制平面图

根据野外作业时绘制的草图，移动鼠标至屏幕右侧菜单区选择相应的地形图图式符号，然后在屏幕中将所有的地物绘制出来。如图 5.3-4 所示，由 37、38、41 号点连成一间普通房屋。因为所有表示房屋的符号都放在“居民地”这一层，这时便可选择右侧菜单“居民地”，系统便弹出如图 5.3-5 所示的对话框。再选择“四点简单房屋”的图标，图标

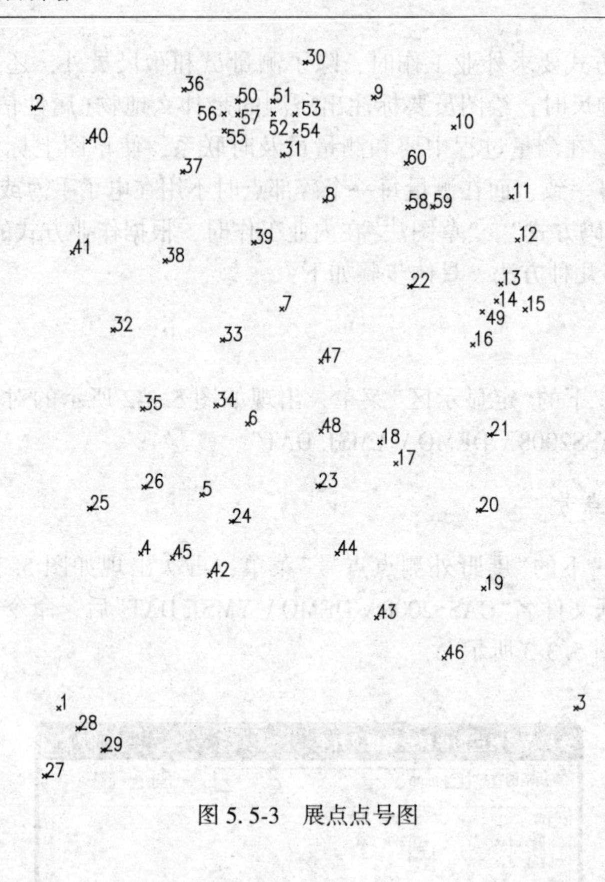

图 5.5-3　展点点号图

变亮表示该图标已被选中，这时命令区提示：

“绘图比例尺 1”：输入 1000，点击回车键；

“1. 已知三点/2. 已知两点及宽度/3. 已知四点<1>”：输入 1，点击回车键(或直接回车默认选 1)。

说明：已知三点是指测矩形房子时测了三个点；已知两点及宽度则是指测矩形房子时测了两个点及房子的一条边；已知四点则是指测了房子的四个角点。

依次用鼠标点取 33、34、35 三点并回车，则此三点连成一间普通房屋。重复上述操作，将 33、34、35 号点绘成四点棚房；将 60、58、59 号点绘成四点破坏房屋；将 12、14、15 号点绘成四点建筑中房屋；将 50、52、51、53、54、55、56、57 号点绘成多点简单房屋；将 27、28、29 号点绘成四点简单房屋。同样在“居民地/垣栅”层找到“依比例围墙”的图标，将 9、10、11 号点绘成依比例围墙的符号；在“居民地/垣栅”层找到“篱笆”的图标，将 47、48、23、44、43 号点绘成篱笆的符号，等等。重复上述操作便可以将所有测点用地图图式符号绘制出来。在操作的过程中，可以嵌用 CAD 的透明命令，如放大显示、移动图纸、删除、文字注记等。

5. 绘制等高线

1)展高程点

选择“绘图处理”下的“展高程点”，输入绘图比例尺，选择对应的坐标数据文件名“CASS2008 \ DEMO \ YMSJ. DAT”，输入注记高程的距离，高程点显示在屏幕上。

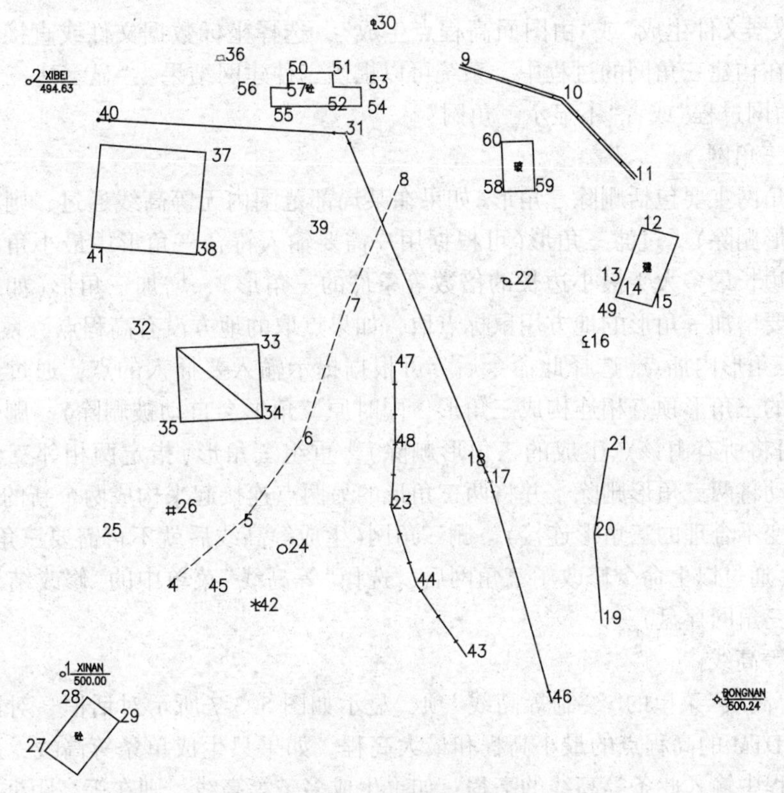

图 5.3-4　外业作业草图

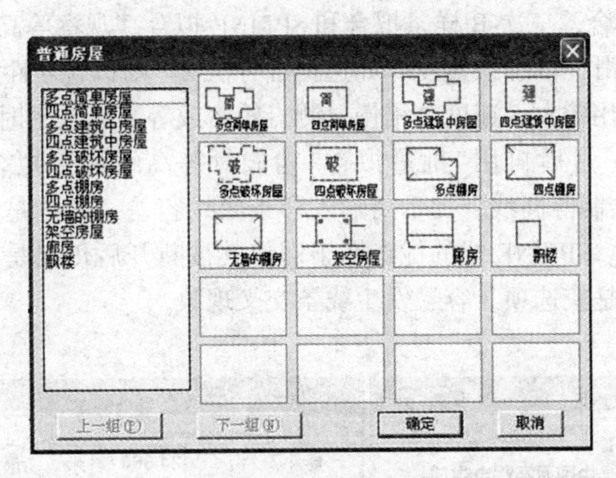

图 5.3-5　选择“居民地普通房屋”的对话框

2) 连接地性线

地貌主要是靠等高线描述的，而等高线能否准确地表达实际地貌形态，地性线采点是否准确和地性线上是否有足够多的点是最重要的因素。依据外业草图，首先将山脊线、山谷线等地性线连成多义线。

3) 构建三角网

选择“等高线”菜单下的“建立 DTM”子菜单，系统弹出如图 5.3-6 所示的对话框，可以选择“由数据文件生成”或“由图面高程点生成”，选择坐标数据文件或直接在图面上框选高程点，在构建三角网的过程中，系统可以提供三种建网结果：“显示建三角网结果”，“显示建三角网过程”或者“不显示三角网”。

4）修改三角网

修改三角网主要包括删除三角形（如果在某局部范围内无等高线通过，则可将其局部内相关三角形删除）、过滤三角形（可根据用户需要输入符合三角形中最小角的度数或三角形中最大边长最多大于最小边长的倍数等条件的三角形）、增加三角形（如果要增加三角形时，在要增加三角形的地方用鼠标点取，如果点取的地方没有高程点，系统会提示输入高程）、三角形内插点（选择此命令后，可根据提示输入要插入的点，通过此功能可将此点与相邻的三角形顶点相连构成三角形，同时原三角形会自动被删除）、删三角形顶点（用此功能可将所有由该点生成的三角形删除）、重组三角形（指定两相邻三角形的公共边，系统自动将两三角形删除，并将两三角形的另两点连接起来构成两个新的三角形，这样做可以改变不合理的三角形连接）、删三角网（生成等高线后就不再需要三角网了）、修改结果存盘（通过以上命令修改了三角网后，选择“等高线”菜单中的“修改结果存盘”项，把修改后的三角网存盘）。

5）勾绘等高线

选择“等高线”菜单的“绘制等高线”项，显示如图 5.3-7 所示对话框。对话框中会显示参加生成 DTM 的高程点的最小高程和最大高程。如果只生成单条等高线，那么就在单条等高线高程中输入此条等高线的高程；如果生成多条等高线，则在等高距框中输入相邻两条等高线之间的等高距。最后选择等高线的拟合方式。总共有四种拟合方式：不拟合（折线）、张力样条拟合、三次 B 样条拟合和 SPLINE 拟合。观察等高线效果时，可输入较大等高距并选择不光滑，以加快速度。如选拟合方法 2，则拟合步距以 2 米为宜，但这时生成的等高线数据量比较大，速度会稍慢。测点较密或等高线较密时，最好选择光滑方法 3，也可选择不光滑，过后再用“批量拟合”功能对等高线进行拟合。选择 4 则用标准 SPLINE 样条曲线来绘制等高线，提示请输入样条曲线容差，容差是曲线偏离理论点的允许差值，可直接回车。SPLINE 线的优点在于即使其被断开后仍然是样条曲线，可以进行后续编辑修改，缺点是较选项 3 容易发生线条交叉现象。

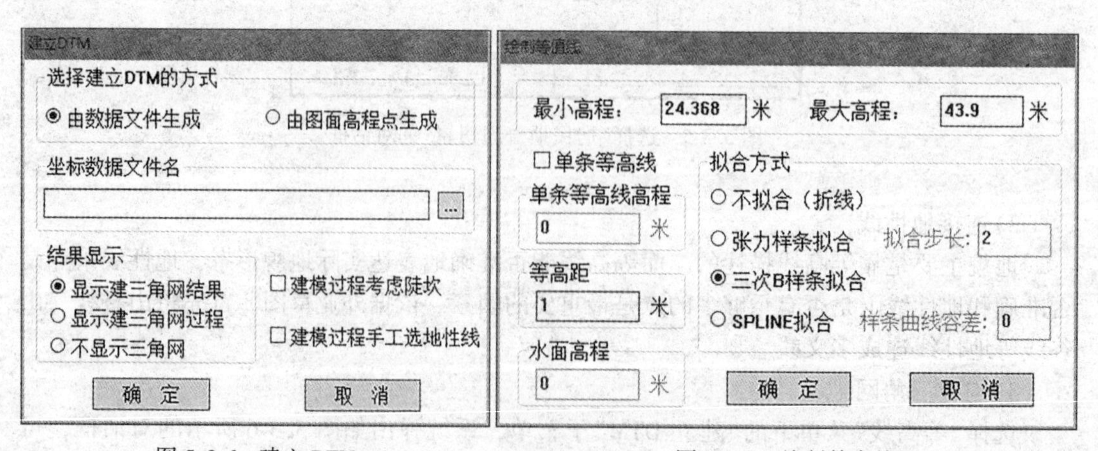

图 5.3-6　建立 DTM　　　图 5.3-7　绘制等高线

6)修饰等高线

修饰等高线主要包括：注记等高线(等高线上需要注记高程，可以选择“单个高程注记”或“沿直线高程注记”，通常情况下在大范围内都使用“沿直线高程注记”，在局部地方使用“单个高程注记”)、等高线修剪(如图5.3-8所示，首先选择是消隐还是修剪等高线，然后选择是整图处理还是手工选择需要修剪的等高线，最后选择地物和注记符号，单击“确定”后会根据输入的条件修剪等高线)、切除指定二线间等高线(如果想切除某两条线之间的等高线，如一条公路通过山坡，则公路两侧的等高线应以公路边断开，此时可使用此命令)、切除指定区域内等高线(如果有一个面状地物位于大片等高线中间，如山上有个院落，则院墙线以内的等高线应切除)、等值线滤波(一般的等高线都是用样条拟合的，这时虽然从图上看出来的节点数很少，但实际上每条等高线上有很多密布的夹持点，如图5.3-9所示，使得绘完等高线后图形容量变得很大，可以利用此功能使图形容量变小)。

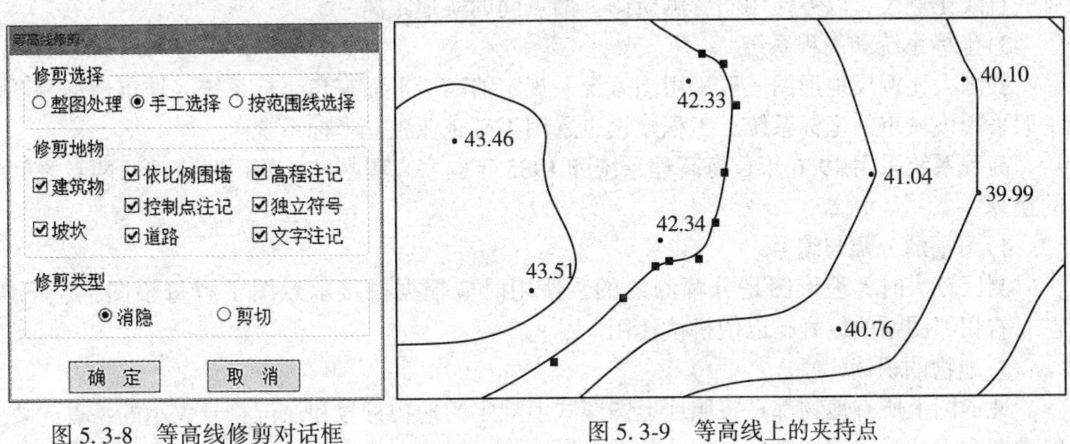

图5.3-8　等高线修剪对话框　　图5.3-9　等高线上的夹持点

任务5.4　地形图的识读与应用

地形图是全面、客观地反映地面情况的可靠资料。各种工程建设都需要在图上进行规划和设计，所以，正确、熟练地识读和应用地形图是工程技术人员必备的素质。

5.4.1　地形图的识读

1. 地形图识读的基本原则

(1)识读地形图要从图外到图内，从整体到局部，逐步深入到要了解的内容。

(2)地形图图式是地形绘图和识图的依据。

(3)熟悉各种地物、地貌的表示方法。

(4)熟悉各要素符号之间关系的处理原则。

(5)熟悉各种注记配置及图廓的整饰要求。

2. 地形图识读的基本内容

1) 图名、图式

地形图图名通常采用本幅图内最有代表性的地名来表示，标注于图幅上方中央。地形图图式是地形图上表示各种地物和地貌要素的符号、注记和颜色的规则和标准，是测绘和出版地形图必须遵守的基本依据之一，是由国家统一颁布执行的标准。

统一标准的图式能够科学地反映实际场地的形态和特征，是人们识别和使用地形图的重要工具，是测图者和使用者沟通的语言。不同比例尺地形图所规定的图式有所不同；有些专业部门还根据具体情况补充规定了一些特殊的图式符号。使用地形图时，必须熟悉相应各种比例尺的地形图图式。

2) 比例尺

通常在地形图的南图廓外正中位置注记地形图的数字比例尺，中、小比例尺图上还绘有一直线比例尺，以方便用图者测定图上两点间的实地距离。

3) 坐标系统和高程系统

我国大比例尺地形图一般采用国家统一规定的高斯平面直角坐标系统。城市地形测图一般采用该城市的坐标系统。工程建设也采用工矿企业独立坐标系统。

高程系统采用1956年黄海高程系统和1985年国家高程基准，使用时应注意两者之间的换算。

4) 图幅的分幅与编号

测区较大时，地形图是分幅测绘的，使用时应根据拼接示意图了解每幅图上、下、左、右相邻图幅的编号，以便拼接使用。

5) 地物的识读

地形图上所有地物都是按照地形图图式上规定的地物符号和注记符号表示的，首先要熟悉图式上的一些常用符号，在此基础上进一步了解图上符号和注记的确切含义，根据这些来了解地物的种类、特征、分布状态等，如公路铁路等级、河流分布及流向、地面植被的分布及范围等。

6) 地貌的识读

一般地貌在图上用等高线表示，典型地貌用专用符号表示，因此在正确理解等高线特征和典型地貌符号特征的基础上，结合示坡线、高程点和等高线注记等，根据图上等高线判读出山头、山脊、山谷、山坡、鞍部等普通地貌，以及陡坎、斜坡、冲沟、悬崖、绝壁、梯田等典型地貌。同时根据等高距、等高线平距和坡度的关系，分析地面坡度变化及地形走势，从而了解地貌特征。

5.4.2　地形图应用的基本内容

1. 在地形图上确定图上点的坐标

图上一点的位置，通常采用量取坐标的方法来确定。大比例尺地形图上，都绘有纵、横坐标方格网(或在交点处绘一十字线)，图框边线上的数字就是坐标格网的坐标值，它们是量取坐标的依据。

欲求图 5.4-1 中 AB 线两端点 A 和 B 的坐标，可过 A 点作平行于 x 轴和 y 轴的直线 gh 和 ef，用比例尺分别量出 $ag=739\text{m}$，$ae=300\text{m}$，则

$$x_A=x_a+ae=4000+300=4300(\text{m})$$

$$y_A=y_a+ag=6000+739=6739(\text{m})$$

还应量出 gb 和 ed 的距离，作为校核。

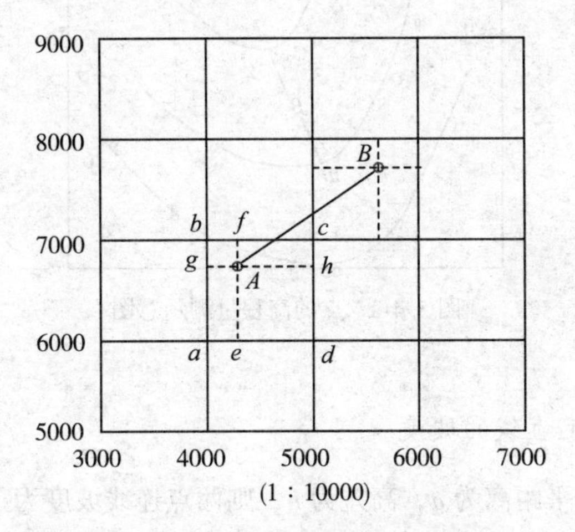

图 5.4-1　点的坐标量测示意图

数字地形图中量测点的坐标非常方便，能够获得精确的坐标值。应用 CAD 中的 id (Identify)命令即可量测得到点的三维坐标。量测时需要用鼠标捕捉点位，捕捉方式用 snap 命令进行设置。

2. 在地形图上确定直线长度和方位角

1) 直接量取法

当所量直线较短且精度要求不高时，可用比例尺或直尺直接在图上量得直线长度，而方位角则用量角器量取。

2) 坐标反算法

当所量直线很长，甚至跨越图幅或要求精度较高时，可图解得到端点坐标再反算直线长度和方位角。

对于数字地形图，使用 CAD 的 dist 命令即可量测指定两点间的三维坐标增量(若为平面图则只有二维坐标增量)、直线长度和方位角。在量测直线长度和方位角时，也要使用鼠标捕捉功能捕捉直线的两端点。此外由于长度和角度单位涉及表示类型和精度问题，所以量测前，使用 units 命令设置好有关的单位和表示类型。

3. 在地形图上确定点的高程

地形图上某点的高程可以根据等高线来确定。等高线上的点，其高程均等于等高线所注的高程。当某点位于两等高线之间时，可用内插法求得。

如图 5.4-2 所示，从图上量出 mn 及 mB 的距离，根据等高距 h，可求得 B 点高程：

$H_B = H_m + (mB/mn)h$。

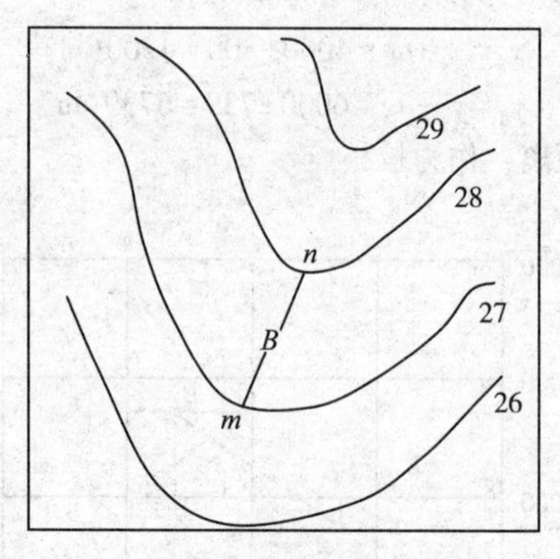

图 5.4-2　点的高程量测示意图

4. 在地形图上确定直线的坡度

设斜坡上两点的水平距离为 d，高差为 h，则两点连线坡度为

$$i = \tan\alpha = h/D = h/(d \cdot M) \tag{5.4-1}$$

式中：α——直线的倾斜角，i——以百分数或千分数表示的坡度，M——地形图的比例尺分母，D——实地水平距离。

如果是数字地形图，在屏幕上量测两点间的水平距离时，也得到两点间的三维坐标差，因此可按下式计算两点间的地面坡度和倾角。

$$i = \tan\alpha = \Delta Z/D \tag{5.4-2}$$

$$\alpha = \arctan(\Delta Z/D) \tag{5.4-3}$$

5.4.3　地形图在工程建设中的应用

1. 根据规定坡度在地形图上设计最短路线

在铁路、公路、渠道、管线等设计中，往往需要求在不超过某一坡度 i 时的平距 D，并按地形图的比例尺计算出图上的平距 d，需用两脚规在地形图上求得整个路线的位置。如图 5.4-3 所示，要从 A 点开始，向山顶选一条公路线，使坡度为5%，从地形图上可以看出等高线间隔为5m，由于限制坡度 $i = 5\%$，则实地路线通过相邻等高线的最短距离应为

$$D = \frac{h}{i} = \frac{5}{5\%} = 100\text{m}$$

若图 5.4-3 的比例尺为 1∶5000，对于实地平距 $D = 100$m，则图上平距 d 应为 2cm。以 A 点为圆心，以 2cm 为半径作圆弧与 55m 等高线相交于 1 和 1′两点，再分别以 1 和 1′为圆心，仍以 2cm 为半径作圆弧，交 60m 等高线于 2 及 2′两点。依此类推，可在图上画出规定坡度的两条路线，然后再进行比较，考虑整个路线不要过分弯曲以及避开现有建

(构)筑物等其他因素，选取较理想的最短路线。

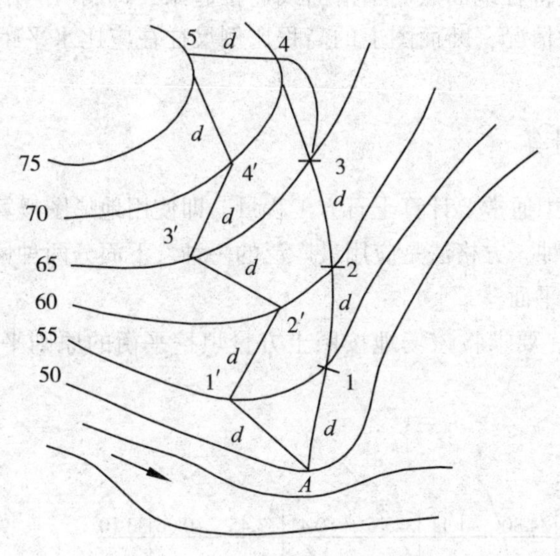

图 5.4-3　在地形图上设计最短路线

2. 绘制某方向的断面图

为了修建道路、管线、水坝等工程，需要作出地形图上某方向的断面图，表示出特定方向的地形变化，这对工程规划设计有重要的意义。

如图 5.4-4 中，要求绘出 AB 方向上的地形断面图。首先，通过 AB 两点连线与各等高线相交于 c，d，e，… 点。其次，在另一方格纸上，以水平距离为横坐标轴，以 A 作为起点，并把地形图上各交点 c，d，e，… 之间的距离展绘在横坐标轴上，然后自各点

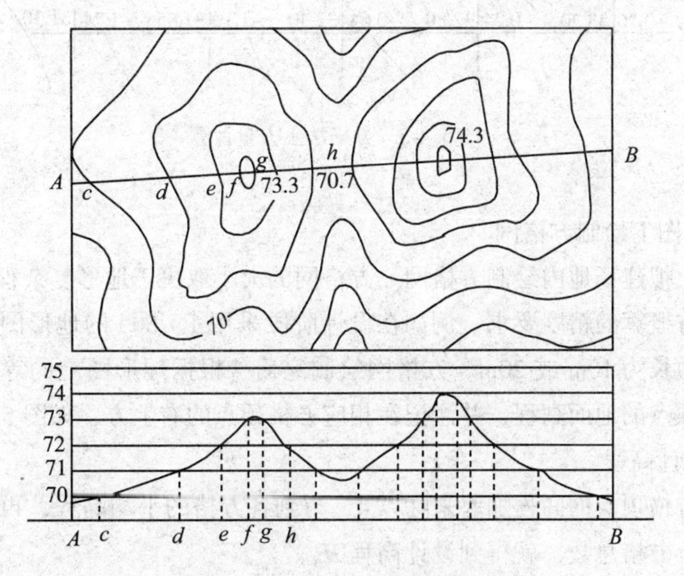

图 5.4-4　绘制 AB 方向的断面图

作垂直于横坐标轴的垂线，并分别将各点的高程按规定的比例展绘于垂线上，则得各相应的地面点。最后将各地面点用平滑曲线连接起来，即得 AB 方向的断面图。为了较明显地表示地面起伏情况，断面图上的高程比例尺往往应比水平距离比例尺放大 5 倍或 10 倍。

3. 土石方量的计算

在场地平整工作中通常要计算土石方工程量，即使用地形图概算填挖土石方量。土石方量的计算方法有多种，方格法是应用最广泛的一种。下面分两种情况介绍该方法。

1）要求平整成水平面

如图 5.4-5 所示，要求将该场地按照土方量填挖平衡的原则平整成水平面，其步骤如下：

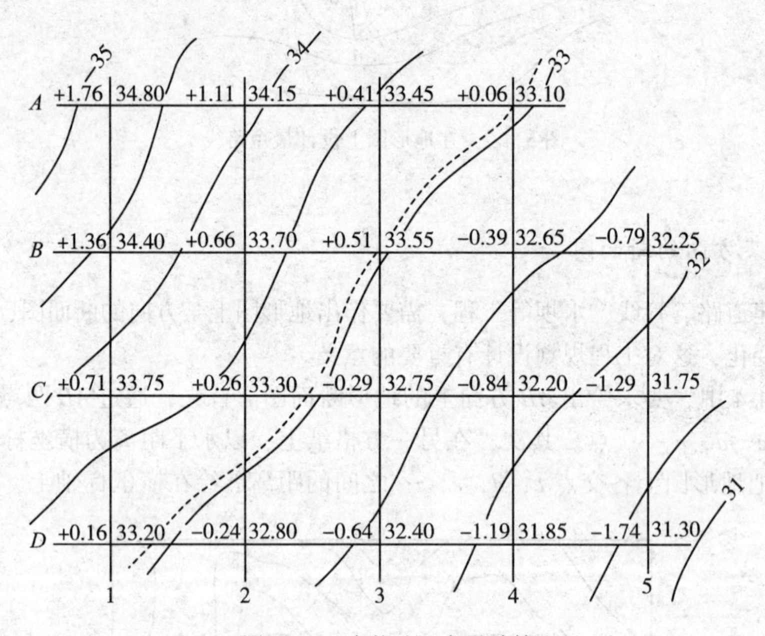

图 5.4-5　方格法土方量计算

（1）在地形图上绘制方格网。

在地形图上拟建场地内绘制方格网。方格网的大小取决于地形复杂程度、地形图比例尺大小以及土方概算的精度要求。例如在设计阶段采用 1 : 500 的地形图时，根据地形复杂情况，一般边长为 10m 或 20m。方格网绘制完后，根据地形图上的等高线，用内插法求出每一方格顶点的地面高程，并注记在相应方格顶点的右上方，如图 5.4-5 所示。

（2）计算设计高程。

先将每一方格顶点的高程加起来除以 4，得到各方格的平均高程，再把每个方格的平均高程相加除以方格总数，就得到设计高程 H_0。

$$H_0 = (H_1 + H_2 + \cdots + H_n)/n \tag{5.4-4}$$

式中 H_n为每一方格的平均高程，n 为方格总数。

从设计高程 H_0的计算方法和图 5.4-5 可以看出：方格网的角点 $A1$，$A4$，$B5$，$D1$，$D5$ 的高程只用了一次，边点 $A2$，$A3$，$B1$，$C1$，$D2$，$D3$，…的高程用了两次，拐点 $B4$ 的高程用了三次，而中间点 $B2$，$B3$，$C2$，$C3$，…的高程用了四次，因此，设计高程的计算公式也可写为：

$$H_0 = \left(\sum H_{角} + 2\sum H_{边} + 3\sum H_{拐} + 4H_{中} \right)/4n \tag{5.4-5}$$

将方格顶点的高程代入上式，即可计算出设计高程为 33.04m。在图上内插出 33.04m 等高线(图 5.4-5 中虚线)，称为填挖边界线。

(3)计算挖、填高度。

根据设计高程和方格顶点的高程，可以计算出每一方格顶点的挖、填高度，即：

填、挖高度=地面高程-设计高程

将图中各方格顶点的挖填高度写于相应方格顶点的左上方。正号为挖深，负号为填高。

(4)计算挖、填土方量。

挖、填土方量可按角点、边点、拐点和中点分别按下式计算。

角点：挖(填)高×1/4 方格面积；

边点：挖(填)高×1/2 方格面积；

拐点：挖(填)高×3/4 方格面积；

中点：挖(填)高×1 方格面积。

如图 5.4-6 所示：设每一方格面积为 400m²，计算的设计高程是 25.2m，每一方格的挖深或填高数据已分别计算出，并已注记在方格顶点的左上方。于是，可列表(见表 5.4-1)分别计算出挖方量和填方量。

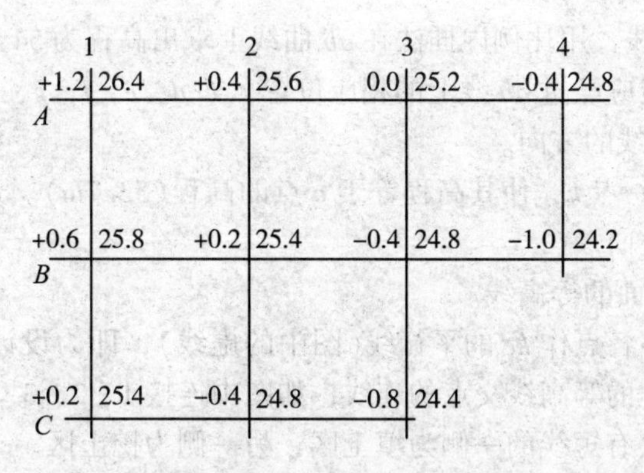

图 5.4-6　土方填、挖计算

从计算结果可以看出，挖方量和填方量是相等的，满足"挖、填平衡"的要求。

表 5.4-1 **挖、填土方计算表**

点号	挖深(m)	填高(m)	所占面积(m^2)	挖方量(m^3)	填方量(m^3)
*A*1	+1.2		100	120	
*A*2	+0.4		200	80	
*A*3	0.0		200	0	
*A*4		-0.4	100		40
*B*1	+0.6		200	120	
*B*2	+0.2		400	80	
*B*3		-0.4	300		120
*B*4		-1.0	100		100
*C*1	+0.2		100	20	
*C*2		-0.4	200		80
*C*3		-0.8	100		80
				$\sum$: 420	$\sum$: 420

2)要求按设计等高线整理成倾斜面

将原地形改造成某一坡度的倾斜面，一般可根据填、挖平衡的原则，绘出设计倾斜面的等高线。但是有时要求所设计的倾斜面必须包含不能改动的某些高程点(称为设计斜面的控制高程点)。例如，已有道路的中线高程点；永久性或大型建筑物的外墙地坪高程等。如图5.4-7所示，设*a*，*b*，*c*三点为控制高程点，其地面高程分别为54.6m，51.3m和53.7m。要求将原地形改造成通过*a*，*b*，*c*三点的斜面，其步骤如下：

(1)确定设计等高线的平距。

过*a*，*b*两点作直线，用比例内插法在*ab*曲线上求出高程为54，53，52，…各点的位置，也就是设计等高线应经过*ab*线上的相应位置，如*d*，*e*，*f*，*g*，…点。

(2)确定设计等高线的方向。

在*ab*直线上求出一点*k*，使其高程等于*c*点的高程(53.7m)。过*kc*连一线，则*kc*方向就是设计等高线的方向。

(3)插绘设计倾斜面的等高线。

过*d*，*e*，*f*，*g*，…各点作*kc*的平行线(图中的虚线)，即为设计倾斜面的等高线。过设计等高线和原同高程的等高线交点的连线，如图中连接1、2、3、4、5等点，就可得到挖、填边界线。图中绘有短线的一侧为填土区，另一侧为挖土区。

(4)计算挖、填土方量。

与前一方法相同，首先在图上绘方格网，并确定各方格顶点的挖深和填高量。不同之处是各方格顶点的设计高程是根据设计等高线内插求得的，并注记在方格顶点的右下方。其填高和挖深量仍记在各顶点的左上方。挖方量和填方量的计算和前一方法相同。

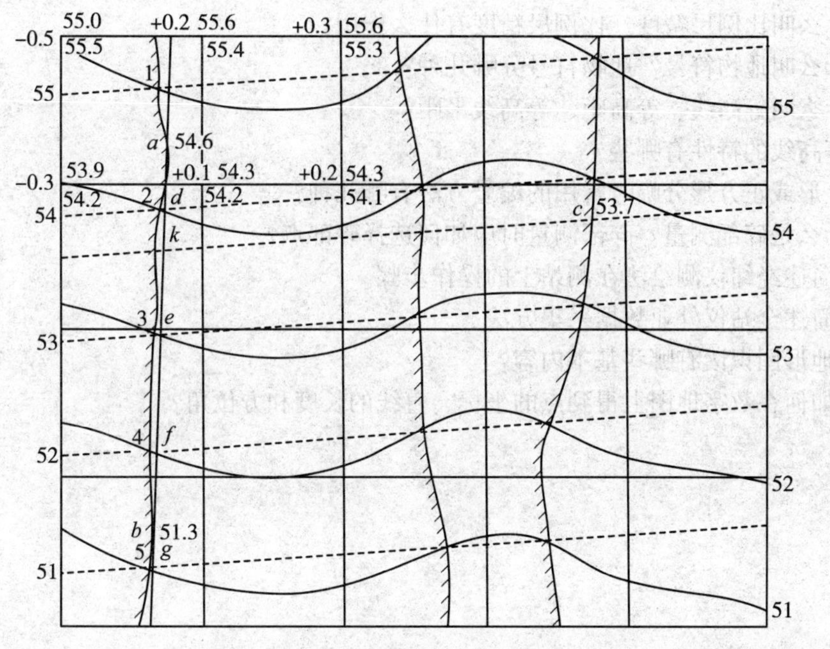

图 5.4-7　倾斜面土方量计算

项 目 小 结

本项目介绍了有关地形图的基本知识，为正确认识地形图奠定了基础。重点介绍了白纸测图方法当中的经纬仪测绘法进行碎部测量的具体实施过程。为了实现定向上与全站仪数字化测图的对接，只介绍了用方位角定向的方法。介绍了全站仪数字化测图的全站仪外业数据采集、数据传输和图形绘制。此外，还介绍了地形图的判读与应用内容，帮助学生理解地形图与工程建设的关系。通过本项目的学习，需要掌握以下内容：

(1)碎部测量的概念、地形图的概念、平面图的概念；

(2)地形图的比例尺及其比例尺精度；

(3)地物地貌的表示方法；

(4)地形图的分幅与编号；

(5)白纸测图前的准备工作；

(6)白纸测图方法、碎部测量注意事项；

(7)全站仪数字化测图的外业操作、数据采集、图形绘制；

(8)地形图的识读与应用。

知 识 检 验

1. 什么叫地形图？什么叫平面图？

2. 无论哪种比例尺的地形图，图上均应包括的内容有哪些？

3. 什么叫比例尺？国家基本比例尺地形图系列中分哪几种比例尺地形图？
4. 什么叫比例尺精度？比例尺精度有什么作用？
5. 什么叫地物符号？地物符号分哪几种？
6. 什么叫等高线、等高距、等高线平距？
7. 等高线的特性有哪些？
8. 矩形或正方形分幅时常用的编号方法有哪几种？
9. 什么是碎部测量？碎部测量时应如何选择碎部点？
10. 简述经纬仪测绘法在测站上的操作步骤。
11. 简述全站仪外业数据采集方法。
12. 地形图识读有哪些基本内容？
13. 如何在数字地图上得到点的坐标、直线的长度和方位角？

项目6 施工测设

项目描述

工程测量通常是指在工程建设的规划设计、施工和运营管理等各阶段运用的各种测量理论、方法和技术的总称。在规划设计阶段，要求提供完整可靠的地形资料；在施工阶段，要按规定精度进行施工测设；在运营管理阶段，要进行建筑物的变形观测，判断它们的稳定性，以保证工程质量和安全使用，并借以验证设计理论和施工方法的正确性。

规划设计阶段需要的地形资料通过大比例尺地形图测绘的方法获得，此部分工作在工程建设项目施工以前已经完成。施工阶段所进行的施工测设工作，就是把图上设计好的建筑物(构筑物)的平面位置和高程，用一定的测量仪器和方法标定到实地上去的工作，施工测设也称施工放样。施工测设的实质就是点位的测设(包括点的平面位置测设以及高程位置)和路线的测设。各种不同的专项工程测量如线路工程测量、建筑工程测量等，皆有与本专项工程测量相关的具体要求，但就施工测设工作来看，各种专项工程测量都以水平距离、水平角、高程等三项基本测设工作作为点位测设的基础，以曲线测设和坡度线测设作为路线测设的基础。

已知水平距离、水平角和高程的测设称为三项基本测设工作，测设时需要采用不同的仪器、运用不同的方法进行；测设点的平面位置可用直角坐标法、极坐标法、角度交会法和距离交会法等方法，根据具体情况确定测设方法，各种方法都必须先根据已知控制点坐标和待放样点的坐标，算出测设数据，再进行实地测设；平面曲线的种类有很多，圆曲线是最常用的一种平面曲线，其测设工作一般分两步进行，先定出圆曲线的主点，即曲线的起点(ZY)、中点(QZ)和终点(YZ)，然后进行细部测设，即以主点为基础进行加密，定出曲线上其他各点；已知坡度线的测设就是在目标区域内测定出一条直线，使其坡度值等于设计坡度，通常用水平视线法或倾斜视线法进行测设。

本项目介绍的就是以上述内容为主的施工测设工作。

本项目由6项任务组成。任务6.1“已知水平距离的测设”的主要内容包括：钢尺测设、全站仪测设；任务6.2“已知水平角的测设”的主要内容包括：一般测设方法和精确测设方法；任务6.3“地面点平面位置的测设”的主要内容包括：直角坐标法测设、极坐标法测设和全站仪测设点位方法；任务6.4“已知高程的测设”的主要内容包括：基本测设方法、建筑基坑和高层建筑的测设；任务6.5“已知坡度线的测设”的主要内容包括：水平视线法和倾斜视线法；任务6.6“圆曲线的测设”的主要内容包括：圆曲线主点的测设以及圆曲线的细部测设。

通过本项目的学习，使学生达到如下要求：能够采用经纬仪进行已知水平角的测设、极坐标法点位测设、倾斜视线法已知坡度线测设，能够采用水准仪进行已知高程的测设、水平视线法已知坡度线的测设，能够采用全站仪进行已知水平距离的测设、已知水平角的测设、点位测设以及圆曲线测设。

任务6.1 已知水平距离的测设

根据给定的直线起点和已知的水平距离，在地面上沿已知方向确定出直线另一端点的工作，称为已知水平距离的测设。

已知水平距离的测设，按使用仪器工具不同，可分为钢尺测设和全站仪测设；按测设精度不同，可分为一般测设方法和精确测设方法。

6.1.1 钢尺测设

1. *一般方法*

由已知点 A 开始，沿给定的方向，用钢尺量取已知水平距离 D，确定出直线的另一端点 B，如图 6.1-1 所示。为了校核与提高测设精度，在起点 A 处改变读数，按同法量取已知水平距离 D 确定出 B'点。由于量距有误差，B 与 B'两点一般不重合，其相对误差符合精度要求，则取两点的中点作为最终位置。

2. *精确方法*

当测设精度要求较高时，采用精确方法测设，将所测设的已知水平距离进行尺长改正、温度改正和倾斜改正。

测设时，先根据已知水平距离 D，按一般方法在地面概略地定出 B'点，如图 6.1-1 所示，然后按照精密钢尺丈量方法丈量 AB'的水平距离，并加入尺长、温度及倾斜改正数，计算出 AB'的水平距离 D'。若 D'不等于 D，计算出改正数 ΔD，$\Delta D=D'-D$。

沿 AB 直线方向，对 B'点进行改正，即可确定出 B 点的正确位置。如 ΔD 为正，应向里改正；ΔD 为负，则向外改正。

6.1.2 全站仪测设

在已知点 A 上安置全站仪，照准位于 B 点附近的棱镜后，进行距离测量，全站仪直接显示两点间的水平距离 D'，前后移动棱镜，使全站仪显示的水平距离 D'等于已知水平距离 D 时，即可确定出 B 点位置，如图 6.1-1 所示。

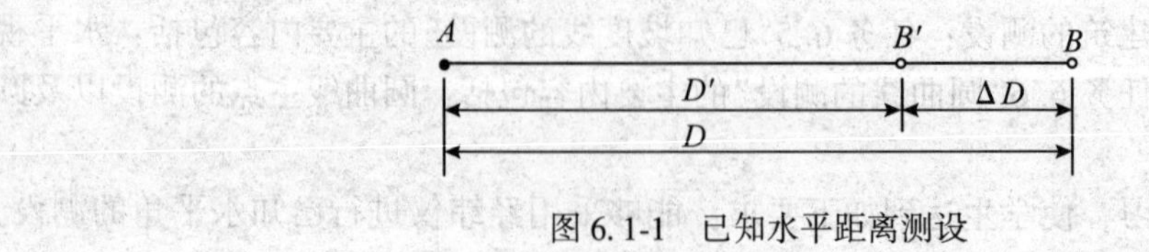

图 6.1-1 已知水平距离测设

任务 6.2　已知水平角的测设

已知某角的角顶点和一已知边方向，根据已知水平角的数值，在地面上确定出该角的另一边方向的工作，称为已知水平角测设。测设时可采用经纬仪或全站仪，但两者测设方法相同；按测设精度不同，可分为一般方法和精确方法。

6.2.1　一般方法

如图 6.2-1 所示，测设步骤为：

(1)在 O 点安置经纬仪，以盘左位置瞄准 A 点，并使水平度盘读数配置为零(置零)。

(2)松开水平制动螺旋，顺时针方向旋转照准部，使度盘读数等于已知水平角 β，在此方向上标定出 B'点。

(3)以盘右位置按同样方法标定出 B''点。

(4)取 $B'B''$的中点 B，则 OB 方向就是该角的另一边方向。

6.2.2　精确方法

如图 6.2-2 所示，当测设精度要求较高时，可按如下步骤进行：

(1)先按一般方法测设出 B'点。

(2)用测回法对$\angle AOB'$进行若干个测回的观测(测回数根据需要确定)，计算出平均值 β'以及其与已知水平角的差值 $\Delta\beta$：

$$\Delta\beta=\beta'-\beta$$

(3)测量出 OB'的距离，按式(6.2-1)计算出垂直于 OB'方向的改正距离 $B'B$：

$$B'B = OB'\tan\Delta\beta \approx OB'\frac{\Delta\beta}{\rho} \tag{6.2-1}$$

式中：$\rho=206265''$。

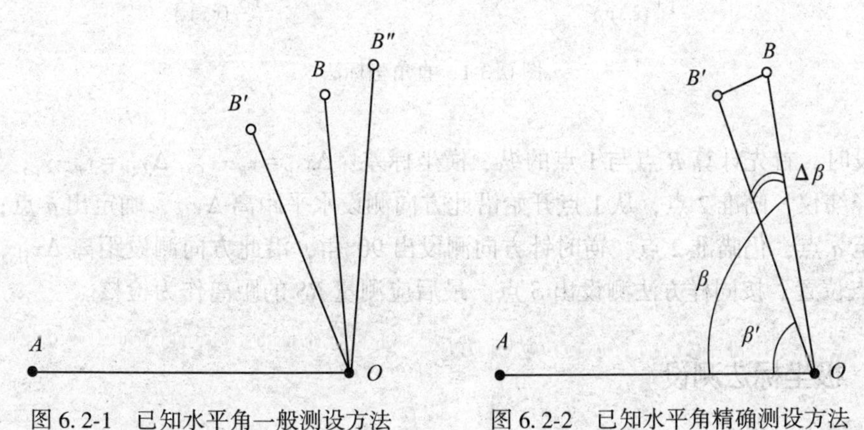

图 6.2-1　已知水平角一般测设方法　　图 6.2-2　已知水平角精确测设方法

(4)自 B'点沿 OB'的垂直方向量取距离 $B'B$，确定出 B 点，则 OB 方向就是该角的另一边方向。量取改正距离时，如 $\Delta\beta$ 为正，则沿 OB'的垂直方向向内量取；如 $\Delta\beta$ 为负，则沿 OB'的垂直方向向外量取。

任务 6.3　地面点平面位置的测设

地面点平面位置测设的基本方法有直角坐标法、极坐标法、角度交会法和距离交会法等，采用哪一种方法测设，应根据施工现场控制点的分布情况、建筑物的大小、测设精度及施工现场情况决定。

6.3.1　直角坐标法测设

直角坐标法是建立在直角坐标原理基础上进行地面点平面位置测设的一种方法。当建筑场地已建立与相互垂直的主轴线平行的施工坐标系统或建筑方格网时，一般采用此方法。

如图 6.3-1 所示，1、2、3、4 为建筑方格网点，R、S 为建筑物主轴线端点，其坐标分别为(x_R，y_R)、(x_S，y_S)，RS 与方格网线平行，欲以直角坐标法测设 R、S 点的平面位置。

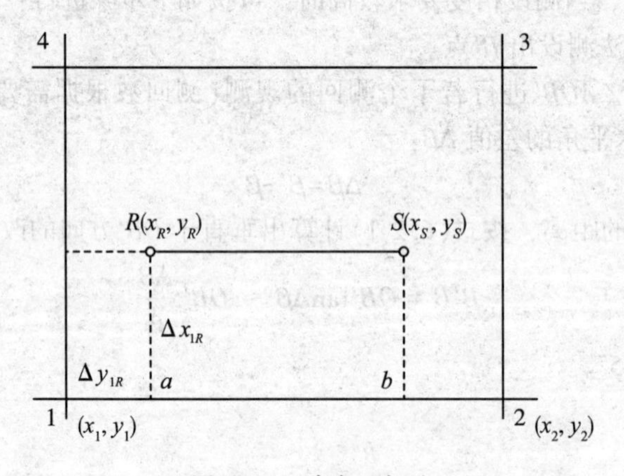

图 6.3-1　直角坐标法

测设时，首先计算 R 点与 1 点的纵、横坐标差：$\Delta x_{1R}=x_R-x_1$，$\Delta y_{1R}=y_R-y_1$；然后在 1 点安置经纬仪，瞄准 2 点，从 1 点开始沿此方向测设水平距离 Δy_{1R}，确定出 a 点；再将经纬仪搬至 a 点，仍瞄准 2 点，逆时针方向测设出 90°角，沿此方向测设距离 Δx_{1R}，即可确定出 R 点位置。按同样方法测设出 S 点。最后应测量 RS 的距离作为检核。

6.3.2　极坐标法测设

极坐标法是根据控制点、水平角和水平距离测设点平面位置的方法。在控制点与测设点间便于钢尺量距的情况下，采用此法较为适宜。

如图 6.3-2 所示，设 A、B 为施工现场的平面控制点，其坐标为 A(356.812, 235.500)，B(418.430, 285.610)；P 为欲测设点位，坐标为 P(346.009, 318.504)，用极坐标法，在 A 点安置仪器测设 P 点的步骤如下：

(1)根据控制点 A、B 的坐标和 P 的设计坐标，计算所需的测设数据 β 及 D_{AP}。

首先计算 A、B 两点之间的坐标增量：

$$\Delta x_{AB}=x_B-x_A=418.430-356.812=61.618$$

$$\Delta y_{AB}=y_B-y_A=285.610-235.500=50.11$$

坐标反算，反算出　　$\alpha_{AB}=39°07'09''$

再计算 A、P 两点之间的坐标增量：

$$\Delta x_{AP}=x_P-x_A=346.009-356.812=-10.803$$

$$\Delta y_{AB}=y_B-y_A=318.504-235.500=83.004$$

坐标反算，反算出　　$D_{AP}=83.704$，$\alpha_{AP}=97°24'55''$

计算　　$\beta=\alpha_{AP}-\alpha_{AB}=58°17'46''$

所以，在 A 点安置仪器测设 P 点的测设数据为：①放样角度 $\beta=58°17'46''$；②放样距离 $D_{AP}=83.704$。

(2)测设时，将经纬仪安置于 A 点，照准 B 点，按已知水平角测设方法测设出 β 角的另外一条边的方向，再沿此方向按已知水平距离的测设方法测设出水平距离 D_{AP}，即可确定 P 点的平面位置。然后测量 AP 之间的距离，与测设距离比较，差值应在容许范围内。

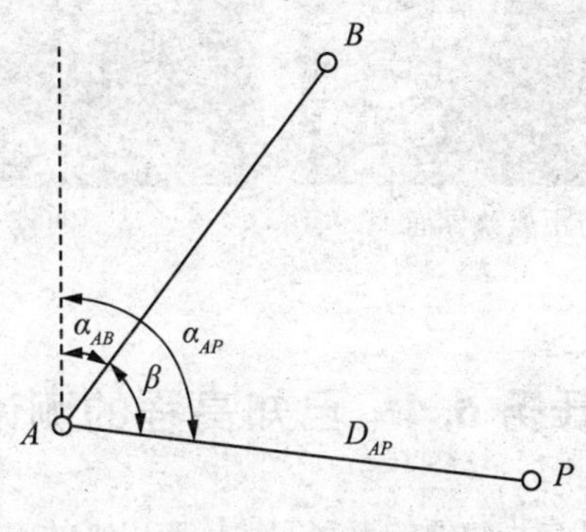

图 6.3-2　极坐标法

6.3.3　全站仪测设点位

全站仪不仅具有测设高精度、速度快的特点，而且可以直接测设点的位置。同时，在施工放样中受天气和地形条件的影响较小，从而在生产实践中得到了广泛应用。

全站仪测设点位，就是根据控制点和欲测设点的坐标测设出点位的一种方法。首先，仪器安置在控制点上，进入放样测量菜单，如图 6.3-3 所示；然后进行后视定向，包括输入测站点坐标(如图 6.3-4 所示)以及后视方位角或后视点坐标；输入放样数据(坐标)，全站仪显示照准方向与测设方向的方位角差值，如图 6.3-5 所示；旋转照准部，使方位角差值为零；在望远镜照准方向上竖立棱镜，进行距离测量，全站仪显示实测距离与测设距离的差值，如图6.3-5所示；前后移动棱镜，使距离差值等于零，此时全站仪显示的方位角差值也为零。在地面上标定出点位，此点位即为欲测设点位。

为防止出现错误，在测设点位置确定后，应回到放样测量菜单，选择“测量”，如图6.3-6所示，测出测设点的坐标作为检核。

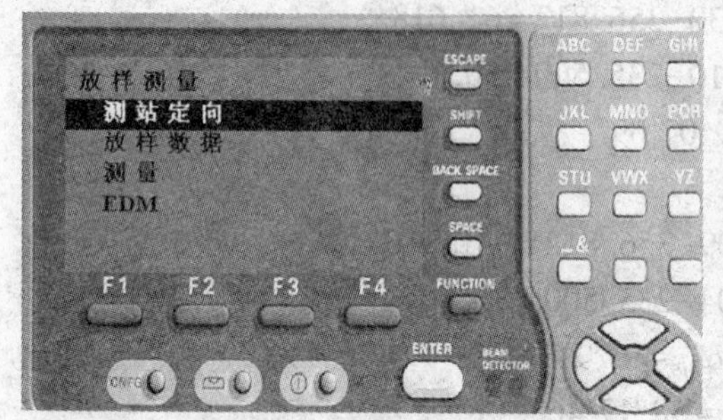

图6.3-3 放样测量菜单

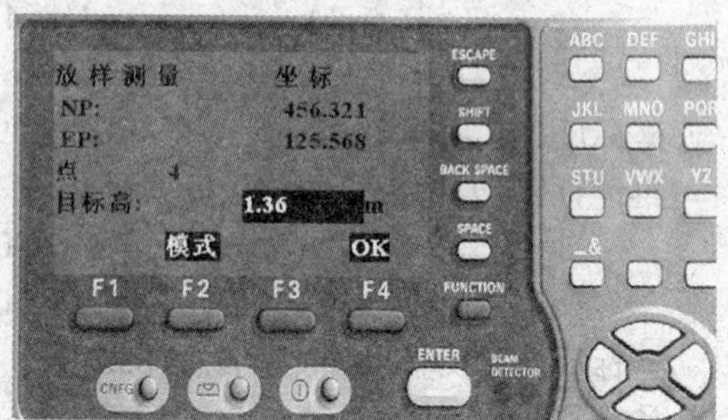

图6.3-4 测站坐标输入

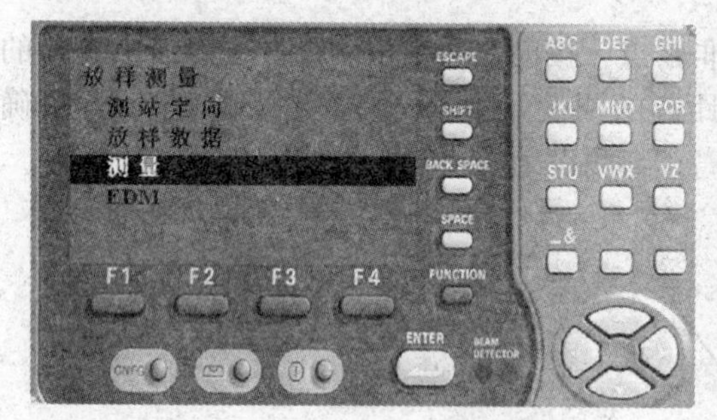

图6.3-5 显示角度差与距离差界面

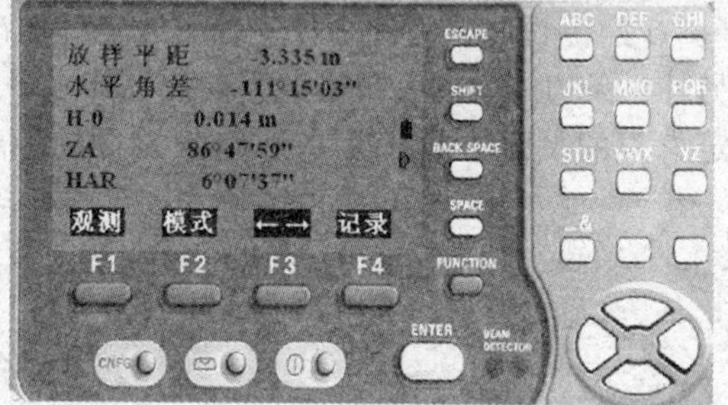

图6.3-6 放样测量菜单

任务6.4 已知高程的测设

根据已知高程点，将已知高程数值的点在实地标定出来的工作，称为已知高程的测设。

6.4.1 基本测设方法

如图6.4-1所示，BM_5为已知水准点，高程为$H_{BM_5}=62.328$m，预测设的已知$H_{A设}=62.500$m，欲在木桩上标定出A点，使A点高程等于已知高程$H_{A设}$。测设步骤如下：

(1)在已知水准点BM_5和A点之间安置水准仪，后视BM_5，读取后视读数$a=1.588$m，计算出水平视线高程为：

$$H_i=H_{BM_5}+a=62.328+1.588=63.916(\mathrm{m})$$

(2)计算水准尺尺底恰好位于A点时的前视应有读数$b_{应}$：

$$b_{应}=H_i-H_{A设}=63.916-62.500=1.416(\mathrm{m})$$

(3)水准尺竖立在木桩的侧面，读取前视读数 b'，当 $b'>b$ 时，向上移动水准尺，当 $b'<b$ 时，向下移动水准尺，直至读取的前视读数与前视应有读数相等即读数为 1.416m 时，紧靠尺底在木桩上标示一明显标志，此标志处高程即为已知高程 62.500m。

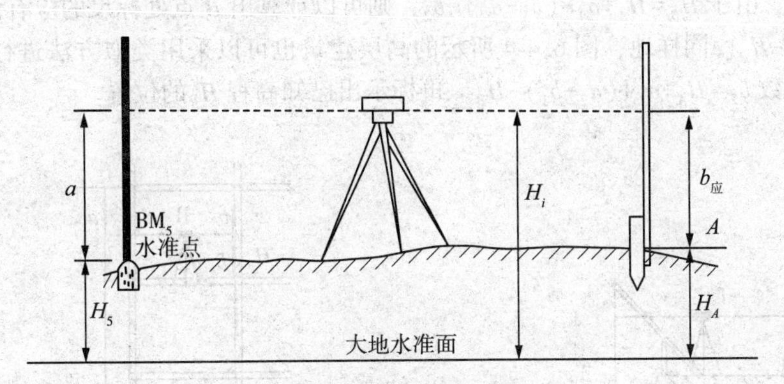

图 6.4-1　已知高程的测设

在建筑工程中，为了计算方便，通常把建筑物的室内设计地坪高程用±0 标高表示，建筑物的基础、门窗等高程都是以±0 为依据进行测设。因此，首先要在施工现场利用测设已知高程的方法测设出室内地坪高程的位置。

6.4.2　高程点位于顶部的高程测设

在隧道施工中，高程点位通常设置在隧道顶部。当高程点 B 位于隧道顶部时，在进行水准测量时水准尺应倒立在高程点上。如图 6.4-2 所示，A 为已知高程 H_A 的水准点，B 为预测设高程 H_B 的位置，由于 $H_B=H_A+a+b$，则 B 点应有的读数 $b=H_B-(H_A+a)$。因此，将水准尺倒立并紧靠 B 点木桩上下移动，直到尺上读数为 b 时，在尺底标示出设计高程 H_B 的位置。

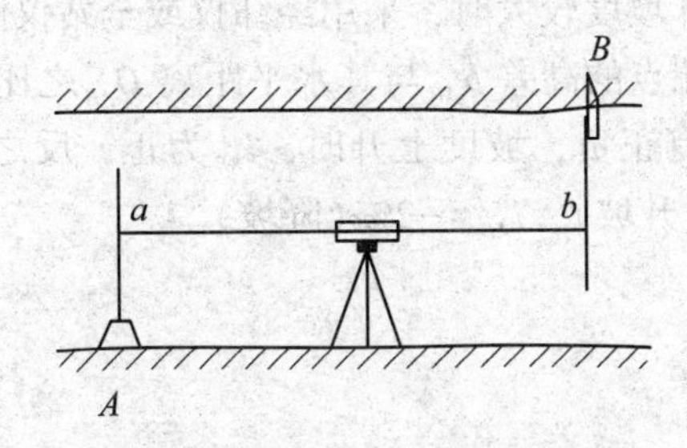

图 6.4-2　高程点位于顶部的测设

6.4.3　建筑基坑和高层建筑的高程测设

当欲测设高程点与已知水准点的高差较大时，可以采用悬挂钢尺的方法进行测设。如

图6.4-3所示的建筑基坑，钢尺悬挂在支架上，零端向下并挂一重物，A为已知高程为H_A的水准点，B为欲测设高程为H_B的位置。在已知高程点和悬挂钢尺的支架之间的地面上，以及悬挂钢尺和欲测设点位之间的建筑基坑内分别安置水准仪，分别在标尺和钢尺上读数a_1、b_1和a_2。由于$H_B=H_A+a_1-(b_1-a_2)-b_2$，则可以计算出$B$点处标尺的应有读数$b_2=H_A+a_1-(b_1-a_1)-H_B$。同样地，图6.4-4所示的高层建筑也可以采用类似方法进行测设，即计算出前视读数$b_2=H_A+a_1+(a_2-b_1)-H_B$，再标示出已知高程$H_B$的位置。

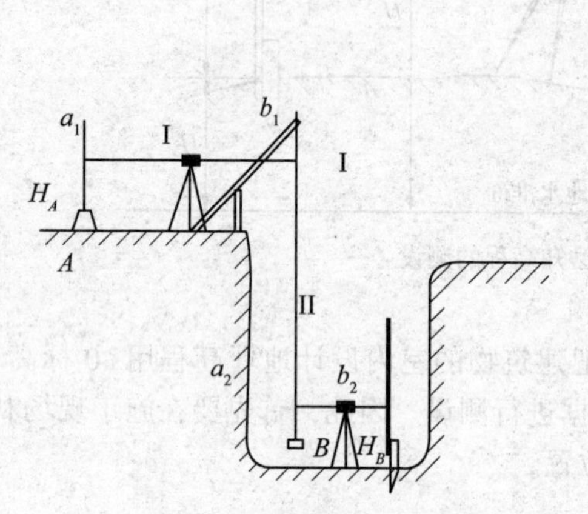

图6.4-3 建筑基坑的高程测设

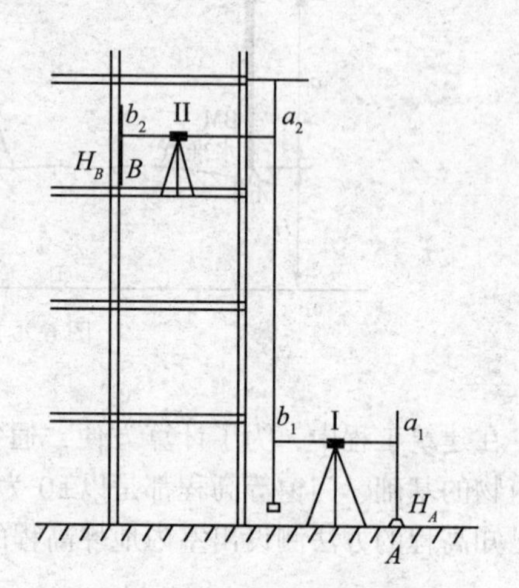

图6.4-4 高层建筑的高程测设

任务6.5 已知坡度线的测设

已知坡度线的测设就是在目标区域内测定出一条直线，使其坡度值等于设计坡度。在线路工程、城市管线敷设等工作中经常涉及。

测设坡度线通常有两种方法，即水平视线法和倾斜视线法。当设计坡度不大时，采用水准仪水平视线法；当设计坡度较大时，采用经纬仪或全站仪倾斜视线法。

坡度i_{AB}是直线AB两端点的高差h_{AB}与其水平距离D_{AB}之比，即$i_{AB}=h_{AB}/D_{AB}$。由于高差有正有负，所以坡度也有正负，坡度上升时，i_{AB}为正，反之为负。常以百分率或千分率表示坡度，如$i_{AB}=+2\%$(升坡)，$i_{AB}=-2‰$(降坡)。

6.5.1 水平视线法

如图6.5-1所示，A、B分别为设计坡度线的起始点和终点，其设计高程分别为H_A和H_B，AB间的距离为D，沿AB方向测设坡度为i_{AB}的坡度线的步骤如下：

(1)首先在A、B两点之间按一定的间隔在地面上标定出中间点1、2、3的位置，分别量取每相邻两桩间的距离d_1、d_2、d_3、d_4，AB间距离D，即为d_1、d_2、d_3、d_4的和。

(2)计算每一个桩点的设计高程，公式为$H_{设}=H_A+i_{AB}\times d_i$($d_i$即为$A$点和桩点间的距离，例如计算2点的设计高程时，公式中的d_i即为d_1与d_2的和)。

(3)安置水准仪，读取 A 点水准尺后视读数 a，则水准仪的视线高程 $H_{视}=H_A+a$，再算出每一个桩点水准尺的应有前视读数 b，方法是用视线高程减去该点的设计高程，公式为 $b=H_{视}-H_{设}$。

(4)按测设高程的方法，指挥立尺人员，分别使水准仪的水平视线在水准尺读数刚好等于各桩点的应读前视读数 b 时作出标记，则所有的桩标记连线即为设计坡度线。

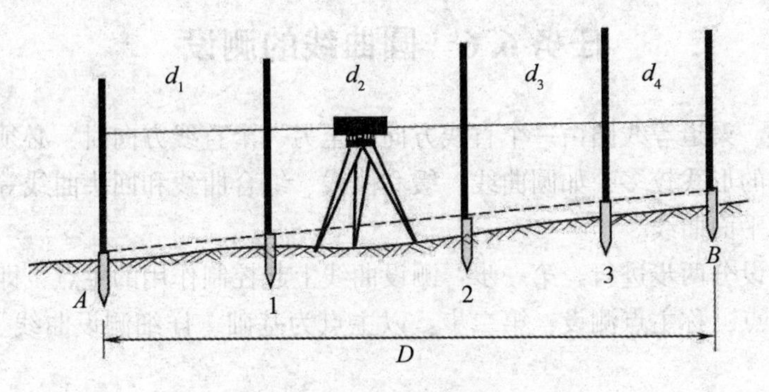

图 6.5-1　水平视线法测设坡度线

6.5.2　倾斜视线法

倾斜视线法是根据视线与设计坡度线平行时，其两线之间的铅垂距离处处相等的原理，来确定设计坡度上的各点高程位置。

如图 6.5-2 所示，A、B 分别为设计坡度线的起始点和终点，A 点的设计高程为 H_A，AB 间的距离设为 D。沿 AB 方向测设坡度为 i_{AB} 的坡度线的方法和步骤如下：

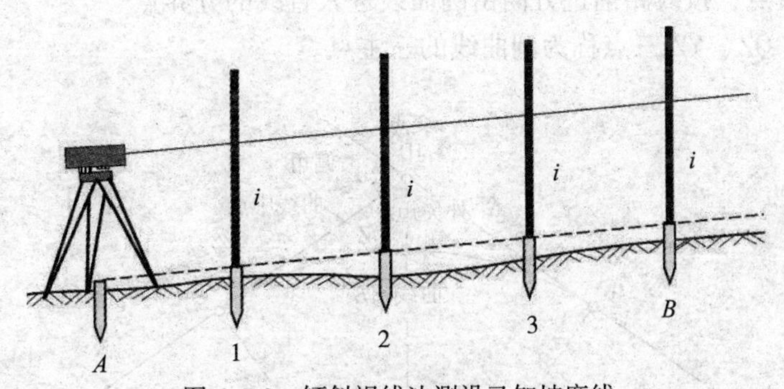

图 6.5-2　倾斜视线法测设已知坡度线

(1)根据 A 点的高程、坡度 i_{AB} 和 A、B 两点间的水平距离 D，计算出 B 点的设计高程：$H_B=H_A+i_{AB}\cdot D$。

(2)根据设计坡度和 A、B 两点的设计高程，用已知高程的测设方法在 A、B 点上测设出设计高程 H_A 和 H_B 的所在位置。

(3)将经纬仪安置在 A 点上，量取仪器高度 i，用望远镜瞄准 AB 方向，竖直方向转动望远镜制动和微动螺旋，使十字丝中丝读数等于仪器高 i，此时，仪器的视线与设计坡度线平行。

(4)在 AB 方向线上测设中间点，分别在1，2，3，…处打下木桩，依次在木桩上立尺，使各木桩上水准尺的读数均等于仪器高 i，在木桩侧面沿标尺底部作出标识，此标识线即为设计坡度线。

任务6.6　圆曲线的测设

铁路、公路、渠道等线路由一个直线方向转至另一个直线方向时，必须用平面曲线来连接。平面曲线的形式较多，如圆曲线、缓和曲线、综合曲线和回头曲线等，其中圆曲线是最基本的一种平面曲线。

圆曲线的测设分两步进行，第一步：测设曲线上起控制作用的主点，即曲线起点、曲线中点、曲线终点，称主点测设；第二步：以主点为基础，详细测设曲线上其他细部点，称为细部测设。

6.6.1　圆曲线主点的测设

1. 圆曲线的主点

圆曲线的主点如图6.6-1所示：

JD——交点，即两直线相交的点；

ZY——直圆点，按线路前进方向由直线进入曲线的分界点；

QZ——曲中点，为圆曲线的中点；

YZ——圆直点，按线路前进方向由圆曲线进入直线的分界点。

其中，ZY、QZ、YZ三点称为圆曲线的三主点。

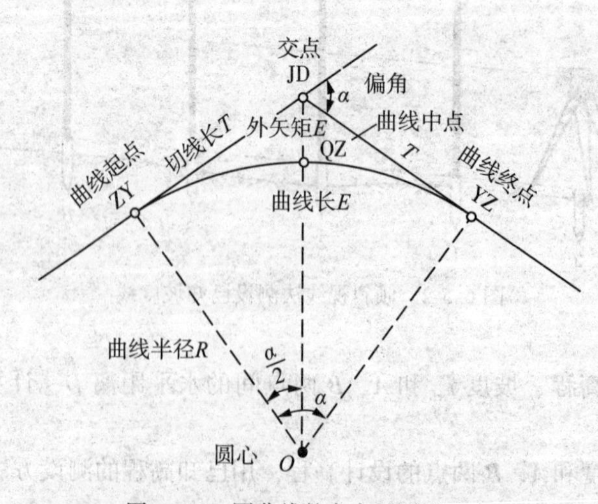

图6.6-1　圆曲线的主点及测设要素

2. 圆曲线主点测设要素计算

圆曲线全点测设要素如图 6.6-1 所示：

T——切线长，为交点至直圆点或圆直点的长度；

L——曲线长，即圆曲线的长度(自 ZY 经 QZ 至 YZ 的弧线长度)；

E——外矢矩，为 JD 至 QZ 的距离；

α——路线转折角，沿线路前进方向，下一条直线段向左转则为 $\alpha_{左}$，向右转则为 $\alpha_{右}$；

R——圆曲线的半径。

其中，T、L、E 称为圆曲线主点测设要素。

路线转折角 α 可由外业直接测出，亦可由纸上定线求得；R 为设计时采用的数据。在两者已知的前提下，可计算出圆曲线主点测设要素：

切线长：
$$T = R \cdot \tan\frac{\alpha}{2} \tag{6.6-1}$$

曲线长：
$$L = \frac{\pi}{180°}R\alpha \tag{6.6-2}$$

外矢矩：
$$E = R\left(\sec\frac{\alpha}{2} - 1\right) \tag{6.6-3}$$

式中计算 L 时，α 以度为单位。

3. 主点里程桩号计算

起点里程桩号为 0+000，“+”左面数字表示千米，“+”右面数字表示米。假设线路上某点离线路起点的距离为 2.836km，它的里程桩号便写成 2+836。

主点里程计算是根据计算出的曲线要素，由一已知点里程来推算，一般沿里程增加的方向由 ZY-QZ-YZ 进行推算。

$$\text{ZY} = \text{JD} - T \tag{6.6-4}$$

$$\text{QZ} = \text{ZY} + \frac{L}{2} \tag{6.6-5}$$

$$\text{YZ} = \text{QZ} + \frac{L}{2} \tag{6.6-6}$$

为了避免计算中的错误，可用式(6.6-7)进行计算检核

$$\text{JD} = \text{YZ} - T + D \tag{6.6-7}$$

式中 D 为切曲差，$D=2T-L$。

【例 6.6-1】已知线路转折点 JD 的桩号为 6+183.56，转折角 $\alpha=42°36'$，设计圆曲线半径 $R=150\text{m}$，求曲线主点测设元素和主点桩号。

【解】 (1)曲线测设元素计算

$$T = 150 \cdot \tan 21°18' = 58.48\text{m}$$

$$L = \frac{\pi}{180°} \cdot 150 \times 42.600° = 111.53\text{m}$$

$$E = 150(\sec 21°18' - 1) = 11.00\text{m}$$

(2)主点桩号计算

$$ZY = 6+183.56-58.48 = 6+125.08$$
$$QZ = 6+125.08+55.76 = 6+180.84$$
$$YZ = 6+180.84+55.77 = 6+236.61$$

检核计算：

$$JD = 6+236.61-58.48+5.43 = 6+183.56$$

与交点原来桩号相等，证明计算正确。

4. 圆曲线主点的测设

1)用经纬仪和检定过的钢尺测设

如图6.6-2所示，圆曲线主点的测设方法如下：

(1)在交点JD处安置经纬仪，照准路线前进方向后方向上的一个转点，自测站起沿此方向量取切线长 T，测设出曲线起点ZY点；并丈量ZY点至最近一个直线桩的距离，如果两桩里程之差在容许范围内，打大木桩并钉小钉确定点位。

(2)经纬仪照准路线前进方向一个转点，自测站起沿此方向量切线长 T，测设出曲线终点YZ，打大木桩并钉小钉确定点位。

(3)测设曲线中点QZ，经纬仪照准YZ点，水平度盘读数置零；顺时针转动照准部，使度盘读数等于 β 角值的一半，$\beta = \dfrac{180° - \alpha}{2}$，视线即指向圆心方向；自测站点起沿此方向量取 E 值，测设出曲线中点QZ，打大木桩并钉小钉确定点位。

主点位置的正确与否将直接影响整个圆曲线的放样质量。因此，在主点测设后，应迁仪器至ZY(或YZ)点，测定JD、QZ及YZ间的夹角，以便检核。

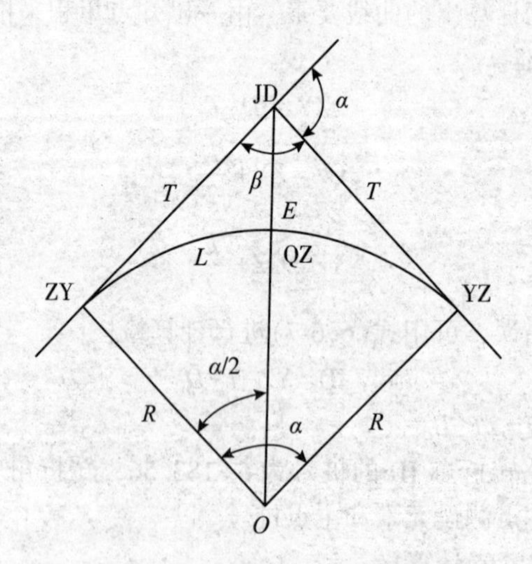

图6.6-2 圆曲线主点的测设

2)全站仪坐标测设

测设时，仪器安置在平面控制点或路线转点上，进入放样测量菜单，进行后视定向，包括输入测站点坐标以及后视方位角或后视点坐标；输入圆曲线主点坐标，全站仪显示照准方向与测设方向的方位角差值；旋转照准部，使方位角差值为零；在望远镜照准方向上竖立棱镜，进行距离测量，全站仪显示实测距离与测设距离的差值；前后移动棱镜，使距离差值等于零，此时全站仪显示的方位角差值也为零；在测设出的点位上打大木桩并钉小钉确定点位。

下面介绍圆曲线主点坐标计算方法。

根据 JD_1 和 JD_2 的坐标 (x_1, y_1)、(x_2, y_2)，如图 6.6-3 所示，用坐标反算公式计算第一条切线的方位角 α_{2-1}：

$$\alpha_{2-1} = \arctan\frac{y_1 - y_2}{x_1 - x_2} \tag{6.6-8}$$

第二条切线的方位角 α_{2-3} 可由 JD_2、JD_3 的坐标反算得到，也可由第一条切线的方位角和路线转折角推算得到，在本例中有：

$$\alpha_{2-3} = \alpha_{2-1} - (180° - \alpha) \tag{6.6-9}$$

根据方位角 α_{2-1}、α_{2-3} 和切线长度 T，用坐标正算公式计算曲线起点坐标 (x_{ZY}, y_{ZY}) 和终点坐标 (x_{YZ}, y_{YZ})，例如起点坐标为：

$$x_{yz} = x_2 + T\cos\alpha_{2-1} \tag{6.6-10}$$

$$y_{yz} = y_2 + T\sin\alpha_{2-1} \tag{6.6-11}$$

曲线中点坐标 (x_{QZ}, y_{QZ}) 则由 JD_1 坐标和分角线方位角 $\alpha_{2-QZ} = \alpha_{2-1} - \dfrac{(180° - \alpha)}{2}$ 计算。

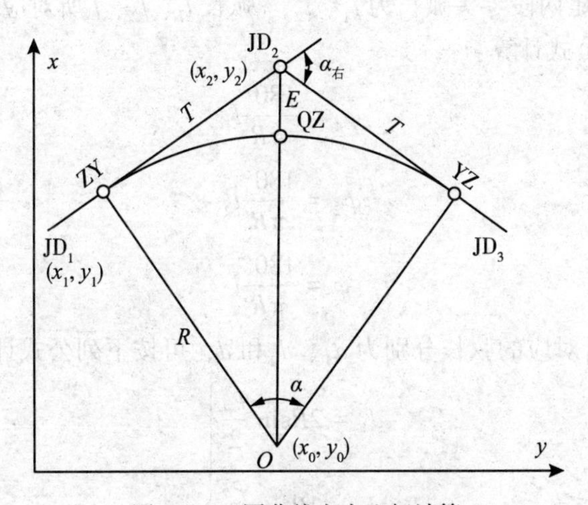

图 6.6-3　圆曲线主点坐标计算

【例 6.6-2】某圆曲线的设计半径 $R = 150$m，转折角 $\alpha = 42°36'$，两个交点 JD_1、JD_2 的坐标分别为(1922.821，1030.091)、(1967.128，1118.784)，试计算各主点坐标。

【解】　先计算 JD_2 至各主点(ZY、QZ、YZ)的坐标方位角，再根据坐标方位角和计算出的测设元素切线长度 T、外矢径 E，用坐标正算公式计算主点坐标，计算结果见表 6.6-1。

表 6.6-1 **圆曲线主点坐标计算表**

主点	JD_2至各主点的方位角	JD_2至各主点的距离(m)	坐标	
			x(m)	y(m)
ZY	243°27′19″	T=58.48	1940.994	1066.469
QZ	174°45′19″	E=11.00m	1956.174	1119.790
YZ	106°03′19″	T=58.48m	1950.955	1174.983

6.6.2 圆曲线的细部测设

当曲线长度小于 40m 时，测设曲线的三个主点已能满足设计和施工的需要；如果曲线较长，除了测设三个主点以外，还要按照一定的桩距 l_1，在曲线上测设里程桩，这个工作称为圆曲线的细部测设。曲线上的桩距的一般规定为：$R \geqslant 100$m 时，$l = 20$m；50m<R<100m 时，$l = 10$m；$R \leqslant 50$m 时，$l = 5$m。下面介绍三种常用的测设方法。

1. 偏角法

1)测设数据计算

偏角法是利用偏角(弦切角)和弦长来测设圆曲线的方法。如图 6.6-4 所示，里程桩的桩距(弧长)为 l，首尾两段零头弧长为 l_1、l_2，弧长 l_1、l_2、l 所对应的圆心角分别为 φ_1、φ_2 和 φ，可按下列公式计算：

$$\varphi_1 = \frac{180°}{\pi R} l_1 \tag{6.6-12}$$

$$\varphi_2 = \frac{180°}{\pi R} l_2 \tag{6.6-13}$$

$$\varphi = \frac{180°}{\pi R} l \tag{6.6-14}$$

弧长 l_1、l_2、l 所对应的弦长分别为 d_1、d_2 和 d，可按下列公式计算：

$$\left.\begin{aligned} d_1 &= 2R\sin\frac{\varphi_1}{2} \\ d_2 &= 2R\sin\frac{\varphi_2}{2} \\ d &= 2R\sin\frac{\varphi}{2} \end{aligned}\right\} \tag{6.6-15}$$

曲线上各点的偏角等于相应所对圆心角的一半，即

$$第 1 点的偏角为 \delta_1 = \frac{\varphi_1}{2}$$

$$第 2 点的偏角为 \delta_2 = \frac{\varphi_1}{2} + \frac{\varphi}{2}$$

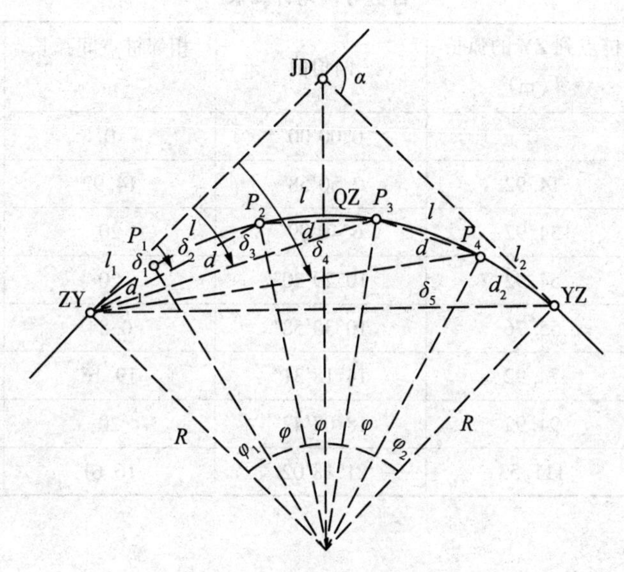

图 6.6-4　偏角法测设圆曲线

……

$$第 i 点的偏角为 \delta_i = \frac{\varphi_1}{2} + (i-1)\frac{\varphi}{2} \tag{6.6-16}$$

$$终点 YZ 的偏角为 \delta_n = \frac{\alpha}{2}$$

【例 6.6-3】 圆曲线的交点桩号、转折角和半径同[例 6.6-1]，整桩距为 $l=20$m，按偏角法测设，试计算细部测设数据。

【解】 由[例 6.6-1]计算可知，ZY 点的里程为 6+125.08，它前面最近的整桩里程为 6+140，则首段零头弧长为

$$l_1 = 140-125.08 = 14.92\text{m}$$

YZ 的里程为 6+236.61，它后面最近的整桩里程为 6+220，则尾段零头弧长为

$$l_2 = 236.61-220 = 16.61\text{m}$$

由式(6-13)、(6-14)、(6-15)可计算得到首尾两段零头弧长 l_1、l_2及整弧长 l 所对应的偏角

$$\varphi_1 = 5°41'56''$$
$$\varphi_2 = 6°20'40''$$
$$\varphi = 7°38'22''$$

由式(6.6-15)可计算得到首尾两段零头弧长 l_1、l_2及整弧长 l 所对应的弦长

$$d_1 = 14.91\text{m}$$
$$d_2 = 16.60\text{m}$$
$$d = 19.99\text{m}$$

由式(6.6-16)计算偏角，结果见表 6.6-2。

表 6.6-2 **各桩号偏角计算表**

桩号	桩点到 ZY 的弧长 l_i(m)	偏角值	相邻桩点间弧长(m)	相邻桩点间弦长(m)
ZY 6+125.08	0	0°00′00″	0	0
6+140	14.92	2°50′58″	14.92	14.91
6+160	34.92	6°40′09″	20	19.99
6+180	54.92	10°29′20″	20	19.99
QZ 6+180.84	55.76	10°38′58″	0.84	0.84
6+200	74.92	14°18′31″	19.16	19.15
6+220	94.92	18°07′42″	20	19.99
YZ 6+236.61	111.53	21°18′02″	16.61	16.60

2)测设步骤

以[例 6.6-3]为例，偏角法的测设步骤如下：

(1)将经纬仪置于 ZY 点上，瞄准交点 JD 并将水平度盘配置为 0°00′00″；

(2)转动照准部使水平度盘读数为里程桩 6+140 的偏角度数 2°50′58″，从 ZY 点沿此方向量取弦长 d_1 = 14.91m，定出 6+140 桩；

(3)转动照准部使水平度盘读数为里程桩 6+160 的偏角度数 6°40′09″，由 6+140 桩量取弦长 d = 19.99m 与视线方向相交，定出 6+160 桩。依此类推测设其他里程桩。最后一个整里程桩 6+220 至 YZ 点的距离应为 d_2 = 16.60m，以此来检查测设的质量。

用偏角法测设曲线细部点时，常因遇障碍物挡住视线而不能直接测设，如图 6.6-5 所示，经纬仪在曲线起点 ZY 点测设出细部点①、②、③后，视线被房屋挡住，这时，可把经纬仪移至③点，用盘右后视 ZY 点，将水平度盘配置为 0°00′00″，然后纵转望远镜变成盘左(水平度盘读数仍为 0°00′00″)，转动照准部使水平度盘读数为④点的偏角度数，此时视线方向即在③至④的方向上，在此方向上从③量取弦长 d，即可测设出④点。接着按原计算的偏角继续测设曲线上其余各点。

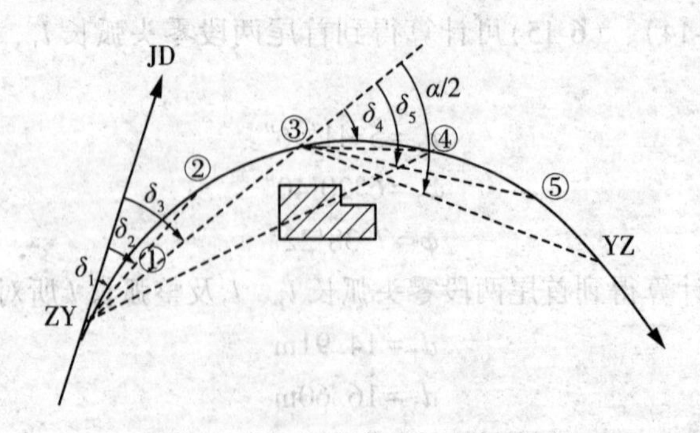

图 6.6-5 偏角法测设视线受阻时的处理

2. 切线支距法

切线支距法是以曲线起点或终点为坐标原点，以切线为 x 轴，通过原点的半径方向为 y 轴，建立一个独立平面直角坐标系，根据曲线细部点在此坐标系中的坐标 x，y，按直角坐标法进行测设。

1)测设数据计算

如图 6.6-5 所示，设圆曲线半径为 R，ZY 点至前半条曲线上各里程桩点的弧长为 l_i，所对应的圆心角为

$$\varphi_i = \frac{180°}{\pi R} l_i \tag{6.6-17}$$

该桩点的坐标为

$$\left.\begin{aligned} x_i &= R\sin\varphi_i \\ y_i &= R(1 - \cos\varphi_i) \end{aligned}\right\} \tag{6.6-18}$$

【例 6.6-4】根据[例 6.6-1]的曲线元素、桩号和桩距，按切线支距法计算各里程桩点的坐标。

【解】 先计算曲线起点或终点至各桩点的弧长，按式(6.6-17)计算圆心角，按式(6.6-18)计算圆曲线细部点坐标，具体计算结果见表 6.6-3。

表 6.6-3　**切线支距法测圆曲线坐标计算表**

桩点	弧长 l(m)	圆心角 φ	支距坐标 x(m)	支距坐标 y(m)
ZY　6+125.08	0	0°00′00″	0	0
6+140	14.92	5°41′56″	14.90	0.74
6+160	34.92	13°20′18″	34.60	4.05
6+180	54.92	20°58′40″	53.70	9.94
QZ　6+180.84	55.76	21°17′56″	54.48	10.24
6+200	36.61	13°59′02″	36.25	4.44
6+220	16.61	6°20′40″	16.58	0.92
YZ　6+236.61				

2)测设方法

如图 6.6-6 所示，切线支距法测设曲线时，为了避免支距过长，一般由 ZY 点和 YZ 点分别向 QZ 点施测，测设步骤如下：

(1)从 ZY(或 YZ)点开始，用钢尺沿切线方向量取 x_1，x_2，x_3，…等纵距，得各垂足点 N_1，N_2，N_3，…用测钎在地面作标记；

(2)在垂足点上作切线的垂直线，分别沿垂直线方向用钢尺量出 y_1，y_2，y_3，…等纵距，得出曲线细部点 P_1，P_2，P_3，…。

用此法测设的 QZ 点应与曲线主点测设时所定的 QZ 点相符，作为检核。

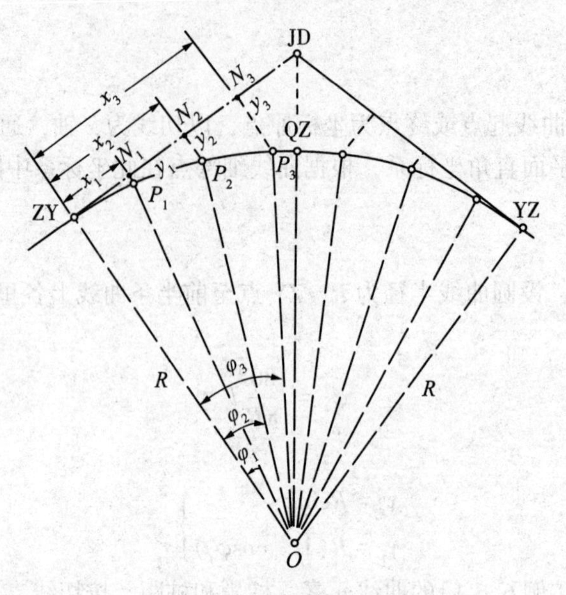

图 6.6-6 切线支距法测设圆曲线

3. 全站仪坐标测设

用全站仪坐标测设圆曲线细部点时，要先计算各细部点在平面直角坐标系中的坐标值，测设时，全站仪安置在平面控制点或线路交点上，输入测站坐标和后视点坐标(或后视方位角)，再输入要测设的细部点坐标，仪器即自动计算出测设角度和距离，据此进行细部点现场定位。下面介绍细部点坐标的计算方法。

1)计算圆心坐标

如图 6.6-7 所示，设圆曲线半径为 R，用前述主点坐标计算方法，计算第一条切线的方位角 $\alpha_{2\text{-}1}$ 和 ZY 点坐标(x_{ZY}，y_{ZY})，因 ZY 点至圆心方向与切线方向垂直，其方位角为：

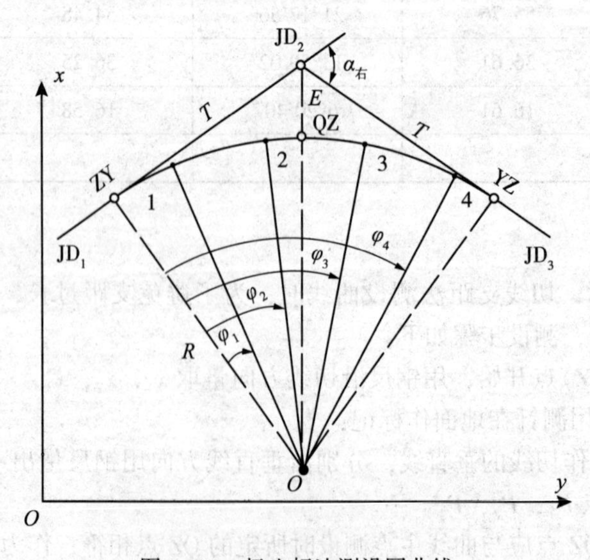

图 6.6-7 极坐标法测设圆曲线

$$\alpha_{ZY-o}=\alpha_{2-1}-90° \tag{6.6-19}$$

则圆心坐标(x_o, y_o)为

$$\left.\begin{aligned}x_o&=x_{ZY}+R\cos\alpha_{ZY-o}\\y_o&=y_{ZY}+R\sin\alpha_{ZY-o}\end{aligned}\right\} \tag{6.6-20}$$

2)计算圆心至各细部点的方位角

设 ZY 点至曲线上某细部里程桩点的弧长为 l_i，其所对应的圆心角 φ_i 按式(6.6-17)计算得到，则圆心至各细部点的方位角 α_i 为

$$\alpha_i=(\alpha_{ZY-o}+180°)+\varphi_i \tag{6.6-21}$$

3)计算各细部点的坐标

根据圆心至细部点的方位角和半径，可计算细部点坐标

$$\left.\begin{aligned}x_i&=x_o+R\cos\alpha_i\\y_i&=y_o+R\sin\alpha_i\end{aligned}\right\} \tag{6.6-22}$$

【例 6.6-5】根据[例 6.6-1]的曲线元素、桩号和桩距，按切线支距法计算各里程桩点坐标。

【解】 由[例 6.6-2]可知，ZY 点坐标为(1940.994，1066.469)，JD 点至 ZY 点的方位角 $a_{2-1}=243°27'19''$，则可按式(6.6-19)计算 ZY 点至圆心的方位角，该方位角为 153°27′18″，按式(6.6-20)计算圆心坐标为(1806.806，1133.503)，再按公式(6.6-21)和公式(6.6-22)计算圆心至各细部点的方位角 α_i，最后按公式计算各点坐标，结果见表 6.6-4。

表 6.6-4 **圆曲线细部桩点坐标表**

桩号	圆心与各细部点的方位角	坐标	
		x(m)	y(m)
6+140	339°09′14″	1946.987	1080.125
6+160	346°47′36″	1952.839	1099.234
6+180	354°25′58″	1956.099	1119.952
6+200	2°04′20″	1956.708	1138.928
6+220	9°42′42″	1954.656	1158.807

用可编程计算器或掌上电脑可方便地完成上述计算。在实际线路测量中，利用这些计算工具，可在野外快速计算出直线或曲线上包括主点在内的任意桩号的中线坐标，配合全站仪坐标法施测，大大提高了工作效率。

项 目 小 结

本项目介绍了三项基本测设工作，以及点位的测设、圆曲线的测设和已知坡度线的测设。三项基本测设工作是点位测设的基础，而圆曲线和已知坡度线的测设，虽然测设的是

路线，但是任何路线都是由点组成的，所以路线的测设，实质上也是点位的测设。点位测设的方法很多，本项目在介绍三项基本测设工作的基础上，重点介绍了直角坐标法和极坐标法的测设原理，在圆曲线测设和已知坡度线测设中介绍了点位测设方法以及高程测设方法的具体应用。通过本项目的学习，需要掌握以下内容：

(1)已知水平距离、已知水平角和已知高程的测设；

(2)用直角坐标法和极坐标法测设点位；

(3)圆曲线主点要素的计算、圆曲线主点的测设、各种不同的细部测设方法的数据计算方法和细部点测设方法；

(4)用水平视线法和倾斜视线法测设坡度线。

知识检验

1. 什么是施工测设？三项基本测设工作指哪些？
2. 简述用精确方法进行水平角测设的步骤。
3. 简述已知高程点的测设步骤。
4. 测设点的平面位置有哪些基本方法？各适用于何种情况？
5. 圆曲线有哪些主点？圆曲线有哪些主点要素？
6. 简述圆曲线主点的测设主要步骤。
7. 简述用水平视线法进行已知坡度线测设的主要步骤。

项目7 线路工程测量

项目描述

线路工程包括公路、铁路、隧道、渠道、输电线路、输油管道、输气管道、各种用途的管道工程等，其特点是工程长宽比很大，长度上可能延伸十几千米以至几百千米，总体呈延伸状态并有方向变化。

线路工程测量是指线路工程在勘测设计、施工阶段所进行的测量工作。它的任务有两方面：一是为线路工程的设计提供地形图和断面图；二是按设计位置要求将线路敷设于实地。它在不同的阶段具有不同的工作内容。

1. 规划选线阶段

选用合适的比例尺的地形图(1∶5000~1∶50000)，在图上进行规划选线；根据图上选线的多种方案，进行实地勘察；最后根据图上选线和实地勘察的全部资料，结合建设单位的意见进行方案论证，经比较确定规划线路方案。

2. 线路工程的勘测阶段

线路工程的勘测通常分为初测和定测。

在初测阶段，需要在确定的规划线路上进行勘测、设计工作，进行图上定线设计，在带状地形图上确定线路中线直线段及其交点位置，标明直线段连接曲线的有关参数。

在定测阶段，将定线设计的线路中线(直线段及曲线)测设于实地，称中线测量；在此阶段进行线路的纵、横断面测绘，计算土方量等。

3. 线路工程的施工放样阶段

根据施工设计图纸及有关资料，在实地放样线路工程的边桩、边坡及其他的有关点位，指导施工，保证线路工程建设的顺利进行。

本项目由4项任务组成。任务7.1“中线测量”的主要内容包括：中线测量方法、中线桩草图的绘制；任务7.2“纵横断面图测绘”的主要内容包括：纵断面图测绘、横断面图测绘；任务7.3“土方量计算”的主要内容包括：确定断面的挖、填范围，计算断面的挖、填面积，土方量计算；任务7.4“边坡放样”的主要内容包括：边坡放样概述、边坡放样方法。

通过本项目的学习，使学生达到如下要求：能够进行中线测量，能够进行纵横断面图的测绘，能够计算土方量，能够进行线路工程施工放样阶段的边坡放样工作。

任务7.1　中线测量

7.1.1　中线测量方法

中线测量的任务是：沿选定线状工程方向依次测设中心线桩，绘制线路中线桩草图。在平原区，线路转折处需要测定转折角和测设圆曲线；在山丘区，线路的高程位置需要进行确定。

1. 平原区的中线测量

从线路起点开始，朝着终点或转折点方向用花杆和钢尺或全站仪进行定线和测距，按照规定间距(一般50m或100m)打桩标定中线位置，以该桩对起点的距离作为桩号，注在桩的侧面，称为里程桩。里程桩号按“×(km)+×××(m)”的方式编写。以50m桩距为例：起点桩号为0+000；其余分别为0+050，0+100，…，1+000，1+050，…。在相邻两里程桩之间的重要地物(如道路)和坡度突变的位置上，应加设木桩，称为加桩；加桩亦按距起点的距离进行编号，但不是规定间距的整倍数。当桩打到转折点上时，应用经纬仪测定转折角α(即线路前进方向与下一条直线段之间的夹角，有左转和右转两种情况)，并按设计要求测设圆曲线。规范要求：当$\alpha<6°$时，不测设圆曲线；当$6°\leqslant\alpha<12°$及$\alpha\geqslant12°$且曲线长度$L<100$m时，只测设曲线的三个主点桩；当$\alpha\geqslant12°$，且曲线长度$L>100$m时，需测设曲线的细部点。

2. 山丘区的中线测量

以图7.1-1所示的山丘区的渠道为例。从渠首开始，用钢尺或全站仪沿着山坡等高线向前测距，按规定要求标定里程桩和加桩，每量50m或100m用水准测量方法测定桩顶高程，判断桩顶位置是否偏低或偏高。假设丈量到了B点，离渠首距离为D；令渠首进水底板设计高程为$H_{进}$，设计渠深(包括水深和安全超高)为h，渠底设计坡度为i。据此可以算得B点应有的渠岸地面高程为：$H_B=(H_{进}+h)-i\cdot D$，根据附近的水准点BM_1引测高程标定B点在山坡上的位置。但为了保证盘山渠道外边坡的稳定性，应尽量减少填方，一般应根据山坡坡度将桩顶适当提高，即将木桩打在略高于B点的位置上。

图7.1-1　山丘地区渠道中心桩探测示意图

7.1.2 中线桩草图的绘制

在测设中线桩的同时，还要在现场绘出草图，如图 7.1-2 所示。图中直线表示线路中心线；直线上的黑点表示中线桩的位置，P_1(桩号为 0+380.9)为转折点，在该点处转折角 $\alpha_右=23°20'$，即线路中线在该点处改变方向右转 23°20′。但在绘图时改变后的路线仍按直线方向绘出，仅在转折点用箭头表示线路的转折方向(此处为右偏，箭头画在直线右边)，并注明转折角值。至于线路两侧的地形则可用目测法来勾绘。

中线测量完成后，对于大型线路一般应绘出路线周边平面图，在图上绘出线路走向以及里程桩、加桩、曲线桩桩位，并将桩号和曲线元素数值(转折角 α、曲线长 L、曲线半径 R 及切线长 T)注在图中的相应位置上。

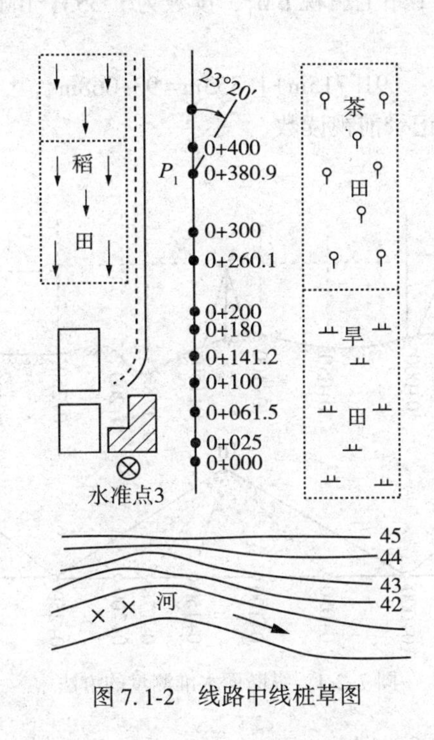

图 7.1-2　线路中线桩草图

任务 7.2　纵横断面图测绘

纵横断面图测绘的目的，是为了了解线路工程沿线一定宽度范围内的地面起伏情况，为线路工程的坡度设计、施工以及计算土方量提供依据。

7.2.1 纵断面图测绘

1. 纵断面测量

纵断面测量就是利用间视法测量线路工程中线上各里程桩和加桩的高程。根据施工放样的要求，还应测定沿线水准点的高程及联测沿线居民地、建筑物、水系和主要地物的关键性部位的高程。

进行纵断面水准测量时，应利用线路工程沿线布设的水准点，将线路分成若干段，每段分别与邻近两端的水准点组成附合水准路线，然后从首段开始，逐段进行施测。附合路线的长度以及高差闭合差均应符合精度要求，如渠道测量按五等水准测量精度要求，水准路线长度不超过2km，高程闭合差不大于$\pm 40\sqrt{L}$ mm（L为水准路线长）或$\pm 12\sqrt{n}$ mm（n为测站数））。闭合差不超限不用调整，超限必须返工。

间视法的具体观测、记录及计算步骤如下：

（1）读取后视尺读数，并算出视线高程：

$$视线高程=后视点高程+后视读数$$

如图7.2-1所示，在第1站上后视BM_1，读数为1.353，BM_1的高程为91.715m，则视线高程为：

$$91.715m+1.353m=93.068m$$

（2）观测前视点并分别记录前视读数。

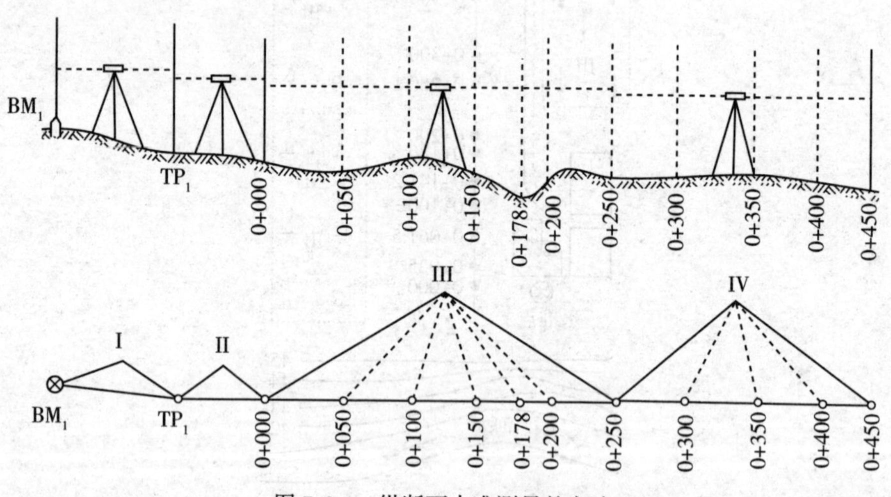

图7.2-1　纵断面水准测量的方法

由于在一个测站上前视要观测好几个桩点，其中仅有一个点是起着传递高程作用的转点，而其余各点只需读出水准尺读数就能得出高程，为区别于前视点，这些点称为间视点。如图7.2-1所示，在第Ⅲ站中，0+000桩为后视转点，0+250为前视转点，其他各桩点为间视点。间视点上的读数精确到cm即可，而转点上的观测精度将影响到以后各点，要求读至mm，同时还应注意仪器至转点的前、后视距离应大致相等。用中心桩作为转点，要置尺垫于桩一侧的地面，水准尺立在尺垫上，若尺垫与地面高差小于2cm，可代替地面高程。观测间视点时，可将水准尺立于紧靠中心桩旁的地面上，直接测量地面高程。

（3）计算测点高程。

测点高程计算如下：

$$测点高程=视线高程-前视（间视）读数$$

例如，表 7.2-1 中，0+250 作为转点，它的高程＝第Ⅲ站的视线高程－前视读数＝92.834－1.571＝91.263m，凑整成 91.26m 即为该桩的地面高程。0+100 为中间点，其地面高程＝92.834－1.23＝91.603m，凑整为 91.60m 即为该桩的地面高程。

(4)计算与观测检核。

当经过数站(如表 7.2-1 中为 6 站)观测后，附合到另一水准点 BM_2(高程为 92.736m)，以检核这段渠线纵断面测量成果是否符合要求。为此，先要按下式检查各测点的高程计算是否有误，即：

$$\sum_{后} - \sum_{转} = 8.198 - 7.161 = H'_{BM_2} - H_{BM_1} = 92.752 - 91.715 = +1.037\text{m}$$

以上检核应填入表 7.2-1，证明计算正确。

表 7.2-1 **纵断面水准测量记录手簿**

路线名称：×××　仪器型号：DS3-135　观测者：×××

观测日期：××××年××月××日　天气：晴　记录者：×××

桩号	后视读数(m)	视线高(m)	前视读数(m)		高程(m)	备注
			间视点	前视点		
BM_1	1.353	93.068			91.715	已知
TP_1	1.200	92.862		1.406	91.662	
0+000	1.334	92.834		1.362	91.500	
0+050			1.48		91.35	
0+100			1.23		91.60	
0+150			1.53		91.30	
0+178			1.07		90.76	
0+200			1.37		91.46	
0+250	1.365	92.628		1.571	91.263	
0+300			1.42		91.21	
0+350			1.29		91.34	
0+400			1.38		91.25	
0+450			1.54		91.09	
0+500	1.423	92.554		1.497	91.131	
0+550			1.40		91.15	
0+600			1.38		91.17	
0+650			1.39		91.16	
0+698	1.523	93.423		0.654	91.900	
BM_2				0.671	92.752	已知：92.736
检核	$\sum_{后} - \sum_{前} = h_{测}$　即 $8.198 - 7.161 = +1.037\text{m}$； $H_{BM_2测} - H_{BM_1} = 92.752 - 91.715 = +1.037\text{m}$； $H_{终} - H_{始} - h_{知}$　即 $92.736 - 91.715 = 1.021\text{m}$； $f_h = h_{测} - h_{知} = +0.016$，$f_{h允} = \pm 10\sqrt{6} = \pm 24\text{mm}$					

但BM_2的已知高程为92.736m，而测得的高程是92.752m，则此段渠线的纵断面测量误差为：92.752−92.736＝+0.016m，此段共设6个测站，允许误差：$\pm10\sqrt{6}\approx\pm24$mm。可见，观测误差小于允许误差，成果符合要求。由于各桩点的地面高程在绘制纵断面图时仅需精确至厘米(cm)，其高程闭合差可不进行调整。

2. 纵断面图绘制

纵断面图是反映线路工程所经地面起伏情况的图，依据里程桩和加桩的高程绘制在印有毫米方格的坐标纸上。图上纵向表示高程，横向表示里程(平距)。因为沿线地面高差的变化要比线路工程长度小得多，为了明显反映地面起伏情况，通常高程比例尺要比平距比例尺大10倍(山丘区)~20倍(平原区)。常用比例尺：高程为1∶100、1∶200或1∶500；平距为1∶1000、1∶2000或1∶5000。以渠道为例，纵断面图的绘制步骤和方法如下：

(1)在坐标纸的左下角绘制图表，自上至下依次为桩号、设计坡度、地面高程、设计高程、挖深、填高等栏目。图表大小上下为8~10cm，左右为15cm，图表栏右边线一般作为线路工程起点，并将此边线向上延伸作为标高线(即纵坐标轴)，同时将每栏横线向右延绘至坐标纸边缘，如图7.2-2所示。

(2)在里程栏按平距比例尺标出里程桩和加桩的位置，并注明桩号；在坡度栏绘出渠底设计坡度线，并注明坡度值。在其他有关栏对应桩号的位置上注明地面高程、渠底设计高程、挖深和填高数值。其中渠底设计高程($H_{底}$)可根据渠首底板高程($H_{进}$)、渠底设计坡度(i)和该点对起点的里程(D)，按公式：

$$H_{底}=H_{进}-i\times D \tag{7.2-1}$$

计算求得。地面高程减去渠底设计高程即为挖填数值；其值为正表示挖深，其值为负表示填高。

(3)根据栏目中注明的最小渠底设计高程确定标高线的起点高程，以保证地面最低点能在图上标出并留有余地。标高线的起点高程应为整米数，起点往上按高程比例尺划分每米区间，并标注相应的高程数值。

(4)根据各里程桩和加桩的地面高程标出断面点的位置，用直线将各点依次连接起来，即绘成纵断面图。为便于直观反映地面线与渠底线的关系，应根据渠首的设计高程和渠底比降绘出渠底设计线，如图7.2-2所示。

7.2.2 横断面图测绘

1. 横断面测量

横断面测量的任务，是测出各个中心桩(里程桩和加桩)处垂直于线路方向的地面高低情况。横断面测量的宽度视线路工程大小而定，一般以能在横断面图上套绘出设计横断面为原则，并留有余地。以渠道为例，一般宽度为10~50m，即中线两侧各5~25m。

进行横断面测量时，以中心桩为起点测出横断面方向上地面坡度变化点间的距离和高差。以渠道为例，施测的方法步骤如下：

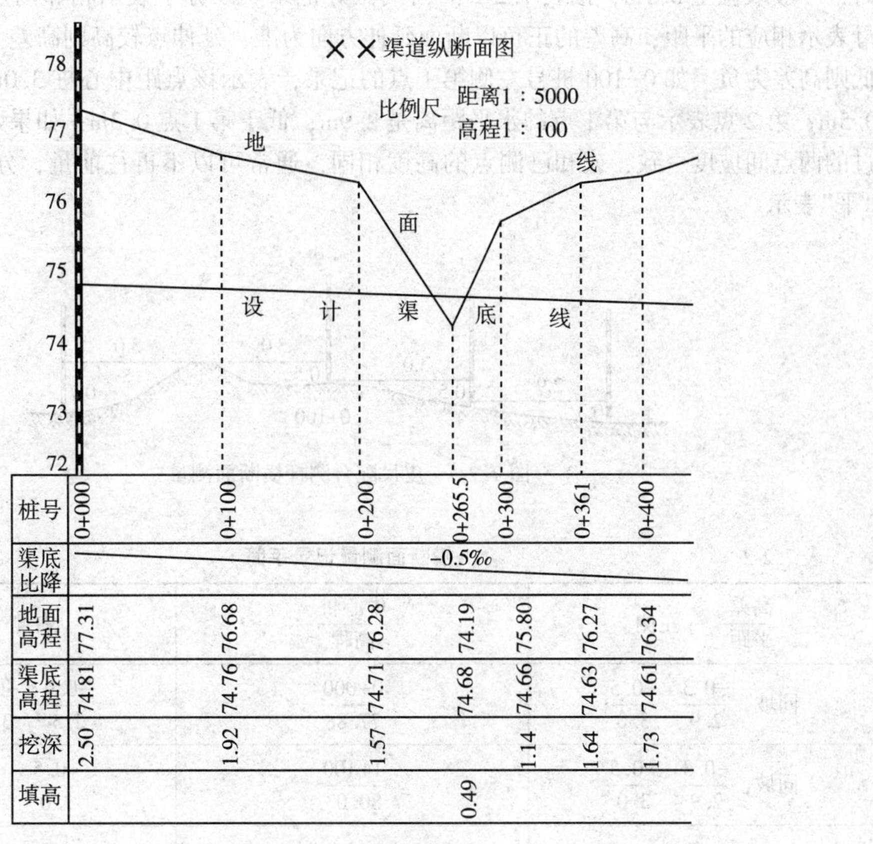

桩号	0+000	0+100	0+200	0+265.5	0+300	0+361	0+400
渠底比降	−0.5‰						
地面高程	77.31	76.68	76.28	74.19	75.80	76.27	76.34
渠底高程	74.81	74.76	74.71	74.68	74.66	74.63	74.61
挖深	2.50	1.92	1.57		1.14	1.64	1.73
填高				0.49			

图 7.2-2　纵断面图

(1)标定横断面方向。用目估法或在中心桩上用木制的十字直角器(图 7.2-3)即可定出垂直于中线的方向，此方向即是该桩点处的横断面方向。

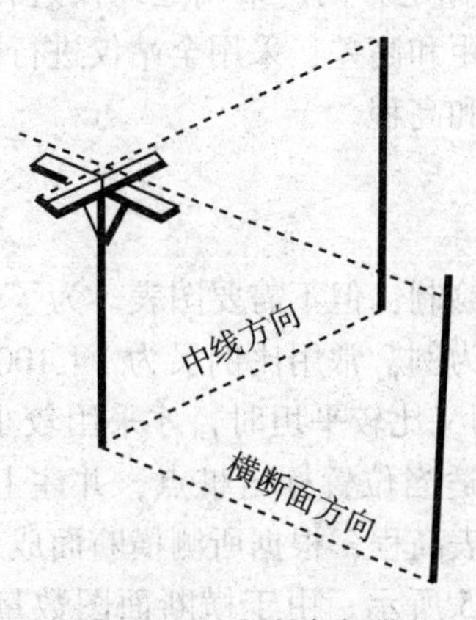

图 7.2-3　十字直角器

(2)测出坡度变化点间的距离和高差。测量时以中心桩为零起算，面向线路工程下游区分左右。较小的线路工程可用皮尺配合测杆读取两点间的距离和高差(图 7.2-4)。读数时，一般取位至0.1m，按表7.2-2的格式做好记录。以分子表示相邻两点间的高差，分母表示相应的平距；高差的正负以断面延伸方向为准，延伸点较高则高差为正，延伸点较低则高差为负。如0+100桩号左侧第1点的记录，表示该点距中心桩3.0m，比中心桩低0.5m；第2点表示与第1点的水平距离是2.9m，低于第1点0.3m；如果延伸方向和已量过的两点间坡度一致，或和已测点的高度相同，通常可以不再往前量，分别注“同坡”或“平”表示。

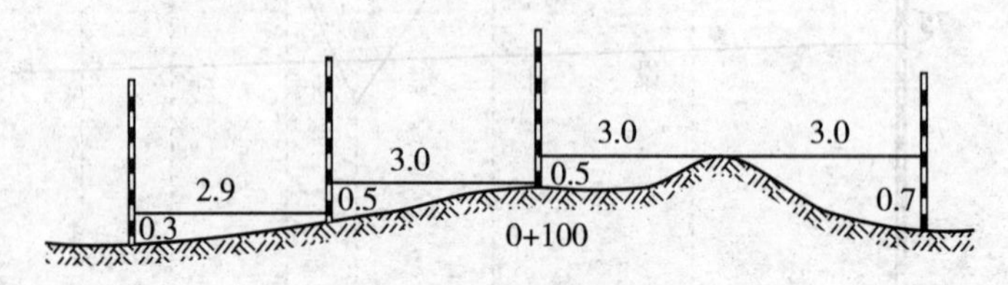

图7.2-4　皮尺配合测杆横断面测量

表7.2-2　　**横断面测量记录手簿**

左侧 $\frac{高差}{平距}$	$\frac{中心桩}{高程}$	右侧 $\frac{高差}{平距}$
同坡，$\frac{-0.3}{2.9}$，$\frac{-0.5}{3.0}$	$\frac{0+000}{77.88}$	$\frac{-0.9}{2.5}$，$\frac{-0.1}{3.0}$，同坡
同坡，$\frac{-0.3}{2.9}$，$\frac{-0.5}{3.0}$	$\frac{1+100}{80.03}$	$\frac{+0.5}{3.0}$，$\frac{-0.7}{3.0}$，平
…	…	…

对于较大的渠道可用经纬仪视距法或全站仪进行测量。测量时，仪器一般安置在中心桩上。当横断面一侧宽度小于50m时，可以目测标定横断面方向；当横断面一侧宽度大于50m时，用经纬仪或全站仪标定方向。采用经纬仪进行横断面测量时，一般直接测定各断面点至中心桩位地面的平距和高差；采用全站仪进行横断面测量时，一般直接测定各断面点至中心桩位地面的平距和高程。

2. 横断面图绘制

横断面图也用坐标纸进行绘制，但不需要图表。为了计算面积方便，图上平距和高程通常采用同一比例尺。以渠道为例，常用比例尺为1∶100或1∶200，小型渠道也可采用1∶50。只有当断面很宽而地面又比较平坦时，才采用较小的平距比例尺和较大的高程比例尺。绘制横断面图时，先在适当位置标定桩点，并注上桩号和高程；然后以桩点为中心，以横向代表平距，纵向代表高程，根据所测横断面成果标出各断面点的位置，用直线依次连接各点即可，如图7.2-5所示。由于横断面图数量较多，为了节约纸张和使用方便，在一张坐标纸上往往要绘许多个，必须依照桩号顺序从上至下、从左至右排列；同一纵列的各横断面中心桩应在一条直线上，彼此之间隔开一定距离。

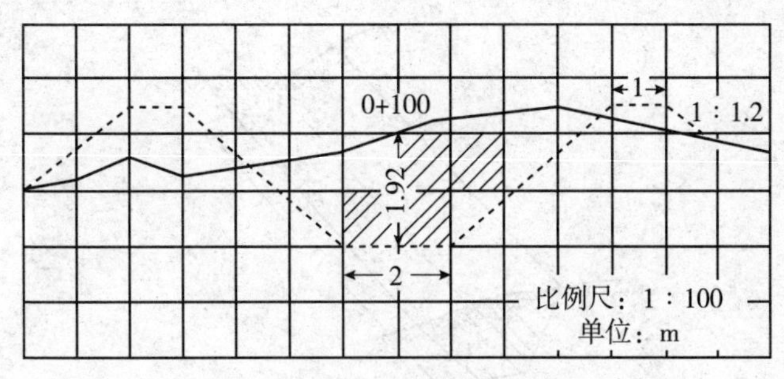

图 7.2-5　横断面图

任务 7.3　土方量计算

为了编制线路工程预算及组织施工，需计算线路工程开挖和填筑的土方量。计算方法常采用“平均断面法”，如图 7.3-1 所示，先算出相邻两中心桩应挖或填的横断面面积，取其平均值，再乘以两断面间的距离，即得两中心桩之间的土方量：

$$V = \frac{A_1 + A_2}{2} \times D \tag{7.3-1}$$

式中：V——两中心桩间的土方量(m^3)；

A_1、A_2——两中心桩处应挖或填的横断面面积(m^2)；

D——两中心桩间的距离(m)。

以渠道为例，采用该法计算土方量时，可按下列步骤进行。

7.3.1　确定断面的挖、填范围

确定挖填范围的方法是在各横断面图上套绘渠道设计横断面。即先在透明纸上画出渠道设计横断面(如图 7.3-1 中虚线)，其比例尺与横断面图的比例尺应相同，然后根据中心桩挖深或填高数转绘到横断面图上。套绘时，应先从纵断面图上查得 0+100 桩号应挖深度(1.92m)，再在该横断面图的中心桩处向下按比例量取 1.92m，得到渠底的中心位置，然后将绘有设计横断面的透明纸覆盖于实测断面图上，用针刺方法将设计断面轮廓点转绘到图纸上，最后连接各点即完成设计横断面与实测横断面的套绘工作。这样，根据套绘在一起的地面线和设计断面线就能确定出应挖或应填范围。

7.3.2　计算断面的挖、填面积

计算挖、填面积的方法很多，常采用的有方格法、梯形法等。

1. 方格法

方格法是将方格纸蒙在欲测面积的图形上，数出图形范围内的方格总数，然后乘以每

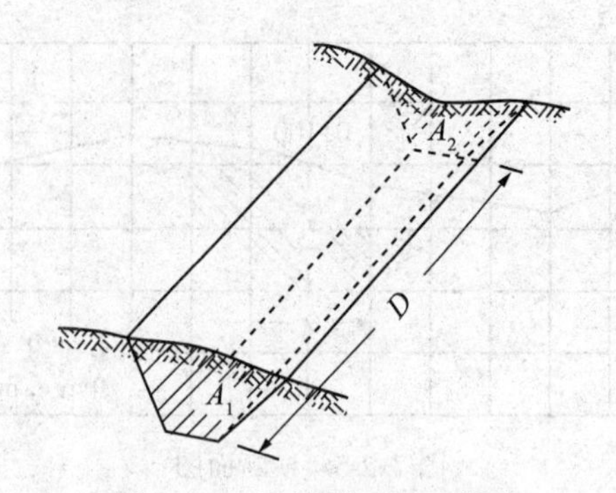

图7.3-1　平均断面法示意图

方格所代表的面积，从而求得图形面积。计算时，分别按挖方、填方范围数出该范围内完整的方格数目，再将不完整的方格用目估法拼凑成完整的方格数，求得总方格数。而图上方格边长为1cm，即面积为$1cm^2$，图的比例尺为1∶100，则一个方格的实地面积为$1m^2$，因此该处的挖方面积为：$8.2\times1m^2=8.2m^2$。

2. 梯形法

梯形法是将欲测图形分成若干等高的梯形，然后按梯形面积的计算公式进行量测和计算，求得图形面积。如图7.3-2所示，将中间挖方图形划分为若干个梯形，其中l_i为梯形的中线长，h为梯形的高，为了方便计算，常将梯形的高采用1cm，这样只需量取各梯形的中线长并相加，按下式即可求得图形面积A，即：

$$A=h(l_1+l_2+\cdots+l_n)=h\sum l$$

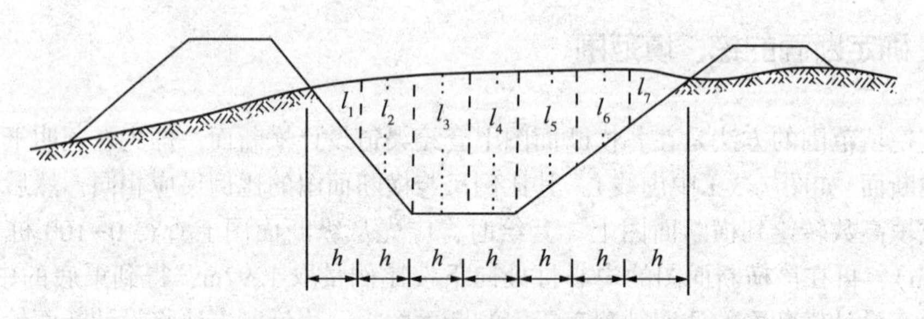

图7.3-2　梯形法计算面积示意图

实际工作中常用宽1cm的长条方格纸逐一量取各梯形中线长，并在方格纸上依次累加，即从方格纸条的0端开始，先量第1个梯形的中线长l_2，在纸条上得到l_2的终点，再以该点为第2个梯形的中线长l_3的起点，用方格纸条接着量取l_3，得到l_2+l_3的终点……，依次量取、累加即得总长，从而由方格纸即可直接得出总面积。

由于欲测图形是以1cm宽划分梯形，这样有可能使图形两端的三角形的高不为1cm，这时则应将其单独估算面积，然后加到所求面积中去。

7.3.3 土方量计算

土方量计算可按表 7.3-1 逐项填写和计算。计算时，应将纵断面图上查得的各中心桩挖(填)深度以及各桩横断面图上量得的挖、填面积填入表中，然后按式(7.3-1)计算两中心桩之间的土方量。

当相邻两断面之间既有填方又有挖方时，应分别计算挖、填方量。如，0+000 与 0+100 两中心桩之间的土方量为：

$$V_{挖}=(8.40+8.12)/2\times100=826\text{m}^3$$

$$V_{填}=(3.15+3.01)/2\times100=308\text{m}^3$$

表 7.3-1　　**××渠道土方量计算表**

制表：×××　　检查：×××　　××××年××月××日

桩号	中心桩填挖(m)		填挖面积(m^2)		平均面积(m^2)		距离(m)	土方量(m^3)	
	挖深	填高	挖	填	挖	填		挖	填
0+000	2.50		8.12	3.15	8.26	3.08			
							100	826	308
0+100	1.92		8.40	3.01	6.13	4.06			
							100	613	406
0+200	1.57		3.86	5.11	2.28	5.28			
							50	114	264
0+250	0		0.70	5.45	0.35	6.29			
							15.5	5	97
0+265.5		0.49	0	7.13					
							…	…	…
…	…	…	…	…	…	…			
							…	…	…
0+800	0.47		5.64	4.91					
合计								4261	3606

如果相邻两横断面的中心桩为一挖一填(如 0+200 为挖 1.57m，0+265.5 为填 0.49m)，则中间必有一不挖不填的点，称为零点(即纵断面图上地面线与渠底设计线的交点)。可以从图上量得，也可按比例关系求得，如从图 7.3-2 中量得两零点的桩号分别为 0+250 和 0+276。由于零点系指渠底中心线上为不挖不填，而零点处横断面的挖和填方面积不一定都为零，故还应到实地补测该点处的横断面。然后算出有关相邻断面的土方量。

零点在渠线位置确定后，补测出该点处的横断面图，再算出相邻两断面间的土方量。

近年来，随着电子计算机在工程设计中的广泛应用，本项目所讲的纵横断面图测绘、横断面面积量算、土方量计算及工程造价预算均可由计算机来完成。

任务 7.4　边 坡 放 样

7.4.1　边坡放样概述

线路工程施工前，首先要在现场进行边坡桩的放样，即标定线路工程设计断面边坡与地面的交点，并设置施工坡架，为施工提供依据。

以渠道为例，渠道横断面有纯挖、纯填和半挖半填三种可能情况。如图 7.4-1(a)为挖方断面(当挖深达 5m 时应加修平台)，图 7.4-1(b)为填方断面，图 7.4-1(c)为半挖半填方断面。

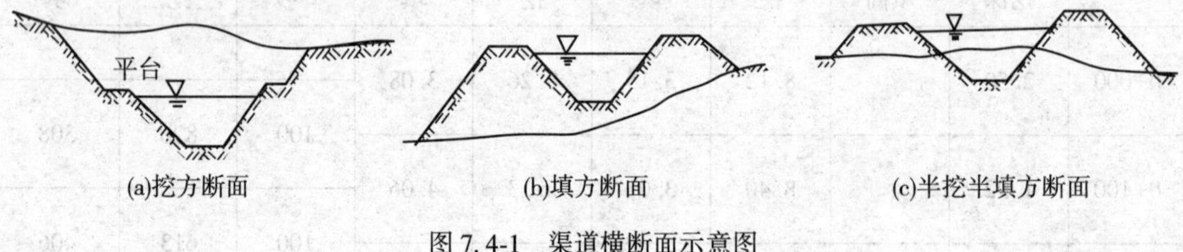

图 7.4-1　渠道横断面示意图

7.4.2　边坡放样方法

以半挖半填方断面为例说明渠道的边坡放样方法。

图 7.4-2 表示一个半挖半填方断面，需要标定的边坡桩有渠道左右两边的开口桩、堤内肩桩、堤外肩桩和外坡脚桩等 8 个桩位。从土方计算时所绘的横断面图上，可以分别量

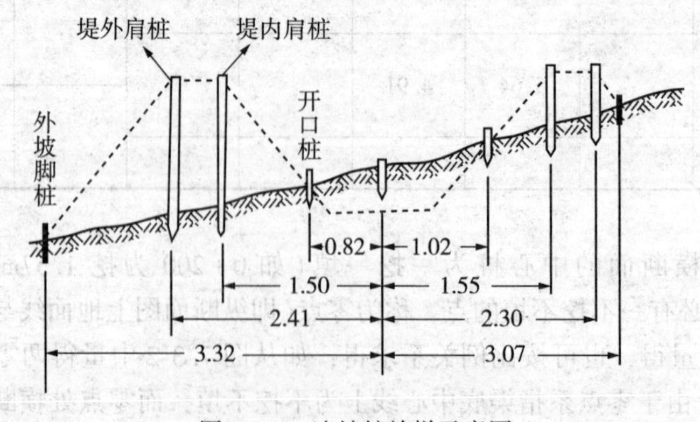

图 7.4-2　边坡桩放样示意图

出这些桩位至中心桩的距离，作为放样数据，根据中心桩即可在现场将这些桩标定出来。然后，在内、外肩桩位上按填方高度竖立竹竿，竹竿顶部分别系绳，绳的另一端分别扎紧在相应的外坡脚桩和开口桩上，即形成一个渠道边坡断面，称为施工坡架。施工坡架每隔一定距离设置一个，其他里程只需放出开口桩和外坡脚桩，并用灰线分别将各开口桩和外坡脚桩连接起来，表明整个渠道的开挖与填筑范围。为了放样方便，事先应根据横断面图编制放样数据表，如表 7.4-1 所示。

表 7.4-1 **××渠道施工断面放样数据表**

制表：××× 检查：×××

里程桩号	开口桩宽(m)		内堤肩宽(m)		外堤肩宽(m)		外坡脚宽(m)		内坡脚宽(m)	
	左	右	左	右	左	右	左	右	左	右
0+000	0.82	1.02	1.50	1.55	2.41	2.30	3.32	3.07	1.0	0.7
0+050	0.85	0.66	1.33	1.40	2.51	2.23	3.02	3.12	0.5	0.4
0+100	0.68	0.70	1.52	1.48	2.33	2.12	3.45	3.55	0.6	0.5

编表时所需的地面高程、渠底高程、中心桩的填高或挖深等数据由纵断面图上查得；堤顶高程为设计的水深加超高加渠底高程；左、右内坡脚宽、外坡脚宽等数据是以中心桩为起点在横断面图上量得的。

为了保证渠道的修建质量，对于大中型渠道，在其修建过程中应及时进行检测，对已竣工渠段应进行验收测量。渠道的检测与验收测量一般是用水准测量的方法检测渠底高程、堤顶高程、边坡坡度等，以保证渠道按设计图纸要求完工。

项目小结

本项目介绍了线路工程测量当中的几项典型任务，包括：中线测量、纵横断面图测绘、土方量计算以及边坡放样。平原区和山丘区的中线测量有所不同，但都需绘制中桩草图；纵横断面测量有很多不同的测量方法，纵断面测量重点介绍了间视法水准测量，横断面测量分别阐述了皮尺配合测杆法、经纬仪视距法和全站仪测量方法；土方量计算以渠道为例，介绍了平均断面法；边坡放样也以渠道为例，介绍了放样方法。通过本项目的学习，需要掌握以下内容：

(1)中线测量方法、中线桩草图的绘制方法；

(2)纵断面图测绘；

(3)横断面图测绘；

(4)平均断面法计算土方量；

(5)边坡放样方法。

知识检验

1. 间视法水准测量有什么特点？纵断面测量中，为什么观测转点比观测间视点的精度要高？

2. 横断面测量的方法有哪些？适用于何种断面的测量？

3. 纵横断面图的绘制有哪些主要区别？

4. 如何计算土方量？

项目8　建筑工程测量

项目描述

建筑工程为新建、改建或扩建房屋建筑物和附属构筑物设施所进行的规划、勘察、设计和施工、竣工等各项技术工作和完成的工程实体以及与其配套的线路、管道、设备的安装工程。其中“房屋建筑物”的建造工程包括厂房、剧院、旅馆、商店、学校、医院和住宅等，其新建、改建或扩建必须兴工动料，通过施工活动才能实现；“附属构筑物设施”指与房屋建筑配套的水塔、自行车棚、水池等。“线路、管道、设备的安装”指与房屋建筑及其附属设施相配套的电气、给排水、暖通、通信、智能化、电梯等线路、管道、设备的安装活动。

建筑工程测量是指建筑工程在规划设计、施工和竣工阶段以及竣工后使用期间所进行的测量工作。它在不同的阶段具有不同的工作内容。

1. 设计阶段

设计阶段的测量主要是提供地形资料，供工业企业总平面图的设计使用。

2. 施工阶段

施工阶段首先建立施工控制网或建筑方格网，然后进行建筑物放样，即在实地标定出设计的建筑物的平面位置和高程；竣工后进行竣工总平面图的施测和编绘。

3. 运营阶段

竣工后在建筑物使用期间进行建筑物的变形观测，即测定建筑物的平面位置和高程随时间变化的情况。

本项目主要介绍施工阶段和运营阶段的测量工作。

本项目由4项任务组成，任务8.1“建筑场地的施工控制测量”的主要内容包括：平面控制测量、高程控制测量；任务8.2“民用建筑施工测量”的主要内容包括：建筑物的定位和测设、建筑物基础施工测量、高层建筑物的轴线投射和高程传递；任务8.3“建筑物的竣工测量”的主要内容包括：竣工测量、竣工总平面图的编绘；任务8.4“建筑物的变形观测”的主要内容包括：垂直位移观测、水平位移观测、倾斜观测、裂缝观测、变形观测的资料整理。

通过本项目的学习，使学生达到如下要求：能够进行建筑场地的施工控制测量，能够进行民用建筑的各项施工测量工作，能够进行建筑物的竣工测量和总平面图的编绘，能够进行建筑物的变形观测工作以及资料整理。

任务 8.1　建筑场地的施工控制测量

8.1.1　平面控制测量

在工程建设勘测阶段已建立了测图控制网，由于它是为测图而建立的，未考虑施工时的要求，因此控制点的分布、密度、精度都难以满足施工测量的要求。此外，平整场地时控制点大多受到破坏，因此，在施工之前必须建立施工控制网。

民用建筑场地的平面控制网视场地面积大小及建筑物的布置情况，通常布设成三角网、导线网、GPS 网、建筑基线或建筑方格网的形式。导线测量、GPS 控制测量等方法在前序项目中已经学习，本项目重点介绍建筑基线和建筑方格网的布设方法。

8.1.1.1　建筑基线

1. 建筑基线的布设

建筑场地的施工控制基准线，称为建筑基线，它由场地中央布设的一条长基线或若干条与其垂直的短基线组成。建筑基线的布置，主要根据建筑物的分布、场地的地形和原有测图控制点的情况而定。常用建筑基线的布设形式有四种，如图 8.1-1 所示。

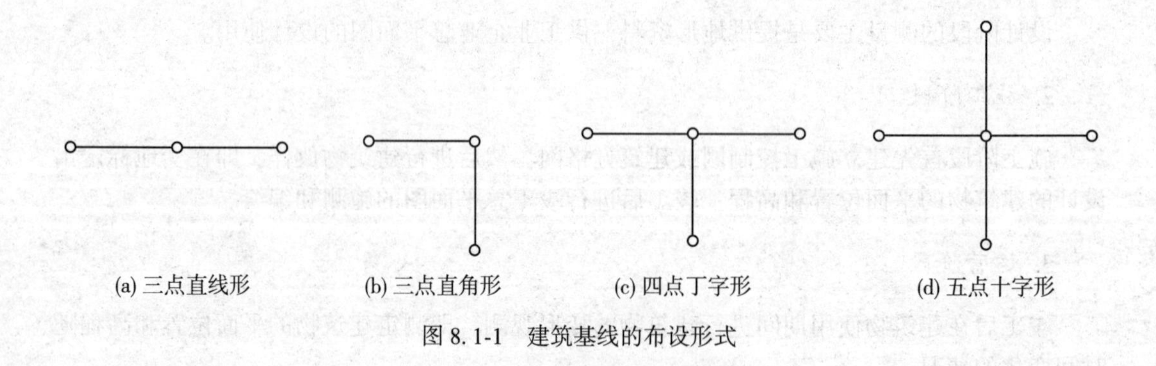

图 8.1-1　建筑基线的布设形式

建筑基线布设的位置，应尽量临近建筑场地中的主要建筑物，且与其轴线相平行，以便采用直角坐标法进行放样。为了便于检查基线点位有无变动，基线点不得少于三个；基线点位应选在通视良好而不受施工干扰的地方；若点需长期保存，要建立永久性标志。

2. 建筑基线的测设

根据建筑场地的不同情况，测设建筑基线的方法主要有下述两种。

1)用建筑红线测设

在城市建设中，建筑用地的界址，是由规划部门确定的，并由拨地单位在现场直接标定出用地边界点(界址点)，边界点的连线，称为建筑红线。拟建的主要建筑物或建筑群中的多数建筑物的主轴线与建筑红线平行。因此，可根据建筑红线用平行线推移法测设建筑基线。

如图 8.1-2 所示，J_1J_2和 J_2J_3是两条互相垂直的建筑红线，A、O、B 三点是欲测的建筑基线点。其测设过程为：从 J_2点出发，沿 J_2J_3和 J_2J_1方向分别量取 d 长度得出 A'和 B'点；再过 J_1、J_3两点分别用经纬仪作建筑红线的垂线，并沿垂线方向分别量取 d 的长度得出 A 点和 B 点；然后，将 AA'与 BB'连线，则交会出 O 点。A、O、B 三点即为建筑基线点。

当把 A、O、B 三点在地面上做好标志后，将经纬仪安置在 O 点上，精确观测$\angle AOB$，若$\angle AOB$ 与 90°之差不在容许值以内时($\pm 20''$)，应进一步检查测设数据和测设方法，并应对$\angle AOB$ 按水平角精确测设法来进行点位的调整，使$\angle AOB = 90°$。

如果建筑红线完全符合作为建筑基线的条件时，可将其作为建筑基线使用，即直接用建筑红线进行建筑物的放样，既简便又快捷。

2)用附近的控制点测设建筑基线

在新建筑区，没有建筑红线作依据时，就需要在建筑设计总平面图上，根据建筑物的设计坐标和附近已有的测图控制点来选定建筑基线的位置，并在实地采用极坐标法或交会法把基线点在地面上标定出来。

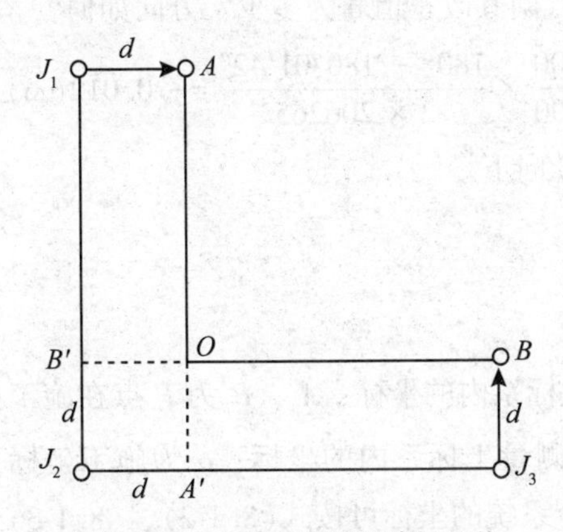

图 8.1-2　建筑红线测设建筑基线

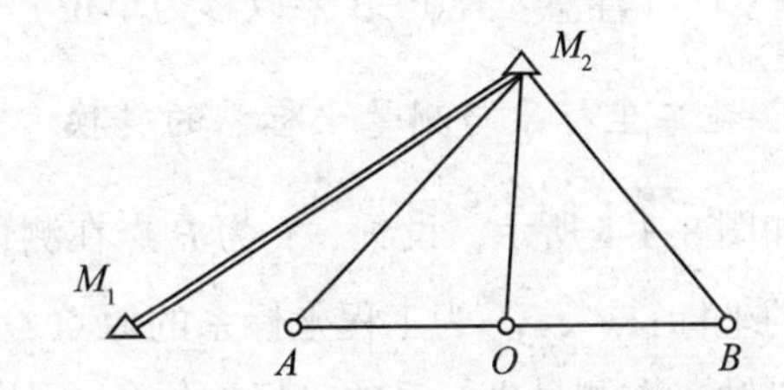

图 8.1-3　用附近的控制点测设建筑基线

如图 8.1-3 所示，M_1、M_2两点为已有的控制点，A、O、B 三点为欲测设的建筑基线点。首先将 A、O、B 三点的施工坐标，换算成测图坐标；再根据 A、O、B 三点的测图坐标与原有的测图控制点 M_1、M_2的坐标关系，采用极坐标法或交会法测定 A、O、B 点的有关放样数据；最后在地面上分别测设出 A、O、B 三点。当 A、O、B 三点在地面上做好标志后，在 O 点安置经纬仪，测量$\angle AOB$ 的角值，丈量 OA、OB 的距离。若检查角度的误差($\Delta\beta = \angle AOB - 180°$，$|\Delta\beta| \leqslant 20''$)与丈量边长的相对误差均不在容许值以内时，就要调整 A、B 两点，使其满足规定的精度要求。

调整三个点的位置时，如图 8.1-4 所示，应先根据三个主点间的距离 a 和 b 按下列公式计算调整值 δ，即

$$\delta = \frac{ab}{a+b} \times \frac{180° - \beta}{2\rho} \tag{8.1-1}$$

式中：ρ——一弧度对应的秒值，$\rho=206265''$。

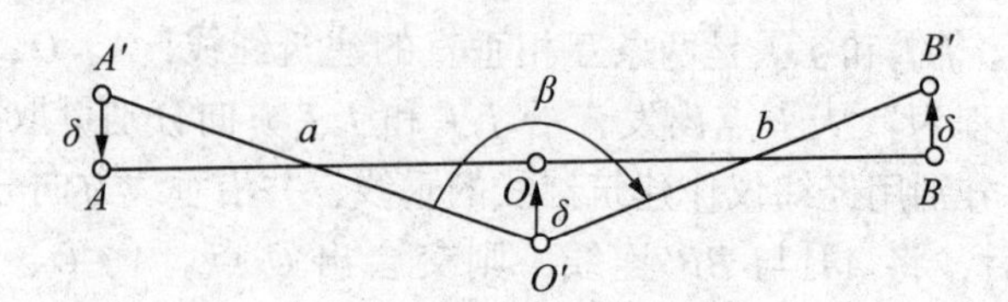

图 8.1-4　调整三个主点的位置

将 A'、O'、B'三点沿与轴线垂直方向移动一个改正值 δ，但 O'点与 A'、B'两点移动的方向相反，移动后得 A、O、B 三点。为了保证测设精度，应再重复检测 $\angle AOB$，如果检测结果与 180°之差仍旧超过限差时，需再进行调整；直到误差在容许值以内为止。

除了调整角度之外，还要调整三个主点间的距离。先丈量检查 AO 及 OB 间的距离，若检查结果与设计长度之差的相对误差大于规定，则以 O 点为准，按设计长度调整 A、B 两点。调整需反复进行，直到误差在容许值以内为止。

【例 8.1-1】 如图 8.1-4 所示，某工地要测设一个建筑基线，其中：$a=b=100\text{m}$，初步测定后，定出 A'、O'、B'，测出 $\beta=180°01'42''$，问其改正值 δ 为多少？方向如何？

【解】　(1) $\delta=\dfrac{ab}{a+b}\times\dfrac{180°-\beta}{2\rho}=\dfrac{100\times100}{100+100}\times\dfrac{180°-180°01'42''}{2\times206265}=-0.012(\text{m})$

(2)在 A'和 B'点处 δ 向上；O'点处 δ 向下。

(注意：$180°-\beta$ 要以秒为单位)

3. 施工坐标系与测量坐标系的转换

如图 8.1-5 所示，设 x_p，y_p为 P 点在测量坐标系内的坐标；A_p，B_p为 P 点在施工坐标系内的坐标；x'_o，y'_o为工程坐标系的原点 O'在测量坐标系内的坐标；α 为施工坐标系的坐标纵轴 A 在测量坐标系的坐标方位角。则两个系统的坐标可按式(8.1-2)、(8.1-3)进行相互变换：

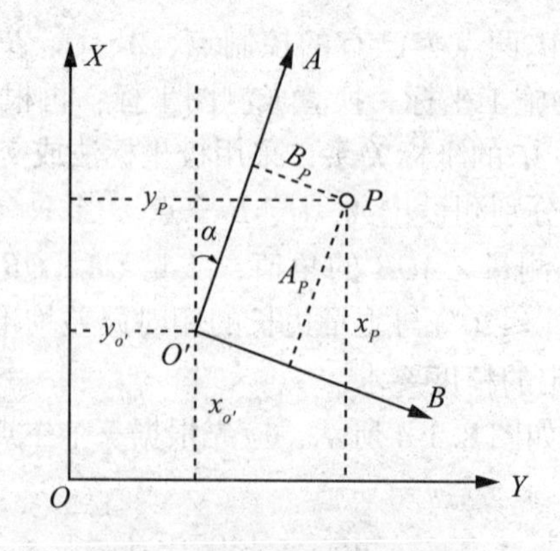

图 8.1-5　坐标换算关系图

$$\left.\begin{aligned} x_P &= x'_o + A_P\cos\alpha - B_P\sin\alpha \\ y_P &= y'_o + A_P\sin\alpha + B_P\cos\alpha \end{aligned}\right\} \tag{8.1-2}$$

或

$$\left.\begin{aligned} A_P &= (x_P - x'_o)\cos\alpha + (y_P - y'_o)\sin\alpha \\ B_P &= -(x_P - x'_o)\sin\alpha + (y_P - y'_o)\cos\alpha \end{aligned}\right\} \tag{8.1-3}$$

式中，x'_o、y'_o 及 α 可在总平面图上查取。

8.1.1.2　建筑方格网

1. 建筑方格网的布设

由正方形或矩形的格网组成建筑场地的施工平面控制网，称为建筑方格网，适用于大型建筑场地。建筑方格网的布置，应根据建筑设计总平面图上各种建筑物、道路、管线的分布情况，并结合现场地形条件而拟定。方格网的形式，可布置成正方形或矩形。布置建筑方格网时，先要选定两条互相垂直的主轴线，如图 8.1-6 中的 *AOB* 和 *COD*，再全面布设格网。当建筑场地占地面积较大时，通常是分两级布设，首级为基本网，先测设十字形、口字形或田字形的主轴线，然后再加密次级的方格网。当场地面积不大时，尽量布置成全方格网。

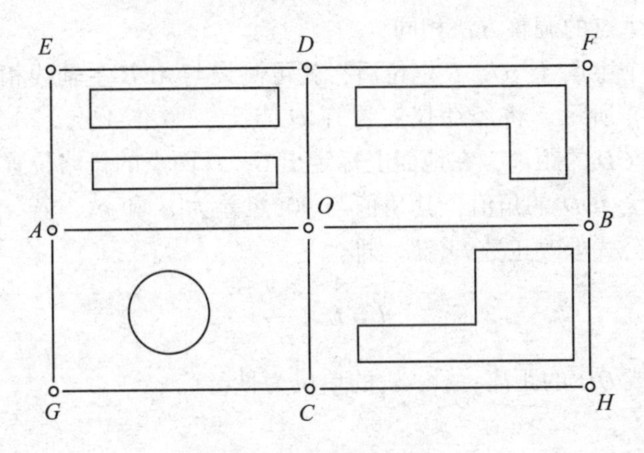

图 8.1-6　建筑方格网

方格网的主轴线，应布设在整个建筑场地的中央，其方向应与主要建筑物的轴线平行或垂直，并且长轴线上的定位点不得少于 3 个。主轴线的各端点应延伸到场地的边缘，以便控制整个场地。主轴线上的点位，必须建立永久性标志，以便长期保存。

当方格网的主轴线选定后，就可根据建筑物的大小和分布情况加密格网。在选定格网点时，应以简单、实用为原则，在满足放样的前提下，格网点的点数应尽量减少。方格网的转折角应严格为 90°，相邻格网点要保持通视，点位要能长期保存。建筑方格网的主要技术要求，可参见表 8.1-1 的规定。

表 8.1-1　**建筑方格网的主要技术要求**

等级	边长(m)	测角中误差(″)	边长相对中误差
Ⅰ	100~300	5	≤1/30000
Ⅱ	100~300	8	≤1/20000

2. *方格网的测设方法*

1) 主轴线的测设

由于建筑方格网是根据场地主轴线布置的，因此在测设时，应首先根据场地原有的控制点，测设出主轴线的三个主点。

如图 8.1-7 所示，M_1、M_2、M_3三点为已有的测图控制点，其坐标已知；A、O、B 三点为选定的主轴线上的主点，其坐标可以由设计图纸量得，则根据三个测图控制点 M_1、M_2、M_3，采用极坐标法即可测设出 A、O、B 三个主点。

测设三个主点的过程：先将 A、O、B 三点的施工坐标换算成测图坐标；再根据它们的坐标与测图控制点 M_1、M、M_3 的坐标关系，计算出放样数据 β_1、β_2、β_3 和 D_1、D_2、D_3，然后用极坐标法测设出三个主点 A、O、B 的概略位置，分别为 A'、O'、B'。

当三个主点的概略位置在地面上标定出来后，要检查三个主点是否在一条直线上。由于测量误差的存在，使测设的三个主点 A'、O'、B' 不在一条直线上，三个主点的调整方法与建筑基线三个主点的调整方法相同。

当主轴线的三个主点 A、O、B 定位后，就可测设与 AOB 主轴线相垂直的另一条主轴线 COD。如图 8.1-8 所示，将经纬仪安置在 O 点上，照准 A 点，分别向左、向右测设 90°；并根据 OC 和 OD 的距离，在地面上标定出 C、D 两点的概略位置 C'、D'；然后分别精确测出 $\angle AOC'$ 及 $\angle AOD'$ 的角值，其角值与 90°之差为 ε_1 和 ε_2，若 ε_1 和 ε_2 大于表 8.1-2 的规定，则按下列公式求改正数 l_1、l_2，即

$$l = L \times \frac{\varepsilon''}{\rho''} \tag{8.1-4}$$

式中 L 为 OC' 或 OD' 的距离；ε_1、ε_2 的单位为秒(″)。

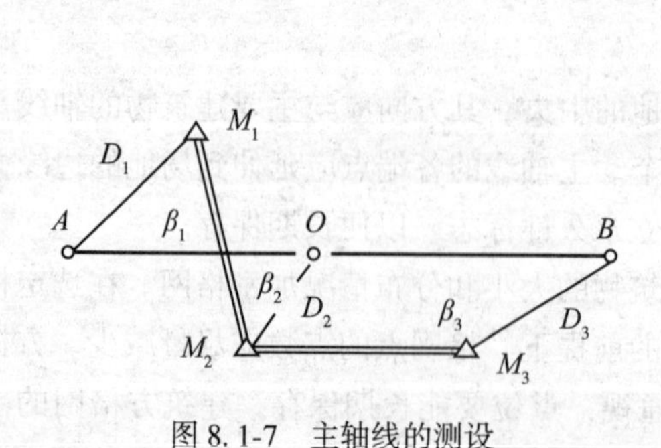

图 8.1-7　主轴线的测设

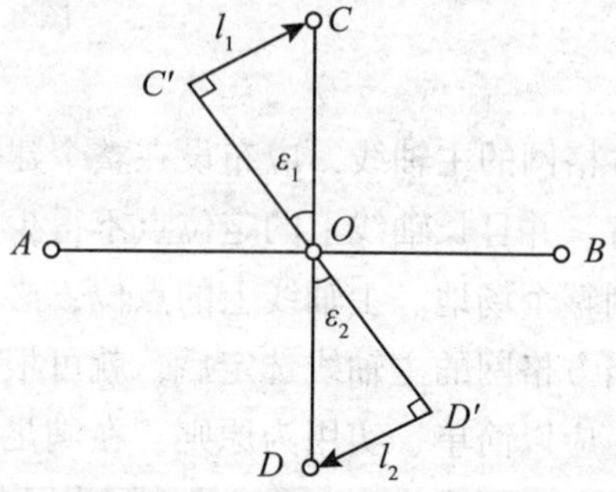

图 8.1-8　测设主轴线 COD

根据改正数，将 C'、D'两点分别沿 $C'C$、$D'D$ 的垂直方向移动 l_1、l_2，得 C、D 两点。然后检测∠COD，其值与 180°之差应在规定的限差之内，否则需要再次进行调整。仿照上述同样方法检测 CO、DO 的距离。

表 8.1-2　**测距仪测设方格网边长的限差要求**

方格网等级	仪器分级	总测回数
Ⅰ级	Ⅰ级精度、Ⅱ级精度	4
Ⅱ级	Ⅱ级精度	2

2）方格网点的测设

主轴线确定后，先进行主方格网的测设，然后在主方格网内进行方格网的加密。主方格网的测设，采用角度交会法定出格网点。其作业过程如图 8.1-6 所示，用两台经纬仪分别安置在 A、C 两点上，均以 O 点为起始方向，分别向左、向右精确地测设出 90°角，在测设方向上交会 G 点，交点 G 的位置确定后，进行交角的检测和调整，同法测设出主方格网点 E、F、H，这样就构成了“田”字形的主方格网。

当主方格网测定后，以主方格网点为基础，加密其余各格网点。

8.1.1.3　建筑方格网精度要求

根据国家《工程测量规范》（GB 50026—2007）的规定：建筑场地大于 1km^{2}或重工业区，宜建立相当于一级导线精度的平面控制网；建筑场地小于 1km^{2}或重工业区，宜建立相当于二、三级导线精度的平面控制网。

建筑方格网的主要技术要求应符合表 8.1-1 的规定；距离测量应符合表 8.1-2 的规定；角度观测应符合表 8.1-3 中的规定。

表 8.1-3　**方格网测设的限差要求**

方格网等级	经纬仪型号	测角中误差（″）	测回数	测微器两次读数（″）	半测回归零差（″）	一测回 2C 值互差（″）	各测回方向互差（″）
Ⅰ级	DJ1	5	2	≤1	≤6	≤9	≤6
	DJ2	5	3	≤3	≤8	≤13	≤9
Ⅱ级	DJ2	8	2	—	≤12	≤18	≤12

8.1.2　高程控制测量

1. 高程控制点布设要求

由于测图高程控制网在点位分布和密度方面均不能满足施工测量的需要，因此在施工场地建立平面控制网的同时还必须重新建立施工高程控制网。

建立施工高程控制网时，当建筑场地面积不大时，一般按四等水准测量或普通水准测量来布设。当建筑场地面积较大时，可分为两级布设，即首级高程控制网和加密高程控制网。首级高程控制网，采用三等水准测量施测；加密高程控网，采用四等水准测量施测。

首级高程控制网，应在原有测图高程网的基础上，单独增设水准点，并建立永久性标志。场地水准点的间距，宜小于 1km。距离建筑物、构筑物不应小于 25m；距离振动影响范围以外不应小于 5m；距离回填土边线不应小于 15m。凡是重要的建筑物附近均应设置水准点。整个建筑场地至少要设置三个永久性的水准点。并应布设成闭合水准路线或附合水准路线。高程测量精度，不应低于三等水准测量。其点位要选择恰当，不受施工影响，并便于施测，又能永久保存。

加密高程控制网，一般不单独布设，要与建筑方格网合并，即在各格网点标志上加设一突出的半球状标志以示点位。各点间距宜在 200m 左右，以便施工时安置一次仪器即可测出所需高程。加密高程控制网，应按四等水准测量进行观测，并附合在首级水准点上。

为了测设方便，通常在较大的建筑物附近建立专用的水准点，即±0. 000 标高水准点，其位置多选在较稳定的建筑物墙面上，用红色油漆绘成上顶成为水平线的倒三角形，如“▼”。

必须注意，在设计中各建筑物的±0. 000 高程是不相等的，应严格加以区别，防止用错设计高程。

2. 高程控制的技术要求

高程控制的主要技术要求应符合表 8. 1-4 的规定。

表 8. 1-4　**水准测量的主要技术要求**

<table>
<tr><th rowspan="2">等级</th><th rowspan="2">每千米高差中误差（mm）</th><th rowspan="2">路线长度水准（km）</th><th rowspan="2">仪器型号</th><th rowspan="2">水准尺种类</th><th colspan="2">测量次数</th><th colspan="2">限差</th></tr>
<tr><th>与已知点连测</th><th>附合或环线</th><th>平地（mm）</th><th>山地（mm）</th></tr>
<tr><td>二等</td><td>2</td><td>—</td><td>DS1</td><td>铟瓦</td><td>往　返各一次</td><td>往　返各一次</td><td>$4\sqrt{L}$</td><td>—</td></tr>
<tr><td rowspan="2">三等</td><td rowspan="2">6</td><td rowspan="2">≤50</td><td>DS1</td><td>铟瓦</td><td rowspan="2">往　返各一次</td><td>往一次</td><td rowspan="2">$12\sqrt{L}$</td><td rowspan="2">$4\sqrt{n}$</td></tr>
<tr><td>DS3</td><td>双面</td><td>往　返各一次</td></tr>
<tr><td>四等</td><td>10</td><td>≤16</td><td>DS3</td><td>双面</td><td>往　返各一次</td><td>往一次</td><td>$20\sqrt{L}$</td><td>$6\sqrt{n}$</td></tr>
<tr><td>五等</td><td>15</td><td>—</td><td>DS3</td><td>单面</td><td>往　返各一次</td><td>往一次</td><td>$30\sqrt{L}$</td><td>—</td></tr>
</table>

注：L 为往返测平均水准路线长度、附合或环形水准路线长度，单位 km；n 为水准路线中测站总数。

任务 8.2　民用建筑施工测量

8.2.1　建筑物的定位和测设

8.2.1.1　建筑物的定位测量

建筑物外墙轴线(主轴线)的交点决定了建筑物在地面上的位置，这些点称为定位点或角点，建筑物的定位就是根据设计要求，将这些轴线交点测设到地面上，作为细部轴线放线和基础放线的依据。由于建筑施工场地和建筑物的多样性，建筑物定位测量的方法也有所不同，下面介绍五种常见的定位方法。

1. 根据与原有建筑物的关系测设

如果设计图上只给出新建筑物与附近原有建筑物的相互关系，而没有提供建筑物定位点的坐标，周围又没有可供利用的测量控制点、建筑方格网或建筑基线，可根据原有建筑物的边线，将新建筑物的定位点测设出来。

具体测设方法随实际情况的不同而不同，但基本过程是一致的，就是在现场先找出原有建筑物的边线，再用经纬仪和钢尺将其延长、平移或旋转，得到新建筑物的一条定位轴线，然后根据这条定位轴线，用经纬仪测设角度，用钢尺测设长度，得到其他定位轴线或定位点，最后检核四个大角和四条定位轴线长度是否与设计值一致。下面分两种情况说明具体测设的方法。

如图 8.2-1 所示，拟建建筑物的外墙边线与原有建筑的外墙边线在同一条直线上，两栋建筑物的间距为 14m，拟建建筑物的长轴为 30m，短轴为 10m，轴线与外墙边线间距为 0.12m，可按下述方法测设其外墙轴线交点：

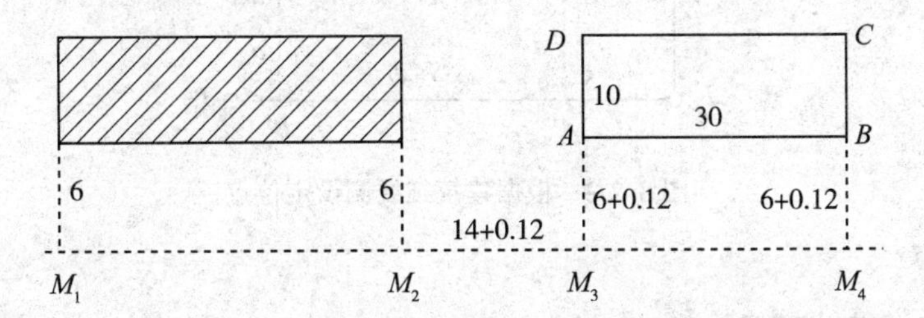

图 8.2-1　根据与原有建筑物的关系测设定位点

(1)沿原有建筑物的两侧外墙拉线，用钢尺顺线从墙角往外量一段较短的距离(这里设为 6m)，在地面上定出 M_1和 M_2两点，M_1和 M_2的连线即为原有建筑物外墙的平行线。

(2)在 M_1点安置经纬仪，照准 M_2点，用钢尺从 M_2点沿视线方向量 14m+0.12m，在地面上定出 M_3点，再从 M_3点沿视线方向量 30m，在地面上定出 M_4点，M_3点和 M_4点的连线即为拟建建筑物外墙的平行线，其长度等于长轴尺寸。

(3)在 M_3 点安置经纬仪，照准 M_1 点，顺时针测设 90°，在视线方向上量 6m+0.12m，在地面上定出 A 点，再从 A 点沿视线方向量 10m，在地面上定出 D 点。同理，在 M_4 点安置经纬仪，照准 M_1 点，顺时针测设 90°，在视线方向上量 6m+0.12m，在地面上定出 B 点，再从 B 点沿视线方向量 10m，在地面上定出 C 点。则 A、B、C、D 点即为拟建建筑物的四个定位轴线点。

(4)在 A、B、C、D 点上安置经纬仪，检核四个大角是否为 90°，用钢尺丈量四条轴线的长度，检核长轴是否为 30m，短轴是否为 10m。

注意，用此方法测设定位点时不能先测定短轴的两个点，而应先测长轴的两个点，然后在长轴的两个点设站测设短轴上的两个点，否则误差容易超限。

2. 根据建筑红线测设

如图 8.2-2 所示，J_1、J_2、J_3 为建筑红线桩，其连线 J_1J_2、J_2J_3 为建筑红线，A、B、C、D 为建筑物的定位点。因 AB 平行于 J_2J_3 建筑红线，故用直角坐标法测设轴线较为方便。其具体测量方法如下：

(1)用钢尺从 J_2 沿 J_2J_3 量取 S 米定出 A' 点，再量(S+25)米定出 B' 点。

(2)将经纬仪安置在 A' 点，照准 J_3 点逆转 90°定出短轴 AD 方向，沿此方向量取 d 米定出 A 点，沿此方向量取(d+10)米定出 D 点。

(3)将经纬仪安置在 B' 点，照准 J_2 点顺转 90°定出短轴 BC 方向，沿此方向量取 d 米定出 B 点，沿此方向量取(d+10)米定出 C 点。

(4)用经纬仪检核四个大角是否为 90°，用钢尺丈量四条轴线的长度，检核长轴是否为 30m，短轴是否为 10m。

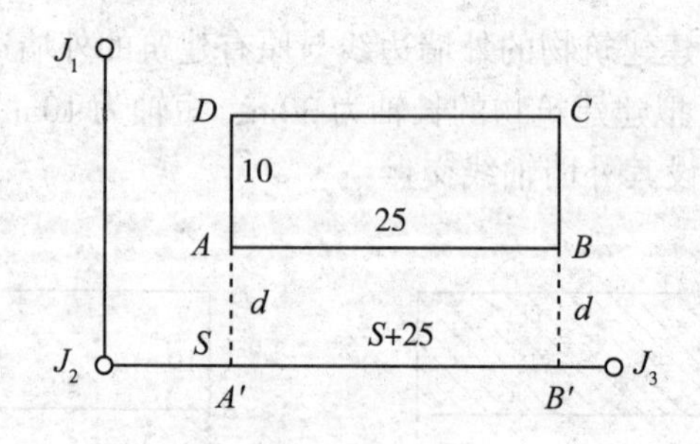

图 8.2-2　根据建筑红线测设定位点

3. 根据建筑基线测设

建筑基线测设时一般与拟建建筑物的主轴线平行，因此根据建筑基线测设建筑物主轴线的方法和根据建筑红线测设主轴线的方法相同。

4. 根据建筑方格网测设

如果建筑物的定位点有设计坐标，且建筑场地已设有建筑方格网，可利用直角坐标法测设定位点。用直角坐标法测设点位，所需的测设数据计算较为方便。可用经纬仪和钢尺进行测设，建筑物总尺寸和四个大角的精度应进行控制和校核。

5. 根据控制点测设

如果已经给出拟定位建筑物定位点的设计坐标，且附近有高级控制点，即可根据实际情况选用极坐标法、角度交会法或距离交会法来测设定位点。在这三种方法中，极坐标法适用性最强，是用得最多的一种定位方法。

8.2.1.2　建筑物的测设

建筑物的测设，是指根据现场上已测设好的建筑物定位点(角桩)，详细测设各建筑物细部轴线交点位置，并将其延长到安全地方做好标志，然后以细部轴线为依据，按基础宽度和放坡要求，用白灰撒出基础开挖边线的作业过程。

基础开挖后建筑物定位点将被破坏，为了恢复建筑物定位点，常把主轴线桩引测到安全的地方加以保护，引测到安全地方的轴线桩称为轴线控制桩。除测设轴线控制桩外，可以设置龙门板来恢复建筑物的主轴线。

1. 轴线控制桩的测设

轴线控制桩一般设在开挖边线 4m 以外的地方，并用水泥砂浆加固。若附近有固定建筑物和构筑物，这时应将轴线投测在这些物体上，使轴线更容易得到保护，但每条轴线至少应有一个控制桩是设在地面上的，以便日后能安置经纬仪来恢复轴线。

如图 8.2-3 所示，A 轴、E 轴、1 轴和 6 轴是建筑物的四条外墙主轴线，其交点 A_1、A_6、E_1和 E_6，是建筑物的定位点，这些定位点已在地面上测设完毕并打好桩点。轴线控制桩的测设方法如下：

将经纬仪安置在 A_1点，照准 E_1点向外延长到安全地方定出 1 轴的一个控制桩；倒转望远镜(转动望远镜 180°)定出 1 轴的另一个控制桩。用同样方法定出其他轴线控制桩。

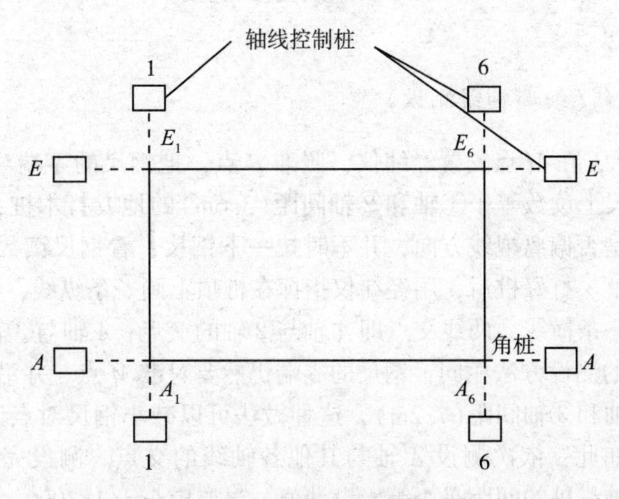

图 8.2-3　轴线控制桩的测设

2. 龙门板的测设

龙门板的测设方法：

如图 8.2-4 所示，在建筑物四角和中间隔墙的两端，距基槽边线约 2m 以外，牢固地埋设大木桩，称为龙门桩，并使桩的一侧平行于基槽；根据附近水准点，用水准仪将±0.000m标高测设在每个龙门桩的外侧上，并画出横线标志；在相邻两龙门桩上钉设横向木板，称为龙门板，龙门板的上沿应和龙门桩上的横线对齐，使龙门板的顶面标高在同一个水平面上，并且标高为±0.000m，龙门板顶面标高的误差应在±5mm 以内；根据轴线桩，用经纬仪将各轴线投测到龙门板的顶面，并钉上小钉作为轴线标志，称为轴线钉，投测误差应在±5mm 以内。对小型的建筑物，也可用拉细线绳的方法延长轴线，再钉上轴线钉；用钢尺沿龙门板顶面检查轴线钉的间距，其相对误差不应超过 1/3000。

由于龙门板需要较多木料，而且占用场地，使用机械开挖时容易被破坏，因此现在施工中很少采用，大多是采用引测轴线控制桩的方法。

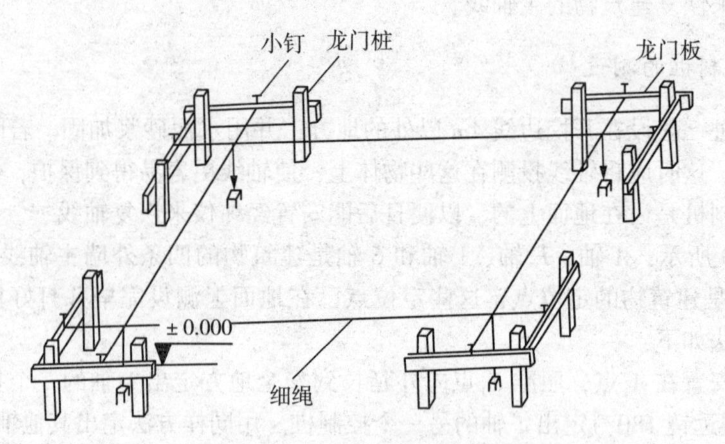

图 8.2-4　龙门桩与龙门板

3. 建筑物的放线(细部轴线测设)

如图 8.2-5 所示，在 M 点安置经纬仪，照准 P 点，把钢尺的零端对准 M 点，沿视线方向拉钢尺，在钢尺上读数等于①轴和②轴间距(3.6m)的地方打木桩，打桩过程中要经常用仪器检查桩顶是否偏离视线方向，并不时拉一下钢尺，看钢尺读数是否还在桩顶上，如有偏移要及时调整。打好桩后，用经纬仪指挥在桩顶上画一条纵线，再拉好钢尺，在读数等于轴间距处画一条横线，两线交点即 A 轴与②轴的交点；A 轴与③轴交点的测设方法与 A 轴与②轴交点的测设方法相同，钢尺的零端仍然要对准 M 点，并沿视线方向拉钢尺，而钢尺读数应为①轴和③轴间距(7.2m)，这种做法可以减小钢尺对点误差，避免轴线总长度增长或减短。如此，依次测设 A 轴与其他各轴线的交点。测设完最后一个交点后，用钢尺检查各相邻轴线桩的间距是否等于设计值，误差应小于 1/3000。

测设完 A 轴上的轴线点后，用同样的方法测设其他三个轴线上的点。如果建筑物尺寸较小，也可用拉细线绳的方法代替经纬仪定线，然后沿细线绳拉钢尺量距。此时要注意细线绳不要碰到物体，风大时也不宜作业。

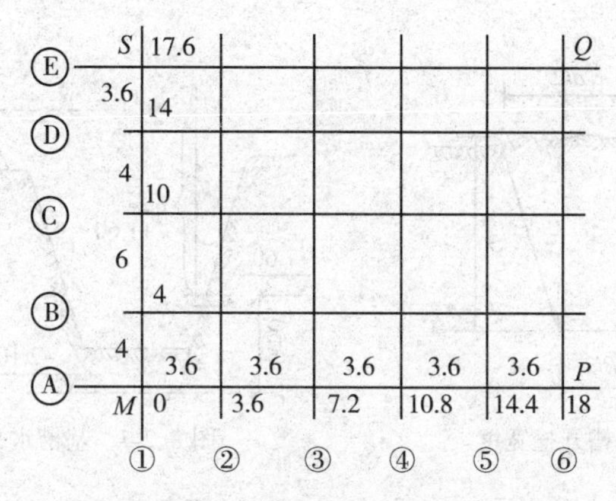

图 8.2-5　测设细部轴线交点图

8.2.2　建筑物基础施工测量

工业与民用建筑基础按其埋置的深度不同，可分为浅基础和深基础两大类。一般埋置深度在 5m 左右且能按一般方法施工的基础称为浅基础。浅基础的类型有：刚性基础、扩展基础、柱下条形基础、伐板基础、箱型基础和壳体基础等。当需要埋设在较深的土层中，采用特殊的方法施工的基础则属于深基础，如桩基础、深井基础和地下连续墙等。这里介绍条形基础和桩基础的施工测量内容和方法。

8.2.2.1　条形基础施工测量

1. 基槽开挖线的放样

如图 8.2-6 所示，先按基础剖面图给出的设计尺寸，计算基槽的开挖宽度 d：

$$d = B + 2mh \tag{8.2-1}$$

式中：B——基底宽度，可由基础剖面图查取；

h——基槽深度；

m——边坡坡度的分母。

根据计算结果，在地面上以轴线为中线往两边各量出 $d/2$，拉线并撒上白灰，即为开挖边线。如果是基坑开挖，则只需按最外围墙体基础的宽度、深度及放坡确定开挖边线。

2. 基坑抄平(水平桩的测设)

如图 8.2-7 所示，为了控制基槽开挖深度，当基槽挖到接近坑底设计高程时，应在槽壁上测设一些水平桩，水平桩的上表面离坑底设计高程为某一整分米数(例如 0.5m)，用以控制挖槽深度，也可作为槽底清理和打基础垫层时控制标高的依据。一般在基槽各拐角处均应打水平桩，在直槽上则每隔 8~15m 打一个水平桩，然后拉上白线，线下 0.5m 即为槽底设计高程。

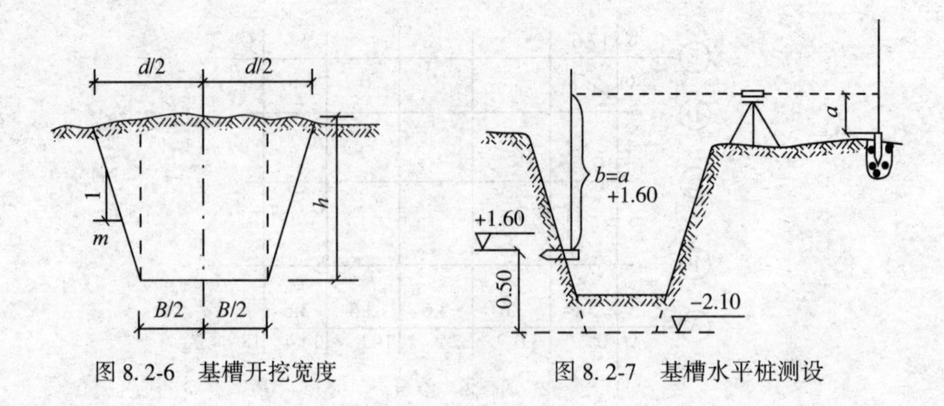

图 8.2-6　基槽开挖宽度　　　　图 8.2-7　基槽水平桩测设

水平桩测设时，以画在龙门板上或周围固定地物的±0.000m 标高线为已知高程点，用水准仪进行测设，水平桩上的高程误差应在±10mm 以内。

例如，设龙门板顶面标高为±0.000m，槽底设计标高为−2.1m，水平桩高于槽底 0.5m，即水平桩高程为−1.6m，水准仪后视龙门板顶面上的水准尺读数 $a=1.006$m，则水平桩上标尺的应有读数为

$$b=0.000+1.006-(-1.6)=2.606\text{m}$$

测设时沿槽壁上下移动水准尺，当读数为 2.606m 时沿尺底水平地将桩打进槽壁，然后检核该桩的标高，如超限便进行调整，直至误差在规定范围以内。

3. 建筑物轴线的恢复

垫层打好后，根据龙门板上的轴线钉或轴线控制桩，用经纬仪或拉线挂吊锤的方法，把轴线投测到垫层面上，然后根据投测的轴线，在垫层面上将基础中心线和边线用墨线弹出，以便砌筑基础或安装基础模板。如果未设垫层，可在槽底打木桩，把基础中心线和边线投测到桩上。

4. 基础标高的控制

房屋基础指±0.000m 以下的墙体，它的标高一般是用基础“皮数杆”来控制的，皮数杆是一根木制的杆子，在杆上按照设计尺寸将砖和灰缝的厚度、防潮层的标高及±0.000m 的位置，从下往上一一画出来，如图 8.2-8 所示。

立皮数杆时，应先在立杆处打一木桩，用水准仪在木桩侧面测设一条高于垫层设计标高某一数值(如 200mm)的水平线，然后将皮数杆上标高相同的一条线与木桩上的水平线对齐，并用铁钉把皮数杆和木桩钉在一起，这样立好皮数杆后，即可作为砌筑基础墙标高的依据。对于采用钢筋混凝土的基础，可用水准仪将设计标高测设于模板上。

基础施工结束后，用水准仪检查基础面(或防潮层上面)的标高与设计标高是否一致，若不一致，允许误差为±10mm。

8.2.2.2　桩基础施工测量

高层建筑和有防震要求的多层建筑物在软土地基区域常用桩基，一般要打入预制桩或

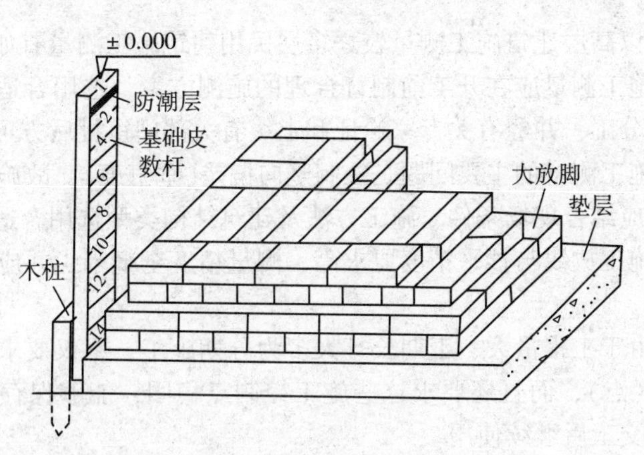

图 8.2-8　基础皮数杆

灌注桩。由于高层建筑物的荷重主要有桩基承受，所以对桩位要求较高，桩位偏差不得超过 $D/2$(D 为桩的直径或边长)。

1. 桩位的测设

桩基的定位测量与前述建筑物轴线桩的定位方法基本相同，桩基一般不设龙门板。桩位的测设方法如下：

(1)熟悉并详细核对各轴线桩布置情况，是单排桩、双排桩还是梅花桩；每排桩与轴线的关系是否偏中；桩距多少；桩的数量、桩顶的标高等；

(2)用全站仪或经纬仪采用极坐标法或交会法测定各个角桩的位置；

(3)将经纬仪安置在角桩上照准同轴的另一个角桩定线，也可采用拉纵横线的方法定线，沿标定的方向用钢尺按桩的位置逐个定位，在桩中心打上木桩或钉上系有红绳的大铁钉。

若每一个桩位的坐标较方便确定，用全站仪采用极坐标法放样，则更为方便快捷。桩位全部放完后，结合图纸逐个检查，合乎要求后方可施工。

2. 桩深计算

桩的深度是指桩顶到进入土层的深度。预制桩的深度可按照直接量取每一根预制桩的长度和打入桩的根数来计算；灌注桩的深度可直接量取没有浇筑混凝土前挖井的深度，测深时一般采用细钢丝一端加绑重物吊入井中来量取。

8.2.3　高层建筑的轴线投测和高程传递

高层建筑的基础多采用桩基，桩位和基础的放线和多层建筑桩位放线一样。高层建筑大多有地下工程，基础挖得较深，常称为“深基坑”，深基坑除了测定开挖边线和深度外，还应对基坑和周围的建筑做变形观测。

8.2.3.1　高层建筑施工测量的特点

高层建筑由于层数多、高度高、结构复杂，设备和装修标准较高以及建筑平面、立面造型新颖多变，所以高层建筑施工测量较之多层民用建筑施工测量有如下特点：

(1)高层建筑施工测量应在开工前制订合理的施测方案，选用合适的仪器设备、严密的施工组织与人员分工，并经有关专家论证和上级有关部门审批后方可实施。

(2)高层建筑施工测量的主要问题是控制竖向偏差(垂直度)，故施工测量中要求轴线竖向投测精度高，应结合现场条件、施工方法及建筑结构类型选用合适的投测方法。

(3)高层建筑施工放线与抄平精度要求高，测量精度至毫米，并应使测量误差控制在总的偏差值以内。

(4)高层建筑由于工程量大、工期长且大多为分期施工，不仅要求有足够精度与足够密度的施工控制网(点)，而且还要求这些施工控制点稳固，能够保存到工程竣工，有些还应能保存到工程交工后继续使用。

(5)高层建筑施工项目多，多为立体交叉作业，而受天气变化、建材性质、不同施工方法影响，而且施工测量时干扰大，故施工测量必须精心组织，充分准备，快、准、稳地配合各个工序的施工。

(6)高层建筑一般基础基坑深、自身荷载大、周期较长，为了保证安全，应按照国家有关规范要求，在施工期间进行相应项目的变形观测。

8.2.3.2　高层建筑施工测量规范要求

高层建筑的施工测量工作，重点是轴线竖向传递，控制建筑物的垂直偏差，保证各个楼层的设计尺寸。根据施工规范规定，高层建筑竖向及标高施工偏差应符合表 8.2-1 的要求。

表 8.2-1　**高层建筑竖向及标高施工偏差限差**

结构类型	竖向施工偏差限差(mm)		标高偏差限差(mm)	
	每层	全高	每层	全高
现浇混凝土	8	H/1000(最大 30)	±10	±30
装配式框架	5	H/1000(最大 20)	±5	±30
大模板施工	5	H/1000(最大 30)	±10	±30
滑模施工	5	H/1000(最大 50)	±10	±30

8.2.3.3　高层建筑物的轴线投测

1. 首层楼房墙体轴线测设

基础工程结束后，应对龙门板或轴线控制桩进行检查复核，以防基础施工期间发生碰动移位，复核满足要求后，可根据轴线控制桩或龙门板上的轴线钉，用经纬仪法或拉线法，把首层楼房的墙体轴线测设到防潮层上，并弹出墨线，然后用钢尺检查墙体轴线的间距和总长是否等于设计值，用经纬仪检查外墙轴线四个主要交角是否等于 90°，符合要求后，把墙轴线延长到基础外墙侧面上并弹线和做出标志，作为向上投测各层楼房墙体轴线的依据。同时还应把门、窗和其他洞口的边线，也在基础外墙侧面上做出标志。

墙体砌筑前，根据墙体轴线和墙体厚度，弹出墙体边线，照此进行墙体砌筑。砌筑到一定高度后，用吊锤线将基础外墙侧面上的轴线引测到地面以上的墙体上，以免基础覆土后看不见轴线标志。如果轴线处是钢筋混凝土柱，则在拆柱模后将轴线引测到柱上。

2. 二层以上楼房墙体轴线投测

首层楼面建好后，为了保证继续砌筑墙体时，对应墙体轴线均与基础轴线在同一铅垂面上，应将基础或首层墙面上的轴线投测到施工楼面上，并在施工楼面上重新弹出墙体的轴线，复核满足要求后，以此为依据弹出墙体边线，继续砌筑墙体。在这个测量工作中，从下往上进行轴线投测是关键，一般民用高层建筑常用吊线坠法、经纬仪投测法或激光铅垂仪投测法投测轴线。

1) 吊线坠法

如图 8.2-9 所示，事先在建筑物首层的内部细致布置轴线点(平移主轴线)，埋设固定标志，精确测定轴线点的位置，轴线点之间应构成矩形或十字形等，作为整个高层建筑的轴线控制网。各标志上方的每层楼板都预留孔洞，供吊线坠通过。投测时，在施工层楼面上的预留孔上安置挂有吊线坠的十字架，慢慢移动十字架，当吊线坠尖静止地对准地面固定标志时，十字架的中心就是应投测的点，在预留孔四周做上标志即可，标志连线交点，即为从首层投上来的轴线点。同理测设其他轴线点。

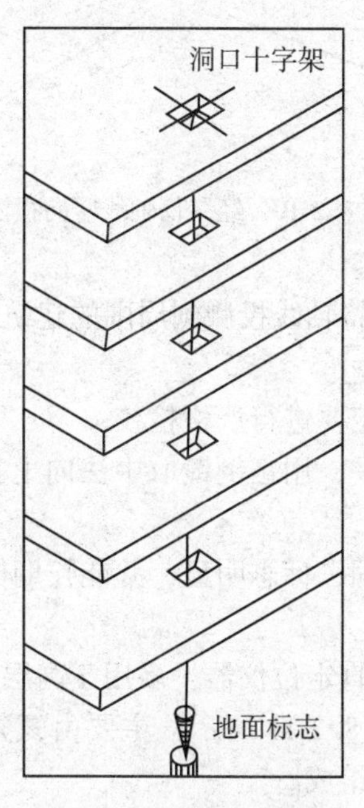

图 8.2-9　吊线坠法投测

施工场地狭小特别是周围建筑物密集的地区，宜采用此法。此法属内控法，内控法有以下两种：吊垂线法投测、垂准经纬仪或激光铅垂仪法投测。使用吊线坠法进行轴线投测，经济、简单且直观，精度也比较可靠，但投测较费时费力。当风力较大或建筑物较高时，投测误差较大，应采用其他方法投测。

2）经纬仪投测法（又称外控法）

当拟建建筑物外围施工场地比较宽阔时，常用经纬仪投测法。它是根据建筑物的轴线控制桩，使用经纬仪（或全站仪）正倒镜向上投测，故称经纬仪竖向投测。

如图 8.2-10 所示，安置经纬仪于轴线控制桩上，严格对中整平，盘左照准建筑物底部的轴线标志，往上转动望远镜，用竖丝指挥在施工层楼面边缘上画一点，然后盘右再次照准建筑物底部的轴线标志，同法在该处楼面边缘上画出另一点，取两点的中间点作为轴线的端点。其他轴线端点的投测与此法相同。

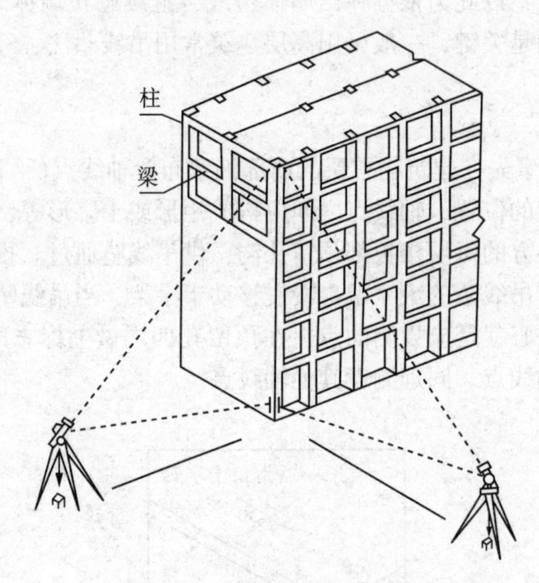

图 8.2-10　经纬仪轴线竖向投测

为了减小投测角度，也可以将轴线投测到周围的建筑物上，再向上投测。用经纬仪投测时要注意以下几点：

（1）投测前对使用的仪器一定要进行严格检校；

（2）投测时要严格对中、整平，用正倒镜取中法向上投测，以减小视准轴误差和横轴误差的影响；

（3）控制桩或延长线桩要稳固，标志明显，并能长期保存。

3）激光铅垂仪投测法

激光铅垂仪是一种专用的垂直定位仪器，多用于高层建筑物、烟囱及高塔架的定位测量。激光铅垂仪的基本构造如图 8.2-11 所示，主要由氦氖激光器、竖直发射望远镜、水准器、基座、激光电源和接受靶组成。

激光器通过两组螺钉固定在套筒内，激光铅垂仪的竖轴是空心筒轴，两端有螺纹，与发射望远镜和氦氖激光器相连接，二者可以对调，可以向上或向下发射激光束。仪器上设有两个高灵敏度水准管，用以精确整平仪器，并配有专用的激光电源。

激光铅垂仪投测轴线的原理，如图 8.2-12 所示。在首层控制点安置仪器，接通电源；在施工楼面留孔处放置接收靶，移动接收靶使激光铅垂仪发射激光束和靶心一致；靶心即为轴线控制点在楼面上的投测点。

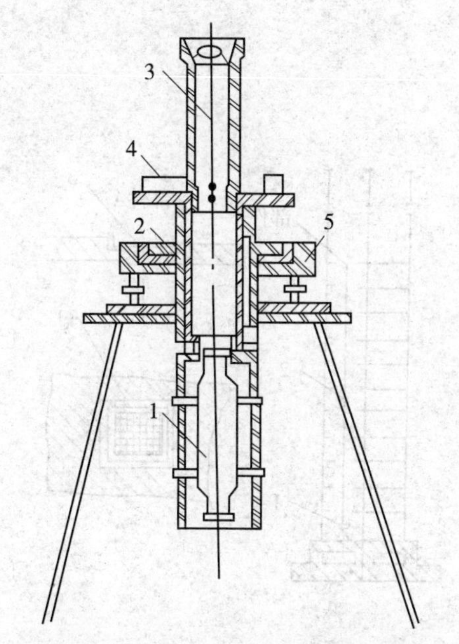

1—氦氖激光器；2—竖轴；3—发射望远镜；
4—管水器；5—基座

图 8.2-11　激光铅垂仪基本构造

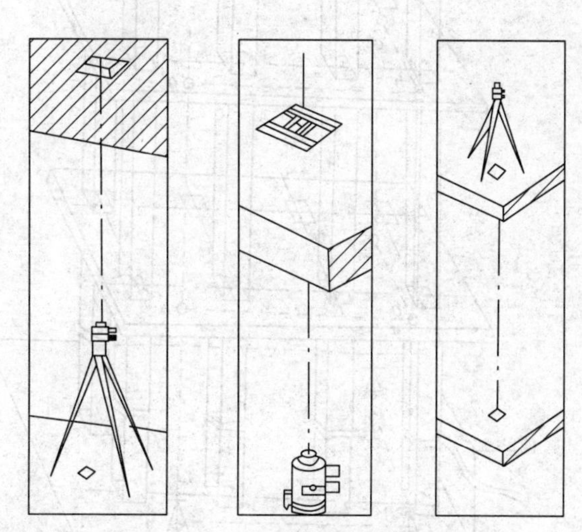

图 8.2-12　激光铅垂仪投测原理

图 8.2-13 为某一建筑工程用激光铅垂仪投测轴线的情况。在建筑底层地面，选择与柱列轴线有确定方位关系的三个控制点 *A*、*B*、*C*。三点距轴线 0.5m 以上，使 *AB* 垂直于 *BC*，并在其正上方各层楼面上，相对于 *A*、*B*、*C* 三点的位置预留洞口 *a*、*b*、*c* 作为激光束通光孔。在各通光孔上各放置一个水平的激光接收靶，如图 8.2-13 中的部件 *A*，靶上刻有坐标格网，可以读出激光斑中心的纵横坐标值。将激光铅垂仪安置于 *A*、*B*、*C* 三点上，严格对中整平，接通激光电源，即可发射竖直激光基准线。在接收靶上激光光斑所指示的位置，即为地面 *A*、*B*、*C* 三点的竖直投影位置。角度和长度检核符合要求后，按底层直角三角形与柱列轴线的位置关系，将各柱列轴线测设于各楼层面上，做好标记，施工放样时可以当作建筑基线使用。

无论采用何种方法投测轴线，都必须在基础施工完成后，根据施工控制网，检测建筑物的轴线控制桩，符合要求后，将建筑物的各轴线精确弹到±0.000 首层平面上，作为投测轴线的依据。

8.2.3.4　高程建筑物的高程传递

在墙体施工中，必须根据施工场地水准点或±0.000 标高线，将高程向上传递。高程传递有以下几种方法：

1. 利用皮数杆传递高程

墙体砌筑时，用墙身皮数杆传递标高。如图 8.2-14 所示，在皮数杆上根据设计尺寸，按砖和灰缝厚度画线，并标明门、窗、过梁、楼板等的标高位置。杆上标高注记从±0.000向上增加。

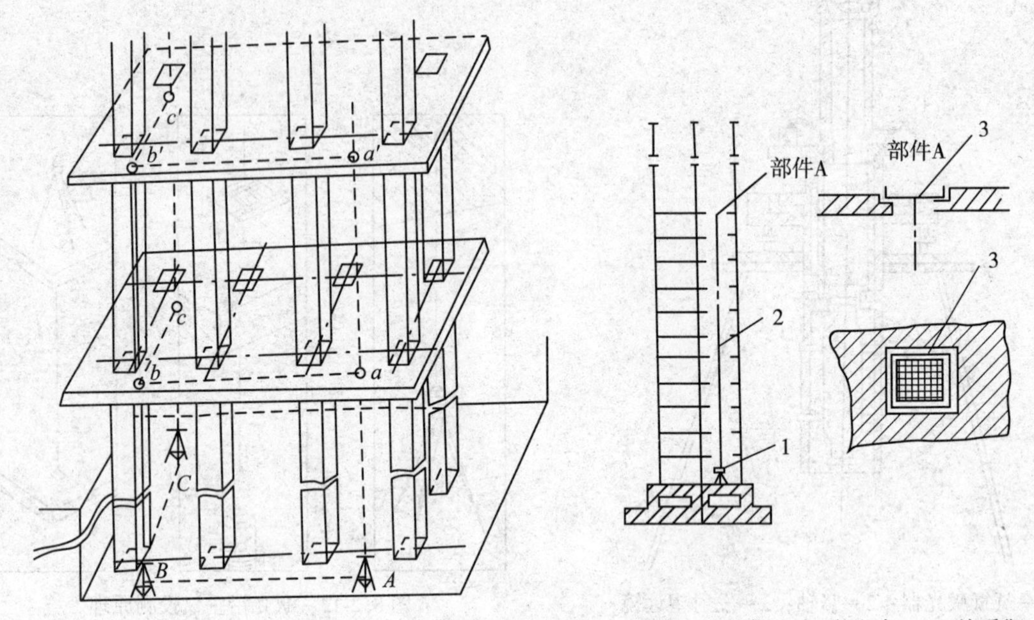

1—激光铅垂仪；2—激光束；3—接受靶

图 8.2-13　激光铅垂仪进行轴线投测

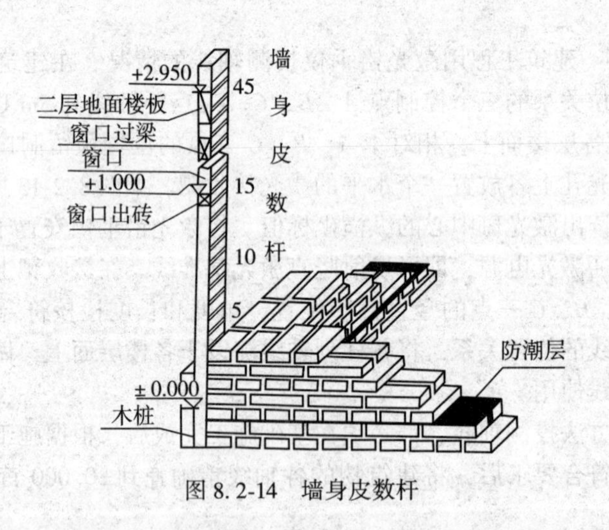

图 8.2-14　墙身皮数杆

墙身皮数杆一般立在建筑物的拐角和内墙处，固定在木桩或基础墙上。为了便于施工，采用里脚手架时，皮数杆立在墙的外边；采用外脚手架时，皮数杆应立在墙里边。立皮数杆时，先用水准仪在立杆处的木桩或基础墙上测设出±0.000 标高线，测量误差在±3mm以内，然后把皮数杆上的±0.000 线与该线对齐，用吊线锤的方法校正，并用钉钉牢，以保证皮数杆的稳定。

墙体砌筑到一定高度后(1.5m 左右)，应在内、外墙面上测设出+0.50m 标高的水平墨线，称为“+50 线”。外墙的+50 线作为向上传递各楼层标高的依据，内墙的+50 线作为室内地面施工及室内装修的标高依据。

2. 水准测量法

(1)先将钢尺固定好，以现场水准点或±0.50m 标高线为后视，竖立水准尺；以钢尺为前视，水准仪安置在两尺中间，读取两尺的读数 a_1、b_1。

(2)将水准仪安置在施工楼层上，用水泥堆砌一固定点作前视，竖立水准尺，用吊起的钢尺作后视，水准仪安置在两尺中间，读取两尺的读数 a_2、b_2。

(3)传递到施工楼层的高程为：

如图 8.2-15(a)室内传递标高所示，二层 0.50m 标高线：$H_{0.5}=0.05+a_1+(a_2-b_1)-b_2$；三层 0.50m 标高线：$H_{0.5}=0.05+a_1+(a_3-b_1)-b_3$。

如图 8.2-15(b)室外传递标高所示，$H_B=H_A+a_1+(a_2-b_1)-b_2$；$H_c=H_A+a_1+(a_3-b_1)-b_3$。

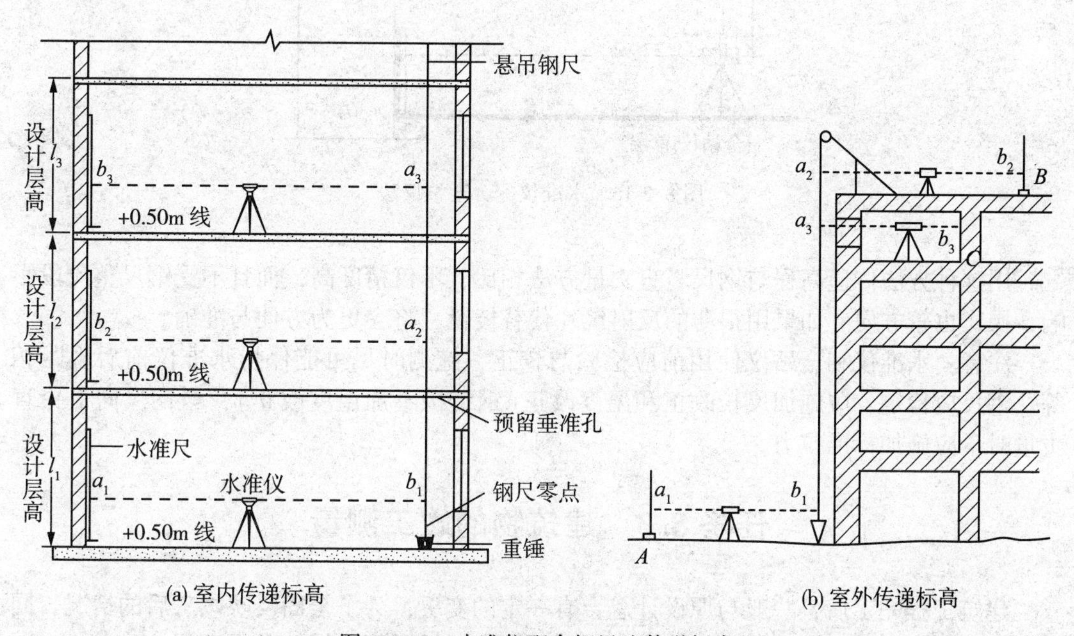

(a) 室内传递标高　　(b) 室外传递标高

图 8.2-15　水准仪配合钢尺法传递标高

另外，也可用水准仪根据现场水准点或±0.000 标高线，在首层墙面上测出一条整米的标高线，以此线为依据，用钢尺向施工楼层直接量取。

以上两种方法可作相互检查，误差应在±6mm 以内。

3. 全站仪测量法

近年来，全站仪在建筑施工测量中得到了广泛应用，将全站仪配上弯管目镜，能测出较大竖向的高差，此法方便、快捷、实用。

如图 8.2-16 所示，首层已知水准点 $A(H_A)$，将其高程传递至某施工楼层 B 点处，其具体方法是：

(1)将全站仪安置在首层适当位置，以水平视线后视水准点 A，读取水准尺读数 a。

(2)将全站仪视线调至铅垂视线处(通过弯管目镜)，瞄准施工楼层上水平放置的棱镜，测出垂直距离，即竖向高差 h。

(3)将水准仪安置在施工楼层上，以竖立在棱镜面处的水准尺的位置作为后视，读数为 b，以竖立在施工楼层上 B 点水准尺的位置作为前视，读数为 c，则 B 点的高程为：

$$H_B = H_A + a + h + b - c \tag{8.2-2}$$

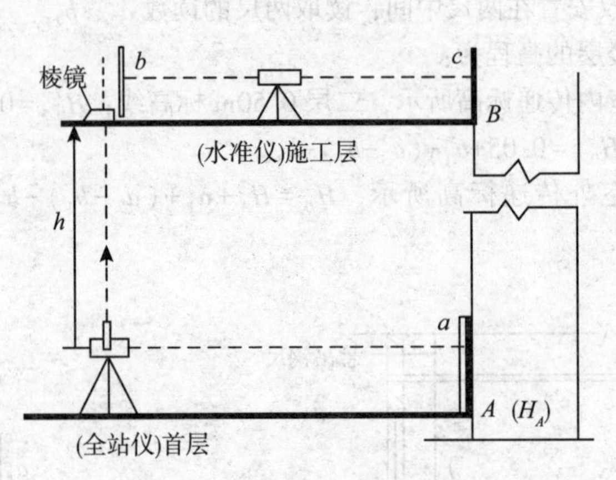

图 8.2-16　水准仪配合全站仪法

用这种方法传递高程与钢尺竖直丈量方法相比，不仅精度高，而且不受钢尺整尺段影响，操作也较方便。如果用很薄的反射镜片代替棱镜，将会更为方便与准确。

注意：水准仪和全站仪使用前应检验与校正，施测时尽可能保持水准仪前后视距相等；钢尺应检定，应施加尺长改正和温度改正(钢结构不加温度改正)，当钢尺向上铅直丈量时，应施加标准拉力。

任务 8.3　建筑物的竣工测量

建筑工程完工后，一般与原设计总会有一定的变更，为了全面反映竣工后的情况，同时，也为日后的维修、运营和扩建提供必要的资料，需要测绘竣工总平面图。

根据建筑区域大小，竣工总平面图应尽可能采用单张图纸，如区域较大，也可以分幅测绘。测图比例尺以 1∶1000 或 1∶500 为主。图的内容应包括：建筑方格网点、水准点、厂房、辅助设施、生活福利设施、地下管线、架空管线、道路、铁路等的建筑物和构筑物细部点的空间数据，以及厂区内的空地和未建区的地形(地物和地貌)等。

竣工总平面图的测绘分两部分工作：一部分为外业实地测量，称竣工测量；一部分是根据竣工资料进行编绘。

8.3.1　竣工测量

竣工测量一般在建筑工程完成后进行。但对于隐蔽工程应在施工中随时测量，并对观测资料及时整理，为竣工总图编绘准备资料。

竣工测量与一般测图的主要区别在于其测定的内容和精度要求不同。除满足数字测图的一般要求外，在竣工总平面图上还要求用解析坐标和高程表示主要地物的空间位置。应用全站仪数字测图，应根据地物的类别设置不同的图层，以便输出各种专题平面图。

竣工测量的主要内容为：

(1)主要建(构)筑物的拐点坐标：较大厂房最少测定三点坐标，圆形建(构)筑物要测出圆心坐标和半径；

(2)各种电力线、通信线的起讫点和转点，并标明其电压、用途等；

(3)各种地下管线的起讫点，窨井、消防栓等的坐标、高程、深度等；

(4)架空管线的起点、终点和转点支架的中心位置等；

(5)道路路宽和路中心线，铺装路面的宽度和转折点等。

竣工测量的外业部分完成后，应提供完整的资料，包括工程名称、施工依据、施工成果、控制测量资料，以及细部点的坐标和高程。

8.3.2　竣工总平面图的编绘

竣工测量完成后，还应结合设计图纸上的相关信息，对总平面图进行编绘。有关建筑物构筑物的符号应与设计图纸相同；有关地形图的符号应与地形图图式相同；不同的图层设置不同的颜色；细部点按内容分别编号；根据图形相应建立细部点属性数据库，以便查询时图数连动。编绘完成后，应附必要的说明和图表，会同其他相关竣工资料装订成册。

任务 8.4　建筑物的变形观测

任何大型建筑物及其地基，在建筑物自身荷重和外力作用下，都会产生变形。这种变形如果超过了规定的限度，就会影响建筑物的正常使用，甚至危及建筑物的安全。因此，在建筑物的施工和运营期间，必须对它们进行监测，这种监测称之为变形观测。

建筑物的变形分为内部变形和外部变形两种，由于建筑物内部的应力作用及温度变化等因素的影响而引起的伸缩、挫动、弯曲、扭转等自身形变，称为内部变形；建筑物在各种外力作用下而引起的整体平移、整体升降、整体转动、整体倾斜，称为外部变形。本模块讨论建筑物外部变形观测问题。

变形观测的任务就是对布设在建筑物各部位的监测点进行周期性的重复观测，对多次的重复观测结果进行比较，从而确定变形程度，了解变形随时间的变化情况。通过对变形数据的分析，不仅可以判断建筑物在各种应力作用下能否安全运转，而且可以验证设计理论的正确性，同时也可以检验施工质量。

变形观测的周期，应根据建筑物的性质、规模、变形速率、观测精度要求和工程地质条件等因素综合考虑。一般来讲，竣工初期，观测周期宜短；当建筑物趋于稳定时，观测周期可适当放长。特殊情况下，应缩短观测周期。

变形观测的内容包括水平位移观测、垂直位移观测、倾斜观测、裂缝观测、挠度观测等多种。至于进行何种变形观测，应根据建筑物的性质和地基情况来确定。对于一般建筑物来讲，主要是进行垂直位移观测，以及因不规则沉降而引起的倾斜和裂缝观测；对于水工建筑物(大坝)以及大型桥梁等建筑物，还应该进行水平位移观测和挠度观测。

用于变形观测的平面控制网通常作一级布设，网形主要取决于建筑物的形状和建筑物所处的地形和环境条件，可以布设成边角网、导线网或 GPS 网；高程控制网通常布设为两级，用精密水准测量方法施测。控制网的精度及变形观测的精度应符合《工程测量规范》(GB 50026—2007)的规定。

变形观测是工程建设的重要组成部分，通常在工程建筑物的设计阶段就要同时作出设计，制定出变形观测方案，在施工时按设计要求埋设监测标志，从建筑物施工开始即进行观测，直至建筑物趋于稳定不再变形为止。

变形观测是一项较长期的连续性工作，为了保证观测成果的正确性，应尽可能做到固定观测人员，使用固定的仪器和工具，使用固定的工作基点，按照固定的方法及既定的路线、测站进行观测。

8.4.1 垂直位移观测

建筑物及其地基在垂直方向上发生的位置变动称为垂直位移，其表现形式主要是建筑物的沉陷，因此垂直位移观测又称其为沉陷观测或沉降观测。为测定建筑物的沉降，必须在最能反映建筑物沉降的位置上设置观测点，采用水准测量方法从临近水准点引测观测点高程。临近的水准点称为工作基点，工作基点的稳定性必须通过远离建筑物的水准基点进行检测。

8.4.1.1 观测点的布设

设置沉降观测点，应选择能够反映建筑物沉降变形特征和变形明显的部位。观测点应有足够的数量和代表性，点位应避开障碍物，标志应牢固地和建筑物结合在一起，以便于观测和长期保存。

工业与民用建筑物沉降观测点，通常应在房屋四角、中点、转角处以及外墙周边每隔 10~15m 布设一点。另外，在最易产生变形的地方，如柱子基础、伸缩缝两侧、新旧建筑物接壤处、不同结构建筑物分界处等都应该设置观测点。烟囱、水塔及大型储藏罐等高耸构筑物基础轴线的对称部位，应设置观测点。观测点的标志有两种形式：一种是埋设在墙上，用钢带制成，如图 8.4-1 所示；另一种是埋设在基础底板上，用铆钉制成，如图 8.4-2 所示。

大坝沉降观测点的布设随着坝型的不同而不同。对于土石坝，观测点应布设在坝面上，一般与坝轴线平行，在坝顶、上下游坝面正常水位以上、下游坝面正常水位变化区和浸水区，各应埋设一排观测点，并保证每一排在合拢段、泄水底孔处、坝基地质不良以及坝底地形变化较大处都有观测点，观测点的间距一般为 30~50m。土石坝的沉降观测点往往与水平位移观测点合二为一，因此应埋设混凝土标石，如图 8.4-3 所示(图中“+”为水平位移观测标志，圆标芯为垂直位移观测标志)。

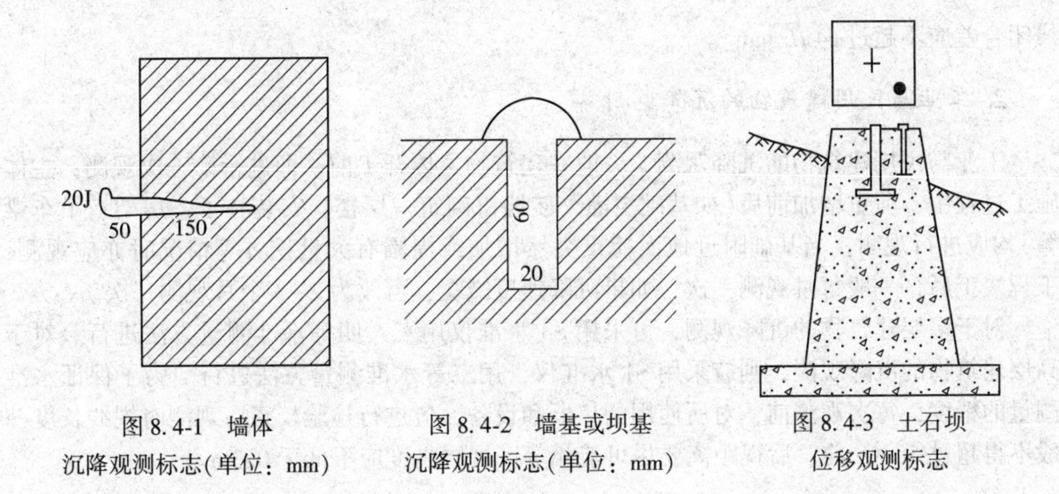

图 8.4-1　墙体沉降观测标志(单位：mm)　　图 8.4-2　墙基或坝基沉降观测标志(单位：mm)　　图 8.4-3　土石坝位移观测标志

大型桥梁的沉降观测点，也往往与水平位移观测点合二为一，分上、下游两排分别布设在桥墩、台顶面两端位置上。

8.4.1.2　水准点的布设

1. 水准基点的布设

水准基点是垂直位移观测的基准点，必须远离建筑物，布设在沉陷影响范围之外、地基坚实稳固且便于引测的地方。对于水利枢纽地带，水准基点应埋设在坝址下游且离坝址较远河流两岸的坚固基岩上。当覆盖层很厚时，应采用钻孔穿过土层和风化层到达基岩，埋设钢管标志，如图 8.4-4 所示。为了互相检核是否有变动，一般应埋设三个以上水准基点。

2. 工作基点的布设

工作基点是直接测定沉降观测点的依据，它应该比较接近建筑物，但亦应避开建筑物的沉陷范围。一般采用地表岩石标；当地表土层较厚时，可采用普通埋石方法，但标石的基座应适当加大。对于大坝和桥梁的变形观测，通常在每排观测点的延长线上，即在大坝或桥梁两端的山坡上，选择地基坚固的地方埋设工作基点。

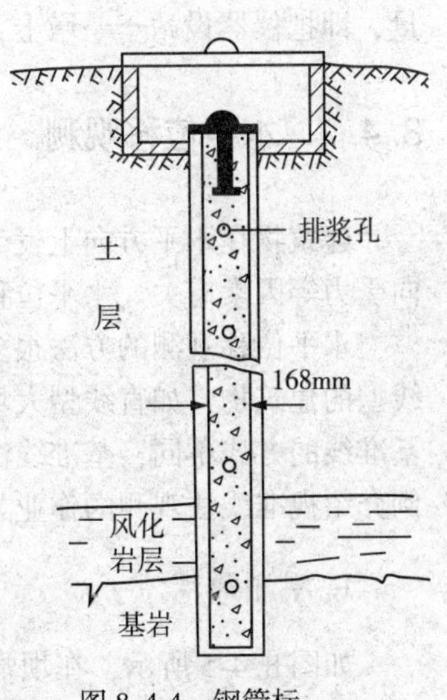

图 8.4-4　钢管标

8.4.1.3　垂直位移观测

1. 工作基点的校测

进行垂直位移观测前，首先应校测工作基点的高程。校测时，水准基点与工作基点一般应构成水准环线，按一等或二等水准测量的要求施测。一等水准环线闭合差应不超过$\pm 2\sqrt{L}$ mm(L 为环线长，以 km 计)；二等水准环线闭合差应不超过$\pm4\sqrt{L}$ mm。

2. 工业与民用建筑物的沉降观测

工业与民用建筑物的沉降观测，一般在建筑物主体开工前，即进行第一次观测；主体施工过程中，荷重增加前后(如基础浇灌，砖墙每砌筑一层楼，安装柱子、房架、吊车梁等)均应进行观测；当基础附近地面荷重突然增加或周围有大量挖方等情况时亦应观测；工程竣工后，一般每月观测一次，如果沉降速度减缓，可改为2~3个月观测一次。

对于多层建筑物的沉降观测，可采用S3水准仪用三、四等水准测量方法进行。对于高层建筑物的沉降观测，则应采用S1水准仪，用二等水准测量方法进行。为了保证水准测量的精度，每次观测前，对所使用的仪器和设备，应进行检验校正。观测时视线长度一般不得超过50m，前、后视距离要尽可能相等，视线高度应不低于0.3m。

3. 大坝的沉降观测

土石坝的沉降观测，在基础完工后进行第一次观测；坝体每砌高一定高度均应观测；坝体完工、水库储水前每季度观测一次；水库储水期间每月观测一次；水库储水后2~3年，每季度观测一次；正常运转期间每半年观测一次；洪水前后增加观测次数。

土石坝沉降观测，一般采用三等水准测量方法施测。观测时应由工作基点出发，测定各观测点的高程，再附合到另一工作基点上，也可以往返施测或构成闭合环线。

4. 桥梁的沉降观测

桥梁的沉降观测，在桥墩、桥台完工后即可进行第一次观测；承重结构安装完毕可进行第二次观测，以后的观测时间和次数视变形速率的情况决定。但遇洪水、船只碰撞时，应及时观测。

桥梁的沉降观测，一般按二等水准测量的精度，采用“跨墩水准测量”的方法施测。同样由工作基点出发，测定各观测点的高程，再附合到另一工作基点上。所谓跨墩水准测量，即把仪器设站于一墩上，而观测后、前两个相邻的桥墩。

8.4.2 水平位移观测

建筑物在水平方向上发生的位置变动称为水平位移，其产生往往与不均匀沉降以及横向受力等因素有关。水平位移观测在大坝、桥梁等建筑物的变形观测中有着重要意义。

水平位移观测的方法很多，常用的方法有基准线法和前方交会法。基准线法适用于直线型的建筑物，如直线型大坝和桥梁等；前方交会法适用于其他形式的建筑物。按照提供基准线的方式不同，基准线法又分为视准线法、激光准直法、引张线法等。下面以大坝为例介绍视准线法观测的作业方法。

1. 观测原理

如图8.4-5所示，在坝端两岸山坡上设置固定工作基点A和B，在坝面上沿AB方向设置观测点a、b、c、d等。将经纬仪安置在A点，照准另一基点B，构成视准线(基准线），测定各观测点相对于视准线的垂直距离 l_{a0}、l_{b0}、l_{c0}、l_{d0}；相隔一段时间后，又安置仪器于 A 点，照准 B 点，测得各观测点相对于视准线的距离 l_{a1}、l_{b1}、l_{c1}、l_{d1}。则前后两次测得距离的差值，如 a 点的差值 $\delta_{a1}=l_{a1}-l_{a0}$，即为两次观测时段内，$a$ 点在垂直于视准线方向的水平位移值。同理可算得其他各点的水平位移值。一般规定，水平位移值向下游为正，向上游为负。

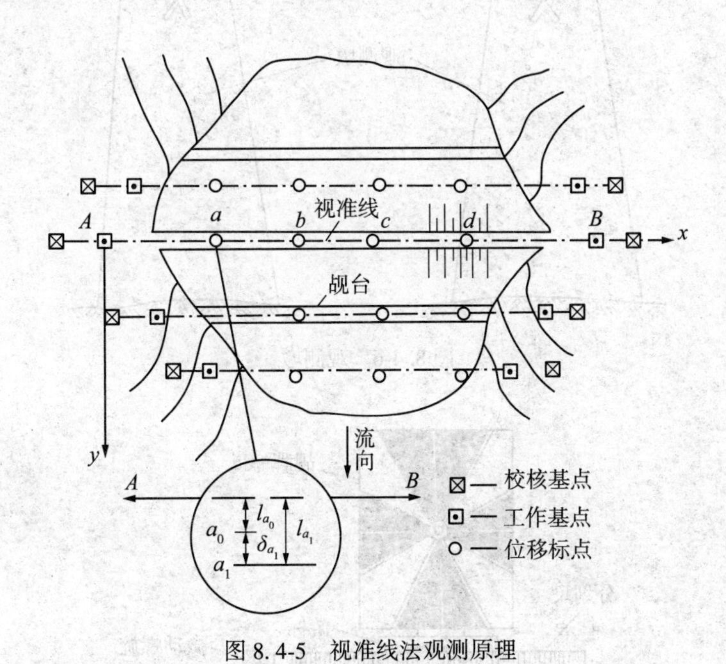

图 8.4-5 视准线法观测原理

2. 点位布设

大坝水平位移观测点的布设，通常是在上游最高水位以上的坡面上布设一排观测点；坝顶靠下游坝肩上布设一排观测点；下游坡面上布设一到三排观测点，如图 8.4-5 所示。每排内各观测点的间距为 50～100m，但在地质条件薄弱等部位应增加观测点。各排观测点应与坝轴线平行。为掌握大坝横断面情况，各排对应观测点都应在同一横断面上。

工作基点设置在各排观测点延长线两端的山坡上；为校核工作基点的稳定性，工作基点外应另设置校核基点。

在工作基点及校核基点上，一般应建造具有强制对中设备的钢筋混凝土观测墩，用于安置仪器和专用的固定觇标，如图 8.4-6 所示。

观测点的标墩应与坝体连接，其顶部也应埋设强制对中设备，用于安置专用的活动觇标。图 8.4-7 所示为觇牌式的活动觇标，其上装有微动螺旋和游标，可使觇牌在基座的分划尺上左右移动，利用游标读数。

3. 观测方法

如图 8.4-5 所示，在工作基点 A 安置经纬仪，在 B 点安置固定觇标；在观测点 a 安置活动觇标，使觇牌的零刻线对准观测点的中心标志。用经纬仪照准 B 点上的固定觇标作

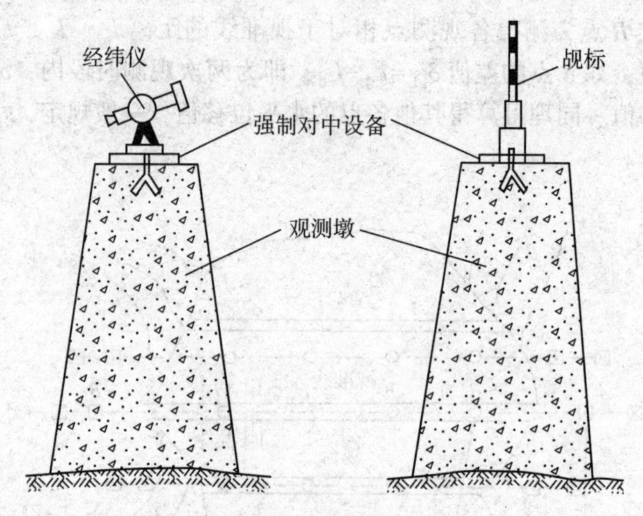

图 8.4-6　观测墩

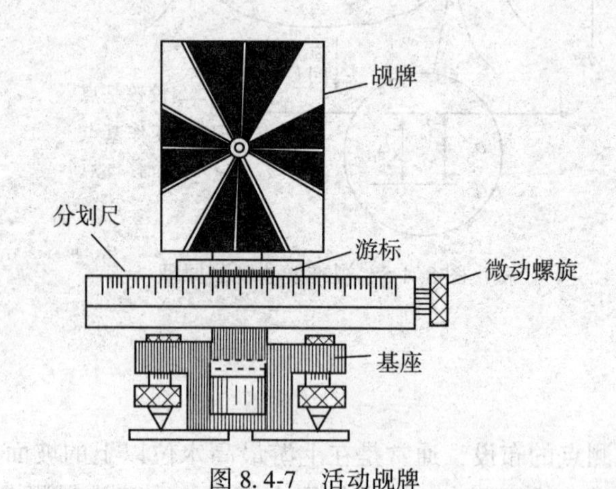

图 8.4-7　活动觇牌

为视准线，俯仰望远镜照准 a 点，并指挥觇标员移动觇标，直至十字丝纵丝照准觇牌中心纵线为止。然后由觇标员在觇牌上读取读数。转动觇牌微动螺旋重新照准，再次读数，如此共进行 3 次，取读数的平均值作为上半测回的观测结果。倒转望远镜，按上述方法作下半测回的观测，取上下两半测回的平均值作为一测回的观测结果。一般观测 2～3 测回，测回差不得大于 3mm。

8.4.3　倾斜观测

由于不规则沉降及外力作用(如风荷、地下水抽取、地震等)，建筑物将会产生倾斜变化。测定建筑物倾斜变化的工作称为倾斜观测。

建筑物的倾斜度一般用倾斜率 i 来表达。如图 8.4-8 所示，按设计要求，B 点与 A 点应位于同一铅垂线上，由于建筑物倾斜，B 点移至 B' 点，即相对于 A 点移动了一段距离

d，设建筑物的高度为 h，则

$$i = \tan\alpha = d/h \tag{8.2-3}$$

式中 α 为倾斜角。

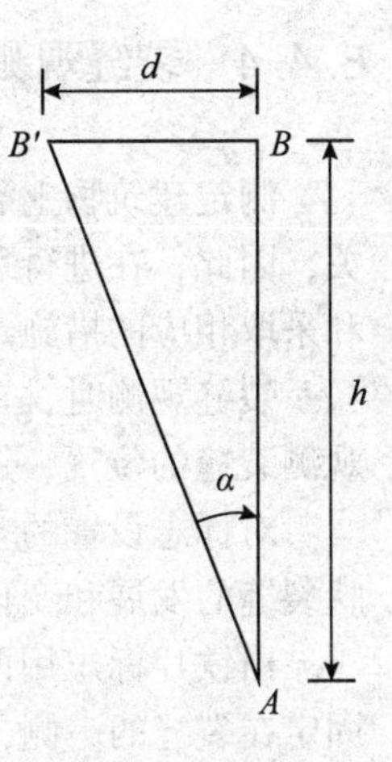

图 8.4-8　倾斜率

建筑物的高度 h 可通过直接丈量或三角测量的方法求得，只要测得相对水平位移量 d，即可确定建筑物的倾斜率 i。因此，倾斜观测所要讨论的主要问题是测定 d 的方法。下面分别介绍一般建筑物和塔式建筑物的倾斜观测方法。

1. 一般建筑物的倾斜观测

如图 8.4-9 所示，在互相垂直的两个方向上距建筑物约 1.5 倍建筑物高度处安置经纬仪，分别照准观测点 B，用正倒镜分中法向下投点得 A 点(即两个位置投点方向线的交点)，做好标志。隔一定时间后再次观测，仍以两架经纬仪照准 B 点(由于建筑物倾斜，B 点已偏移至 B'点)，向下投点得 B'_0 点。显然 A、B'_0 间的水平距离即为前后两次间隔时段内的水平位移量 d，根据建筑物的高度 h，即可由式(8.2-3)求得建筑物的倾斜率 i。

2. 塔式建筑物的倾斜观测

塔式建筑物倾斜观测的方法很多，常用的方法是前方交会法。下面以烟囱为例说明观测方法。

如图 8.4-10 所示(俯视图)，P'为烟囱顶部中心位置，P 为烟囱底部中心位置。在烟囱附近布设基线 AB，A、B 应选在地基稳定且能长期保存的地方，条件困难时也可选在附近稳定的建筑物顶面上。AB 的长度一般不大于 5 倍的建筑物高度，交会角应尽量接近 60°。首先安置经纬仪于 A 点，测定烟囱顶部两侧切线与基线的夹角，取其平均值，如图中的 α_1；再安置经纬仪于 B 点，测定烟囱顶部两侧切线与基线的夹角，取其平均值，如图中的 β_1。利用前方交会公式计算出 P'的坐标。同法可得 P 点的坐标。则 P'、P 两点间的平距 $D_{pp'}$(可由坐标反算求得)即为水平位移量 d，根据烟囱高度 h，同样由式(8-7)即求得烟囱的倾斜率 i。

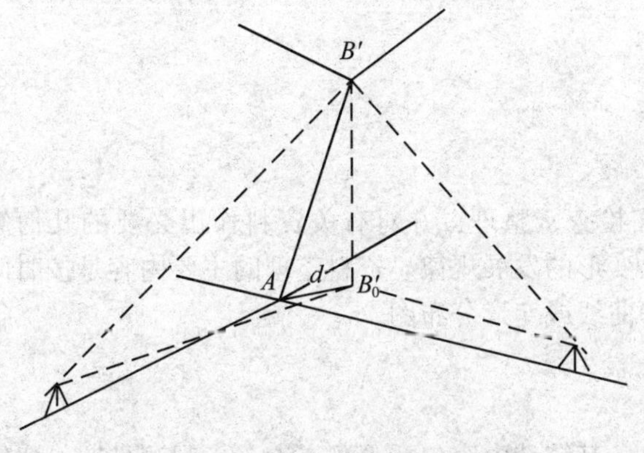

图 8.4-9　一般建筑物的倾斜观测

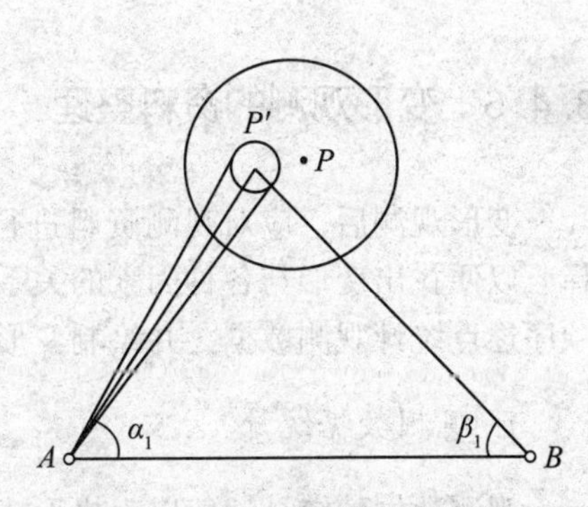

图 8.4-10　塔式建筑物的倾斜观测

8.4.4　裂缝观测

测定建筑物上裂缝发展情况的观测称裂缝观测。建筑物产生裂缝往往与不均匀沉降有关，因此，在进行裂缝观测的同时，一般需要进行建筑物的沉降观测，以便进行综合分析和采取相应的措施。

裂缝观测时，首先应对拟观测的裂缝进行编号，在裂缝两侧设置观测标志，然后定期观测裂缝的位置、走向、长度、宽度和深度。

对标志设置的基本要求是，当裂缝开裂时标志应能相应地开裂或变化，以能正确地反映裂缝的发展和变化情况。常用的裂缝观测标志有白铁片标志和金属棒标志等。

白铁片标志用两块白铁片制成，如图 8.4-11 所示，一片为 150mm×150mm 的正方形，固定在裂缝的一侧，并使其一边和裂缝边缘对齐；另一片为 50mm×200mm 的长方形，固定在裂缝的另一侧，并使其紧贴在正方形的铁片上。当两块铁片固定好之后，在其表面涂上红漆，如果裂缝继续发展，两块铁片将会拉开，正方形铁片上将会露出没有涂漆的部分，其宽度即为裂缝开裂的宽度，可用尺子量出。

金属棒标志通常用两钢筋头制成，如图 8.4-12 所示，将长约 100mm，直径约 10mm 的钢筋头插入墙体，并使其露出墙外约 20mm，用水泥砂浆填灌牢固。待水泥砂浆凝固后，用游标卡尺量出两钢筋头标志间的距离，并记录下来。以后若裂缝继续发展，则金属棒的间距也就不断加大。定期测定两棒的间距 d 并进行比较，即可掌握裂缝发展情况。

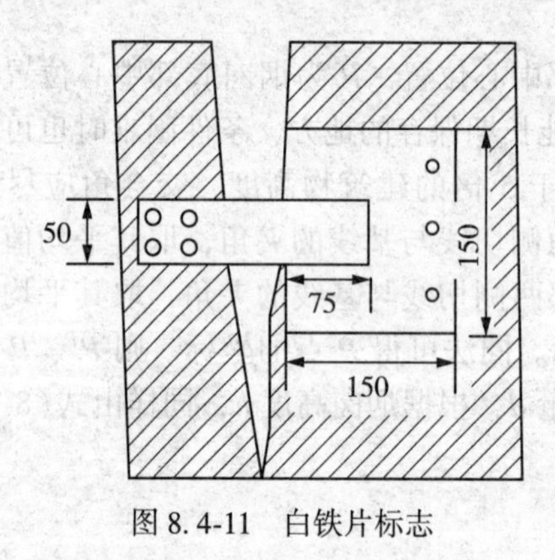

图 8.4-11　白铁片标志

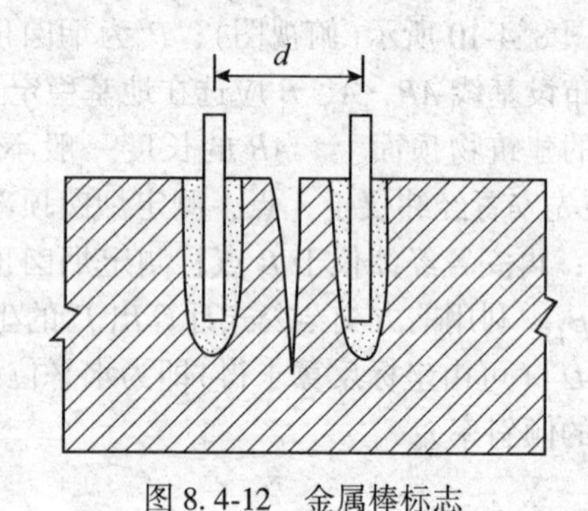

图 8.4-12　金属棒标志

8.4.5　变形观测的资料整理

变形观测后，应对观测资料进行全面检查、整理，并对有关资料作出必要的几何解释，以便找出变形与各种因素的关系以及变形的发展规律。资料整理的主要内容是按时间顺序逐点统计观测数据，并绘制变形过程曲线或变形分布图。

1. 观测数据统计

观测数据的统计一般以表格形式作出，其统计内容包括观测点点名、观测日期、建筑物荷载、变形观测值以及累计变形值等。表 8. 4-1 是对某建筑物沉降观测作出的统计，表中列举了两个观测点观测结果。

表 8. 4-1　**沉降观测成果表**

观测日期（年．月．日）	荷载（t/m^2）	观测点					
		1			2		
		高程（m）	本次沉降（mm）	累计沉降（mm）	高程（m）	本次沉降（mm）	累计沉降（mm）
2002. 2. 15	0	93. 667	0	0	93. 683	0	0
2002. 3. 1	4. 0	93. 664	3	3	93. 681	2	2
2002. 3. 15	6. 0	93. 662	2	5	93. 679	2	4
2002. 4. 10	8. 0	93. 660	2	7	93. 677	2	6
2002. 5. 5	10. 0	93. 659	1	8	93. 675	2	8
2002. 6. 5	12. 0	93. 658	1	9	93. 673	2	10
2002. 7. 5	12. 0	93. 657	1	10	93. 671	2	12
2002. 9. 5	12. 0	93. 656	1	11	93. 670	1	13
2002. 11. 5	12. 0	93. 656	0	11	93. 669	1	14
2003. 1. 5	12. 0	93. 656	0	11	93. 668	1	15
2003. 3. 5	12. 0	93. 655	1	12	93. 667	1	16
2003. 5. 5	12. 0	93. 654	0	12	93. 667	0	16

2. 变形过程曲线

变形过程曲线是表示观测点所处位置建筑物的变形与时间、荷载之间关系的曲线，它能直观地反映建筑物各个部位的变形规律。图 8. 4-13 所示是对表 8. 4-1 的统计结果所作出的沉陷变形过程曲线。

3. 变形分布图

常见的变形分布图有沉降等值线图和变形值剖面分布图两种。沉降等值线图是以等值线表达建筑物沉降变形情况的图，它可以从整体上反映建筑物的沉降变形规律。图 8. 4-14 是对某大坝绘出的沉降等值线图，同一曲线上各点都具有相同的沉降值。

变形值剖面分布图常用来表示建筑物在某一剖面（断面）水平位移的分布情况。图 8. 4-15 是对某大坝某一断面（和坝轴线垂直）不同高程面上 6 个观测点作出的水平位移分布图，从图中可以明显看出大坝水平位移和库容之间的关系。

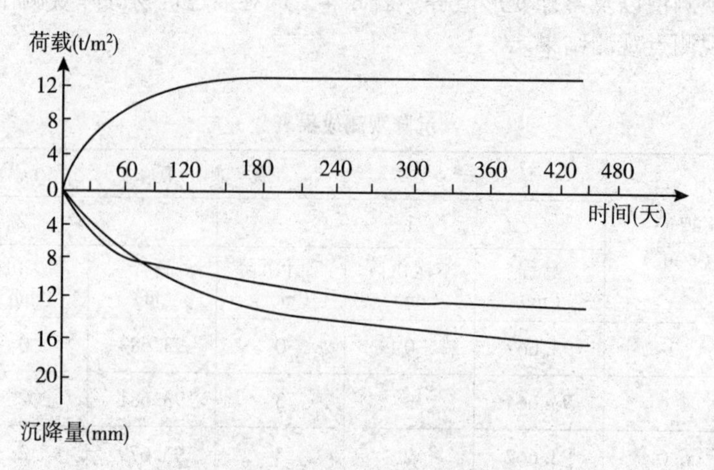

图 8.4-13　某建筑物沉陷变形过程曲线

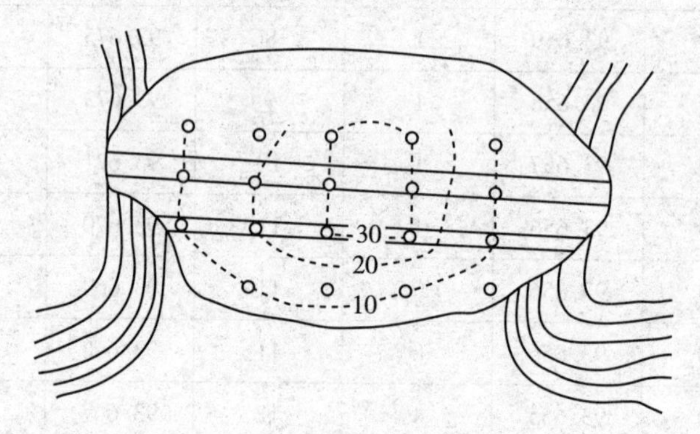

图 8.4-14　某大坝沉降等值线图

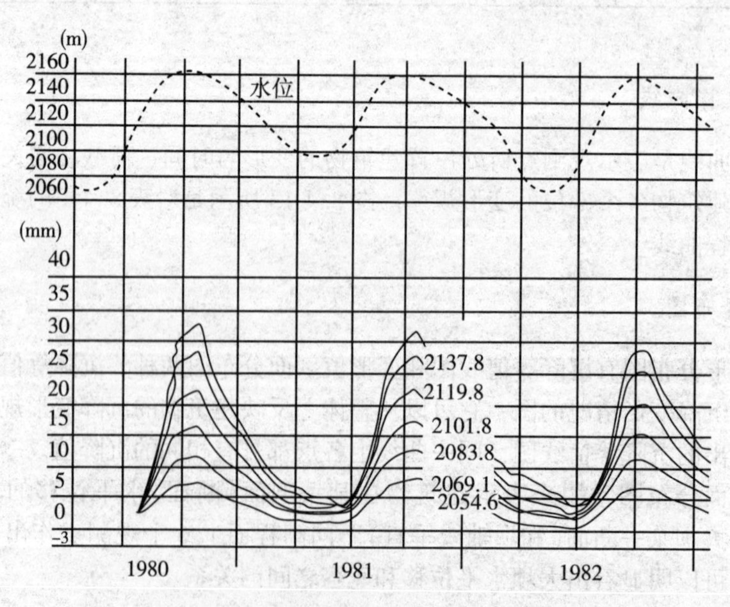

图 8.4-15　大坝某断面水平位移分布图

项 目 小 结

本项目按建筑工程测量的作业顺序，介绍了建筑场地的施工控制测量，民用建筑施工测量，高层建筑物的轴线投测和高程传递，建筑物的竣工测量和变形观测等，贯穿了建筑工程的全过程。通过本项目的学习，需要掌握以下主要内容：

(1)建筑场地的平面控制测量；

(2)建筑场地的高程控制测量；

(3)民用建筑物的定位和测设，建筑物基础施工测量；

(4)高层建筑物主体施工的轴线投测和高程传递；

(5)建筑物的竣工测量，建筑物竣工总平面图的编绘；

(6)建筑物的垂直变形观测和水平位移观测等。

知 识 检 验

1. 建筑工程的施工阶段有哪些测量工作？
2. 建筑基线的主要布设形式有哪些？试画图说明。
3. 民用建筑物有哪些定位测量的方法？
4. 高层建筑物有哪些轴线投测方法？
5. 高层建筑物有哪些高程传递方法？
6. 建筑物的竣工测量有哪些主要内容？
7. 变形观测主要包括哪些内容？

参考文献

[1]张博，等．工程测量技术与实训[M]．西安：西安交通大学出版社，2015.

[2]丁云庆，等．水利水电工程测量[M]．北京：中国水利水电出版社，1997.

[3]靳祥升，等．水利工程测量[M]．郑州：黄河水利出版社，2008.

[4]黄文彬，等．工程测量技术[M]．郑州：黄河水利出版社，2009.

[5]李天和，等．地形测量[M]．郑州：黄河水利出版社，2012.

[6]张博，等．数字化测图[M]．武汉：武汉大学出版社，2012.

[7]谷云香，等．建筑工程测量[M]．北京：中国水利水电出版社，2013.

[8]国家测绘局．全球定位系统实时动态(RTK)测量技术规范[S]．北京：测绘出版社，2009.

[9]中国国家标准化管理委员会．1∶500、1∶1000、1∶2000 地形图图式(GB/T 20257.1—2007)[S]．北京：中国标准出版社，2007.

[10]中华人民共和国建设部．城市测量规范[S]．北京：中国建筑工业出版社，2011.